中国人的诗意生命美学

生命的气息即使处于天地闭塞之中

而终将凝结，

灵魂的翅膀也总会在那风雪飘过的天空

凝固成飞翔的姿态。

徐
立
京

残雪思春，夏悟秋禅，随意所至，无不应节。

坐忘开悟，无我而化之。

七识顿开，八识见真，独立于天地外，

知善识恶，扬善去恶，善之灵飘落在气韵之中。

这是宇宙间伟大的造化。

徐
冬
冬

现象

二十四
节气
七十二
候

徐立京 著

徐冬冬 绘

中信出版集团｜北京

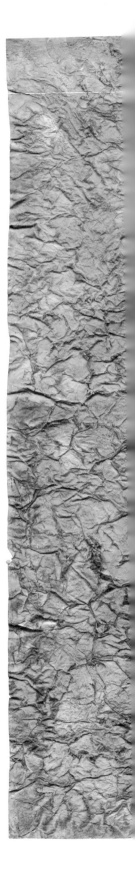

（由左至右为）

癸巳年二月十五
丙烯纸本 176cm×97cm，2013
春分二候雷乃发声

丙申年六月初四
丙烯纸本 176cm×97cm，2016
小暑初候温风至

丁酉年七月初八
丙烯纸本 176cm×97cm，2017
处暑二候天地始肃

戊戌年十一月廿一
丙烯纸本 176cm×97cm，2018
冬至二候麋角解

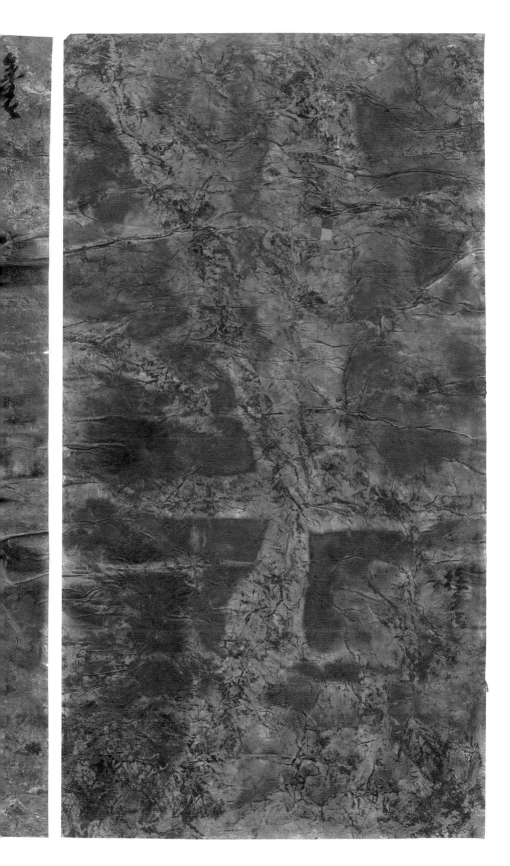

目 录

推荐序　令人向往的天地境界 / 王蒙　　　　　　　　　　　　i

自序　　灵魂飞翔的姿态　　　　　　　　　　　　　　　　　ix

春　　　　　　　　　　　　　　　　　　　　　　　　　001

立春初候　东风解冻　万物含新意　　　　　　　　　　　005

立春二候　蛰虫始振　得天地仁气　　　　　　　　　　　008

立春三候　鱼陟负冰　飞雪作花万物春　　　　　　　　　012

雨水初候　獭祭鱼　春风化雨蕴大爱　　　　　　　　　　019

雨水二候　候雁北　雨的初度，激荡天地　　　　　　　　022

雨水三候　草木萌动　呵护那初生的娇柔　　　　　　　　026

惊蛰初候　桃始华　天地生明媚　　　　　　　　　　　　033

惊蛰二候　仓庚鸣　动人心魄的春之彩　　　　　　　　　036

惊蛰三候　鹰化为鸠　善恶共生而择之　　　　　　　　　040

春分初候　元鸟至　最美春之韵　　　　　　　　　　　　047

春分二候　雷乃发声　阳气升腾有大美　　　　　　　　　050

春分三候　始电　花雨幽芳处甜蜜的春愁　　　　　　　　054

清明初候　桐始华　天地澄澈心也澄澈　　　　　　　　　061

清明二候　田鼠化为䴭　生动传神宇宙间　　　　　　　　064

清明三候　虹始见　春雨生情花曼飞　　　　　　　　　　068

谷雨初候　萍始生　感恩天地呵护　　　　　　　　　　　075

谷雨二候　鸣鸠拂其羽　且莫伤春去　　　　　　　　　　078

谷雨三候　戴胜降于桑　以最美的姿态作别春天　　　　　082

夏 087

立夏初候 蝼蝈鸣　绿肥红瘦万物并秀　091

立夏二候 蚯蚓出　生如夏花绚烂　094

立夏三候 王瓜生　田园之朴孕博爱　098

小满初候 苦菜秀　明了夏天的味道　105

小满二候 靡草死　生中有死夏含秋　108

小满三候 麦秋至　天边那幸福的麦田　111

芒种初候 螳螂生　菖蒲修剪莫蹉跎　119

芒种二候 鵙始鸣　"最夏天"里一抹感伤　123

芒种三候 反舌无声　夏木多好鸟　128

夏至初候 鹿角解　生命需要这样的燃烧　135

夏至二候 蝉始鸣　荷影蝉声意无穷　138

夏至三候 半夏生　最美的星空　142

小暑初候 温风至　密植心灵的绿荫　149

小暑二候 蟋蟀居壁　晚霞满天有闲雅　153

小暑三候 鹰始鸷　看生命蒸腾的状态　157

大暑初候 腐草为萤　感受生命孕育之喜　165

大暑二候 土润溽暑　土厚水深存恩泽　168

大暑三候 大雨时行　暑中含秋秋将至　172

秋 177

立秋初候 凉风至　一叶梧桐月明中　181

立秋二候 白露降　有一种惬意叫秋金之白　184

立秋三候 寒蝉鸣　天人合一显从容　187

处暑初候 鹰乃祭鸟　秋色入心两苍茫　195

处暑二候 天地始肃　走进秋阴深处　198

处暑三候 禾乃登　秋情如歌知君意　202

白露初候 鸿雁来　仰望亘古秋空　209

白露二候 元鸟归　很美很特别　213

白露三候 群鸟养羞　百果香，百鸟忙　217

秋分初候 雷始收声　绮丽的秋，绮丽的心　　225

秋分二候 蛰虫坏户　天凉好个秋　　228

秋分三候 水始涸　秋色争艳，别有一番从容　　232

寒露初候 鸿雁来宾　秋色斑斓总相宜　　239

寒露二候 雀入大水为蛤　贵在一个"趣"字　　242

寒露三候 菊有黄华　此花开尽更无花　　246

霜降初候 豺乃祭兽　奇美，凄美，归复本原　　253

霜降二候 草木黄落　霜红霜黄踏歌行　　256

霜降三候 蛰虫咸俯　秋天，隐没在最绚丽的色彩　　260

冬　　**265**

立冬初候 水始冰　满空凝淡狂歌中　　269

立冬二候 地始冻　触摸大地的质感　　272

立冬三候 雉入大水为蜃　冬日的浪漫　　276

小雪初候 虹藏不见　开启冬之美好　　283

小雪二候 天气上升，地气下降　静寂的剧烈　　286

小雪三候 闭塞而成冬　以飞翔的姿态凝固　　290

大雪初候 鹖鴠不鸣　每一片雪意纷飞，都是内心波澜起伏　　297

大雪二候 虎始交　激荡的鼓点　　300

大雪三候 荔挺出　生命的能量场里没有弱者　　304

冬至初候 蚯蚓结　遥望春天　　311

冬至二候 麋角解　通达天地心　　315

冬至三候 水泉动　灵动的温热心　　318

小寒初候 雁北乡　奇异的隆冬之美　　325

小寒二候　鹊始巢　生命的依归　　　　　　　　　328

小寒三候　雉始雊　像花儿一样绽放　　　　　　　332

大寒初候　鸡始乳　别有一番壮怀激烈　　　　　　339

大寒二候　征鸟厉疾　望不透的苍劲　　　　　　　342

大寒三候　水泽腹坚　以磅礴之力为四季落幕　　　346

对谈 1　大思维大科学 / 丁一汇　　　　　　　　　351

对谈 2　顺应天地运行的节律 / 陈来　　　　　　　365

对谈 3　对中华民族智慧的考验 / 薛其坤　　　　　381

创作谈　静心《四季》里，冥想天地间 / 徐冬冬　　387

后记　　　　　　　　　　　　　　　　　　　　407

二十四节气及候应表　　　　　　　　　　　　　　409

令人向往的天地境界 / 王蒙

徐立京： 您对中国文化的研究与思考达到了相当的广度、高度和深度。从当代作家、学者的视角，您怎么看待二十四节气七十二候在中国传统文化中的意义和作用？

王　蒙[1]： 我早就对中华历法情有独钟。当我得知它的英文译名是 lunar calendar 的时候，我不完全认同。因为中华历法并不是伊斯兰历那样纯粹按照月球与地球相对运动关系而建立的历法。中华历法绝对不仅仅是阴历、月亮历，而是极其注意并明确反映了太阳与地球的相对位置关系。二十四节气就完全是阳历元素。中华历其实是一种 lunisolar calendar——将 lunar（月亮）和 solar（太阳）合在一起，同时参考太阳和月亮的运行，是阴阳合历。所以，事实上，叫"Chinese calendar"即中华历最为合适。中华民族是个多民族大家庭，除了汉民族的夏历（农历），还有少数民族的自有历法，如彝历、傣历、羌历、藏历等，都在使用着，直至今天。

几千年来，中华历法的发展、调整、完善，是中华民族对人类文明的一个极大的贡献。根据专家的说法，中华历法不仅兼顾阳阴日月，而且它是七曜历法，即在日月二曜外，还兼顾了水、火、木、金、土五个行星与地球的位置关系。我在网上看到这么一个分析："按评价历法的两个关键指标，将中华七曜生命历法与公历对比，在与天象的符合精度方面，生命历至少与公历持平；在历法内涵方面，公历只能反映太阳一曜对人体的影响，而生命历却能反映日、月、水、金、火、木、土七曜对人体的影响，攸关天体比公历多出月、水、金、火、木、土六曜，含金量很高，堪称世界上优秀的历法。"我赞成这个观点。

徐立京： 您谈到了很重要的一点，就是中华历法观察宇宙世界的角度不是单一的。人们常把中华历法称为"阴历"，"阴"是相对于"阳"而言的，容易被归为月亮历。观察月相变化，当然是我们祖先认识宇宙世界的一种很重要的方式，但绝不仅限于此。恰恰相反，二十四节气更多是在观察太阳运动变化的过程中形成的。中国"二十四节气"于 2016 年 11 月 30 日被联合国教科文组织正式列入人类非物质文化遗产代表作名录，被总结为"中国人通过观察太阳周年运动而形成的时间知识体系"。而您又进一步谈到，除了日月，中华历法还蕴含着对水、火、木、金、土五大行星运动与地球关系的观察，这反映出中华文化对宇宙世界的认识是多角度、立体化的，是系统性的。

王　蒙： 是的，中华文化对宇宙世界的认识有一个重要特点，就是从系统出发，从整体出发，从包罗万象的宇宙世界中找出万事万物最本质的联系。正因如此，谈中华历法的二十四节气与七十二候，离不开中华文化传统，二十四节气七十二候与古代天文学、气象学、地理学、生物学、中医学、易学、占卜学、阴阳五行八卦、哲学、民俗、宗教、道德伦理的关系密不可分，几千年来影响着中国社会生活的方方面面，不仅在农耕时代发挥了指引人们生产生活的重要作用，而且在今天也潜移默化地影响着中国人的生活，成为我们文化血脉里最为人们所熟知和喜闻乐见的一部分。

　　你看，四季的划分与二十四节气的速记歌谣，是多么令人"爱不释口"！孩提时代一接触，我就喜欢上了，觉得特别有意思，背得滚瓜烂熟，"春雨惊春清谷天，夏满芒夏暑相连，秋处露秋寒霜降，冬雪雪冬小大寒"。如果光看阿拉伯数字的年月日，我们不会在瞬间对四季变化产生那么强烈的自然反应和丰富联想，但是一读二十四节气就不同了，马上就对季节更替有了最直观最生动的感受。二十四节气是中华历法对四时变化的概括，也是一首简明、纯真、亲切、充满生活气息的对于天地、对于神州、对于中华民族、对于先祖、对于重农亲农的先民生活的颂歌、情歌。它对汉字的运用达到了清丽质朴、通达轻松的极致，流露了天人合一、道法自然、躬耕劳作、天下太平的哲学与社会理想，而它的平仄、音韵、叠字、对仗、回旋、照应也都浑然天成，"春雨惊春清谷天"，这是天诗天韵天词，是全中国普及的好诗句。

七十二候，更丰富、更欢实、更蓬勃、更"给力"。什么"鸿雁来、寒蝉鸣、蚯蚓出"，什么"桃始华、萍始生、禾乃登"，什么"水始冰、雷乃发声、土润溽暑"，什么"蝼蝈鸣、鹿角解、蝉始鸣"，什么"王瓜生、苦菜秀、靡草死"，什么"反舌无声、豺乃祭兽、征鸟厉疾"……大大小小的植物、动物，高天厚土的种种自然现象，我们见过的没见过的、听过的没听过的、知道的不知道的，七十二种物候的总结描摹是那么形象、那么细致、那么独特，时不时让人出乎意料，又经常令人会心一笑。

当然，作为动物学、植物学与气象学的图表来说，七十二候的说法或有瑕疵，但是正如你的新书所言，七十二候，是天文观，是以黄河流域为依据的地理观，是季节与气候的时间观，又是农业生产、农业文明观，更是中国人的生命观，是自然观，是世界观，是宇宙观，是自古弥留的乡愁乡情，是对于神州大地的赞美与亲近，是对各种生命现象的关注、兴味、好奇、想象与富有好生之德的价值观。

徐立京：　谢谢您对我的思考的肯定。相对于二十四节气的普及程度来说，大众对七十二候的认知要少得多。这几年我对七十二候进行了认真学习、观察和体悟之后，觉得这个文化体系真是太奇妙太有趣了，我深深为我们古人观察宇宙世界的细致精妙所震撼。七十二候里面，有十分宏大的概括总结，比如孟秋时节的处暑二候"天地始肃"，孟冬时节的小雪二候"天气上升，地气下降"，但更多的是对一些非常细小事物的捕捉，像立春二候"蛰虫始振"、春分初候"元鸟至"、夏至三候"半夏生"等等。小虫小鸟小花小草在我们老祖宗眼里，都是那么可爱、那么灵敏，都能代表天地万物的变化。这就让我很是感叹感动，一方面为古人体察世界的细致入微，正所谓见微知著的中华智慧；另一方面更为古人看待世界的生命观，生命无论大小，不分强弱，强悍的老虎、微小的蚯蚓、艳丽的桃花、朴素的苦菜，都是宇宙世界里重要的一分子，都能代表天地四时，这样的生命观，我觉得是极其宝贵的，对于当今的世界和人类的未来，都是具有巨大价值和意义的。

王　蒙：　是的，感谢这本书，它使我们突然重新发现了早已具有却似乎沉睡良久、被遗忘被淡漠了上千年的精神珠玑，使它重新变得光芒四射，暖人心扉，生气洋溢。中国梦打开了又一个文化的柴扉，正大步走在社会主义现代化道路上的我们，连接上了绵延数千年的中华历法文化。

　　中华历法文化反映了古圣先贤热爱生活、热爱世界的乐生主义。你看二十四节气七十二候对天地变化的观察、举例和感受，无外乎两个角度，一个是以大观小，一个是以小见大。二十四节气是以大观小，是把对天地四时之变的大总结，体现在了一个个具体节气的确定与划分上，古人的眼光遍及天相、季候、农事、生物、风俗各层面，从天地的大变化着眼来认识这些具体的事物与现象。七十二候则是以小见大，在大千世界无穷无尽的"物"与"相"中，古人精心选择了那些他们认为最生动、最鲜明、最能代表宏大之变的对象，总结出反映节气演变的物候，其中贯穿着"一叶知秋"的智慧，深得"一花一世界"的精髓。而不管是从哪一个角度来观察认识宇宙世界，中华民族那些最有智慧和贤德的先人，都充满了对天地对生命的热爱与感恩。孔子说，天何言哉，四时行焉，万物生焉。老子说，道法自然，上善若水。庄子语，天地有大美而不言。在二十四节气七十二候的文化结构里，我们细细品味一个个节气、一个个物候的更替与命名，追随着四季变化中生命"春生夏长秋收冬藏"的历程与不同状态，会发觉每一个时节都有着无可替代的美丽与内涵，每一个时节都应该被视为最好的安排。包括大寒大暑，也透露着世界对于我们的英勇与敬畏、坚强与奋斗精神的激发和启迪。

但是，对于我们每个个体来说，"每一个时节都应该被视为最好的安排"这个天地之道，却并不必然成为现实。为什么呢？天地的大美，天地自己是不言的，四时对万物的护佑，四时又何曾说出来呢？这一切要靠我们自己去感悟。哲学家冯友兰把人生的境界分为四种：自然境界、功利境界、道德境界、天地境界。自然境界是缺乏觉性的，顺着本能依着习惯做事。你看七十二候里的动植物，都是这样，雨水二候"候雁北"，孟春时节，天气开始变得暖和了，大雁开始往北飞了，到了更暖和一点的惊蛰初候"桃始华"，桃花就绽放了……到了时候该怎么样就怎么样，万物众生跟随着自然的本能、自然的欲望，生动着、变化着、美丽着，艰难着也流逝着。这就叫作"逝者如斯夫，不舍昼夜"。二十四节气七十二候，不正是不舍昼夜地流逝着变化着，循环着周而复始着吗？

有觉性的人又分出了三种境界：功利境界、道德境界和天地境界。对于芸芸众生来说，道德境界已经是很高的一种境界了，多少人难以企及。但这是不是最高的境界呢？不是。最高的境界是天地境界。而在我看来，天地境界也许可以用今天的语言表达为：对大自然客观世界的亲和与理解，对天与地、阴阳与五行、天地与人生、物质本体与社会历史的统一性整体性的理解与感悟。它是天道、天命、天心、人性、人文、人的本质化（这一个"化"是马克思最喜欢讲的）的高度融合与统一，用庄子的话说就是道与我的合一，孔子的话则是"朝闻道夕死可也"。

中华文化的精华是通达天地境界的，讲究天人合一、师法造化、和而不同、美美与共，在二十四节气七十二候中，我们古人的目光看到了宇宙万物，每一个物候的生命都是可贵的，都和宇宙世界是一个整体、一个系统。所以，二十四节气七十二候是人类非物质文化遗产，它所蕴含的宇宙观、生命观是非常了不起的，是具有现代性乃至后现代性的，放在今天以及未来，放在全球，都是很有意义的。

徐立京： 也就是说，四季的转换，既是自然的，它不以人的意志为转移，又是文化的，每一个日子、每一个季节、每一个节气、每一个物候，可以因为我们的觉性、我们的境界而变得完全不同。跟随着四季的脚步，在二十四节气七十二候的交替中感悟生命，这其实是一个悟道的过程。这种悟道，体现在艺术上，便是大量的文学作品。唐诗宋词里，和节气有关的作品很多，我们熟悉的诗人杜甫、陆游等等，写了不少由节气生发开来的诗作，唐朝诗人元稹写全了二十四节气诗。作为文学家，您怎么看这些与节气相关的诗词作品？

王　蒙：　　中华历法的天地境界可以媲美《尚书》中的《卿云歌》，并与之互通互文。"卿云烂兮，虬漫漫兮……日月光华，旦复旦兮"，令人爱恋崇拜。家喻户晓的"清明时节雨纷纷，路上行人欲断魂"，是节气与季候的文学性的显证。"爆竹声中一岁除，春风送暖入屠苏""独在异乡为异客，每逢佳节倍思亲""东风夜放花千树，更吹落星如雨""玉露中秋夜，金波碧落开"……这些诗句虽然不是直接写节气季候，但都出自中华历的时序感与岁月感、天地感。更有趣的是杜甫的名句"露从今夜白，月是故乡明"，令人不能不想到阳历九月初的白露节气与大体在十月份的中秋节，而苏东坡的"明月几时有，把酒问青天"，虽不是专门写中秋节的，却已经成为中秋诗词的不二选择。

　　　　　　节气与物候的诸多说法——惊蛰、谷雨、小满、寒露、鸿雁、寒蝉，都是诗语，都可以直接入诗，而所有的传统节日，从"一元复始万象更新"的元旦，到上元、清明、端午、七夕、中秋、重阳……都浸透了中华传统文化、中华历法对于天地的深情与深思，浸透了汉字的诗意诗韵。

徐立京：　　是的，走过二十四节气七十二候的时光隧道，就像穿越一条散发着诗意光彩的文化通道，那些脍炙人口的诗句，是古人对自然、天地、岁月、人生的感悟，赋予四季时光以永恒的文化含义。我们吟诵着，歌咏着，不知不觉就让生命浸透了诗情画意。我觉得这是中华传统文化给予我们的一种特别宝贵的馈赠。

王　蒙：　　二十四节气七十二候文化体系中有两大类作品很典型，一类是文人的诗词歌赋，绚丽多姿、美不胜收；另一类则是农谚，可以说是极其丰富多彩、活色生香的民间文学。每个节令的农谚都很多，信手拈来，不胜枚举，我们简单列举四个"立"字头节气的谚语，立春——"一年端，种地早盘算""人勤地不懒，秋后粮仓满""人误地一天，地误人一年"……立夏——"春争日，夏争时""立夏麦龇牙，一月就要拔""立夏麦咧嘴，不能缺了水"……立秋——"立秋荞麦白露花，寒露荞麦收到家""立秋有雨样样收，立秋无雨人人忧""立秋棉管好，整枝不可少"……立冬——"立冬之日起大雾，冬水田里点萝卜""立冬小雪紧相连，冬前整地最当先""立冬种豌豆，一斗还一斗"……从这些农谚中，我们看到了什么？看到了"天地人"中的那个"人"，那个勤劳的中国人，他看着天时，守护着田地，盘算着每一季每一月每一天甚至每一时的耕种，稻粱啊，瓜果啊，棉豆啊，仔细地打理，不停顿地劳作，他不觉得辛苦，反而感到欢乐，寻常食材被他变着法子做成了各个时令的养生佳肴，粗茶淡饭被他过出了庆祝节令的仪式感，在从春到冬每个日子的辛勤劳作中，他给了生活以浓浓烟火气的诗意。在所有的农谚中，我以为这两句最有代表性："一年之计在于春，一生之计在于勤。""读书不离案头，种田不离田头。"这就是天地之间矗立的那个中国人，耕读传家、勤俭持家。这是中华民族的传统美德，也是中华文化里最优秀的人生观、价值观之一。无论现在，还是将来，皆当传承，皆应发扬。

灵魂飞翔的姿态

　　人总是在四季之中，但我们对四季有多少感知呢？多少日子里，我们对四季的变化以及其中蕴含的惊心动魄的美，是那么浑然不觉甚至无知而麻木。

　　很庆幸，忽然有那么一天，我顺应着心灵的声音，开始了感悟四季的写作。没有任何具体的目标，就是很想把自己放进大自然中，问天，问地，问春夏秋冬，更问自己的内心。其时我已进入生命的秋季，早已过了四十不惑的年龄，却并没有达到"不惑"的境界，一些事明白了，一些事仍然不明白，或者明白的也不过是自认为明白而已。

　　飘荡的思绪，零落的文字，当我与《二十四节气·七十二候》组画相遇时，系统化的思考和写作被激发出来了。古老的二十四节气七十二候，成为画家探求宇宙世界与文化演变的载体，也成为我体悟自然与生命的切入点。

　　时光开始变得不同以往。追寻着二十四节气七十二候的脚步，去体会天地之变、四季之变、生命之变，每一天都变得不一样了。日子不再以周计、以月计，而是真正以天计，在每一天的每一刻里，我都把身心沉浸在天地变化里，看那远山，看那流云，看那街边的树，看那巷尾的花。不管是身在京城的繁华都市，还是居于南国的滨海小城，我与自然、与四季、与自己的内心是从未有过的相融相知。

　　我仿佛穿越到了古时，那时的大自然没有工业化城市化的痕迹，更本真更质朴更纯净。古人以一双慧眼和一颗细腻的心，观花开花落、燕来燕往，总结出了博大精深的二十四节气七十二候。五天一候，一候一变，三候为一节气，六节气为一季，四季二十四节气为一轮回，周而复始，年复一年。在这二十四节气七十二候里，有亘古不变的宇宙天象，有应时而变的物候现象，有自然万物的交叠更替，宏大与精微极其奇妙地交融在一起。与古人的智慧神交，站在21世纪大都市的建筑丛林中，我不再与大自然疏离。即便只是看到人行道上普通的绿化树，抑或乡村道路旁不知名的野花，我都开始读懂这一枝一叶在每一候每一季里的变化，以及它们和浩瀚宇宙的联系。大自然从来都在护佑着万物，宇宙万物的生命从来都在天地之气的呵护中不竭地生长，只不过是我们那浮躁的心不曾去细细品味，便也不能灵敏地感知。"汝未看此花时，此花与汝心同归于寂。汝来看此花时，则此花颜色一时明白起来。便知此花不在汝心外。"王阳明此语我初见便喜欢，却不知何意。在对二十四节气七十二候每一天的感知里走了几个往复，似乎就有一些明白了。心里始终有那么一朵自然的花在开着，便多了几分欢喜。

日子变得充实而安静，也前所未有地细致了。我的家乡在西南的群山之中，虽是偏远，却有着四季如春的宜人气候。几十年前我刚到北京时，就被这里金秋红叶与初春新绿的美景所震撼，那种叶落尽而重发新芽、满眼皆是最新鲜最柔嫩绿意的、经历了漫长冬天才到来的初春，真是太美太美了，而在满山秋色里层层叠染的红叶的绚烂，让我觉得只有站在家乡河边眺望远山那醉人的晚霞才可以媲美。可惜，这样的美景十分短暂，老北京人用"春脖子""秋脖子"来形容春夏、秋冬的转换之急速，我也为北京春秋两季短暂而觉美中不足。直到走进了二十四节气七十二候的世界，才知自己之愚钝。其实在冬至初候"蚯蚓结"的时节，天地之阳气便在到达极致的阴气中开始生发，凛冽的冬意里已开始孕育春的气息，由冬至、小寒、大寒而至立春，初候"东风解冻"之时的北方，尽管目之所及依旧是寒林远山、疏枝衰草，但天地之气的本质已然完全不同，春天的气息已经隐藏在冰雪消融的伊始中，隐含在草木返青的等待中。以五天为计，感受"蛰虫始振""鱼陟负冰""獭祭鱼""候雁北"等等一个个物候时节的变化，我充分体会到鲜明而细腻的冬去春来的脚步。春天早已来到身边，过往的我却茫然不知，还在那里以抱憾之心翘首以盼，此种愚顽，就是只用眼睛来看四季的表面，而没有用心去体悟天地变化的本质。

有此感悟，我内心的从容和感恩便愈加坚定而厚实了。天地有大美而不言，每一候、每一节气、每一季，都包含着天地对万物生命的仁爱，春风化雨固然是对生命最好的呵护，"土润溽暑"的炙烤、"草木黄落"的凋零、"征鸟厉疾"的苍劲，又何尝不是对生命最好的历练呢？如果柔弱的荔草在大雪时节的苦寒中都可以挺出新芽，世间的万物又有什么理由去辜负天地的大美呢？四季是自然的，也是文化的。走在二十四节气七十二候里，便也走在了无比丰富、华美而厚重的文化时空中。中华民族古老的智慧、哲思与诗意，经历了千年岁月而依旧生动鲜活，并在这世界"百年未有之大变局"中，带给我们新的启迪，展现出新的价值。"道法自然""天人合一""上善若水""和而不同"的中国智慧愈发显现出生命力。如果二十四节气七十二候所代表的中华文化的价值观能被世界更多地了解，得到更广泛的传播，这个世界会减少许多的纷争，增加对生命的尊重与敬畏，对宇宙万物作为一个整体的尊重与敬畏，世界将因此而变得更美好。而中国人应当更加懂得"天行健，君子以自强不息；地势坤，君子以厚德载物"的道理。

每个生命都拥有自己的四季。今天的我，对四季的每一天、每一刻都心怀敬畏与珍惜。二十四节气七十二候的每个时节，承载着我对天地对生命的思悟，篇篇文字无不是灵魂之语的真诚流露，而我最喜欢的一篇，是"小雪三候·闭塞而成冬"——生命的气息即使处于天地闭塞之中而终将凝结，灵魂的翅膀也总会在那风雪飘过的天空凝固成飞翔的姿态。这是我对小雪三候的感悟，也是我对自己生命的期许。

徐立京

2021 年 2 月于北京

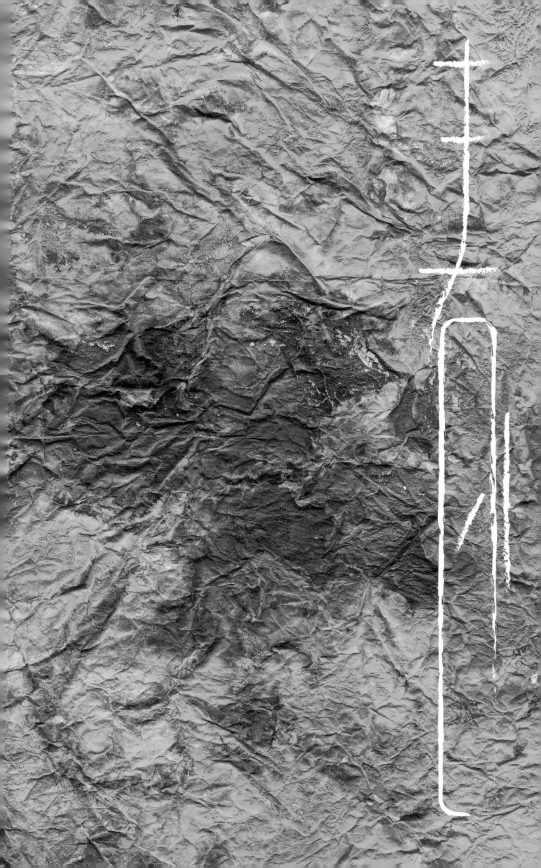

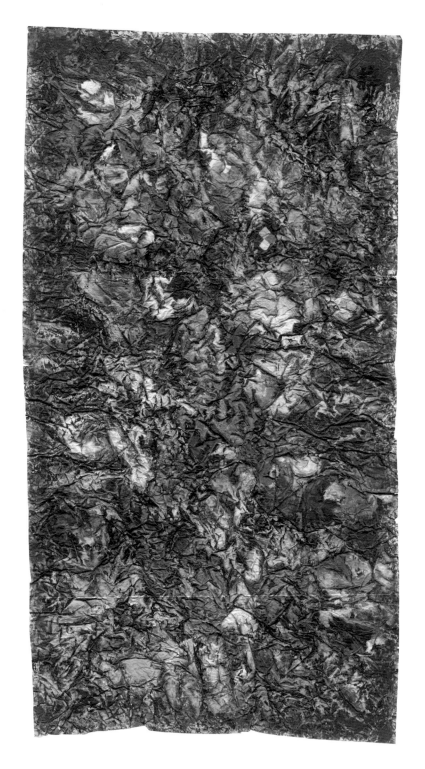

甲午年十二月十八

丙烯纸本 176cm×97cm，2015

立春初候东风解冻

万物含新意

画无声，从中却好像能听到厚厚的冰层开裂的声音，细细碎碎的声音，从河床深幽的冰冻处传来，越来越有节奏，越来越有力量，渐渐地，声音快速地大了起来，冰封的河面与坚硬的大地在春风中战栗着、吟唱着，带来了温暖、柔和与活跃的气息。虽然入目仍是冬天的褐色、赭石、深蓝与白灰，但画面的气韵已然完全不同。

这便是"东风解冻"的感觉。此时的北国，依然是冰雪连天、衰草漫漫的景象。寒林远山，疏枝老树，依旧未显绿意，雨雪、低温让人们仍然瑟缩在厚厚的冬衣里，不敢轻易走出那人为制造的一屋暖热。

但这样的景象不再给人以荒凉萧瑟之感了。就在这短短几天之内，已然斗转星移，换了人间！

几天之前，站在冬的终点、年的末尾，大寒三候"水泽腹坚"还处在冰最厚、水至寒的状态，冬在天地阴气盛极的高潮中铿锵结束。几天之后，立春节气来临，开启新的春天、新的四季、新的一年，天地之气顿时不同，阳光忽然间就明亮了许多，东风吹过之处，那看似坚不可摧的冰冻立刻开始迎风消融。东风浩荡，大地似乎在瞬间解冻，春天来了！

如果说北国立春的气息隐藏在冰雪融解的伊始之中，隐含在草木返青的等待之中，那么，立春时节的岭南已是无限春光：桃花红得娇艳，俏立在青山绿水之间；玉兰朵朵，盛放在蓝天丽日之下；气温回升之快令人猝不及防，昨天还是笨重的冬衣在身，今天已是轻盈的春衫夏裙了。

春是温暖的，和煦的，明媚的，春的来临却绝不温温吞吞、柔柔弱弱，而是高亢有力、霸气十足！无论南北东西，天地之气的变化都以一种迅猛、急切、激烈的状态发生着，迅速地改变着世间万物。天空，水波，那一片雪，那一棵树，看得见的，看不见的，触摸得到的，触摸不到的，一切都和冬天时节完全不同了。

这些急剧发生的变化，其原因和本质，都在于天地之气发生了根本的转换。作为二十四节气之首，立春是从天文上来划分的，即太阳到达黄经 315 度时。《月令七十二候集解》如此描述立春节气与初候"东风解冻"："立，建始也。五行之气往者过来者续于此。而春木之气始至，故谓之立也。""东风解冻。冻结于冬，遇春风而解散；不曰春而曰东者，《吕氏春秋》曰：东方属木，木，火母也。然气温，故解冻。"意思是说，天地阴阳之气的继往开来由立春开始，春木之气，也就是消融冰冻、催生万物的阳气，由此开始主宰天地。

新故相推，日生不滞。曾经笼罩四野盛极一时的阴气消退了，孕育着生命、饱含着温暖、勃发着生机的阳气昂扬着，舒展着，奔涌着，腾跃着，天地之气发生了由"冬藏"转向"春生"的嬗变，新的气韵充盈在天地之间，这便是立春的力量，这便是春天的本质。

在画家徐冬冬笔下，冬的色彩具有了春的气韵，并赋予天地极其剧烈的动感，春木之气那破冰融雪、改天换地的气势，以一种特别的美感呈现出来，塑造出立春在二十四节气中独一无二的内在气质。

"万物含新意，同欢圣日长。"在吟诵立春的诗句里，我最喜这一句。我喜欢其中所含的天地之变，以及这种天地之变所蕴含的改变一切的力量和那无限明亮的美好。感悟画作，便要读出这非同寻常的立春之力与立春之美。

如果人们能体悟到立春那开启春天、开启四季的动人心魄的力量，体悟到柔美的春天是以势不可挡的气势磅礴登场的，那么对春天的到来，内心在喜悦之外一定会多几分敬畏。这样的欢喜与敬畏，是面对宇宙面对生命而生发的。

甲午年十二月廿四

丙烯纸本 176cm×97cm，2015

立春二候蛰虫始振

得天地仁气

不同的构图，不同的用色，不同的手法，其所蕴含的神奇美妙、所散发出的天地灵气，却是一致的。不管观者看到这些画作会联想到什么，都会受到莫名、难言而又挥之不去的感染与触动，大有虽不知所起却坠入其中的艺术享受之感。

奇异的画面在这里展开：像古老瓷器的冰裂纹，又比那稀世的青瓷开片色彩更丰富、变化更多端；像戈壁深处的筋脉石，而其变幻的纹理、绚丽的颜色，又比那受亿万年风雨侵蚀的奇石更细腻更灵异……

这样的艺术境界，观者或许不知其所起，画者却是有心而为之。

起自何处？去往哪里？起自天地之气，去问生命之道也。

此时的天地阳气，正在快速生发。《月令七十二候集解》如此解释立春二候"蛰虫始振"："蛰，藏也；振，动也。密藏之虫，因气至，而皆苏动之矣。"意思是说，伏藏在地里的虫儿们感受到了春之阳气的到来，开始活动起来了。

唐代王起写有一篇《蛰虫始振赋》，甚妙。他写道："蛰以寒闭，春以阳和。闭者得时而后振，和者煦物而无颇。"蛰虫因为冬之阴寒而潜藏到地下，当春天来临，勃发的阳气使天地变得和煦之时，蛰虫便感阳而动、应时而振了。最妙的是这一句："跂行喙息，负日月之融光；蠕动蠕飞，得天地之仁气。"小小蛰虫是敏感的，又是幸运的，你看，当初春的气息最早降临时，它们便灵敏地感知到了。它们钻来钻去，从地下伸出头来快活地呼吸着被春阳丽日熏暖的空气，而春天是多么仁爱啊，她刚到世间就把自己的和暖投向了藏伏在地里的不起眼的蛰虫，春之阳气不正是天地之仁气吗？

天地之仁气，正是立春二候"蛰虫始振"时节天地之气的本质，是春之阳气的本质。

在这个时节，南北呈现出的气温景观差异颇大。南国已然春花盛开，春江水暖；北方则冷意犹在，间或阵阵飞雪落下。但是，"顺地之理，承天之休"，冬之阴已然转换为春之阳。此时的雪是春雪，雪花片片带着"瑞雪兆丰年"的祥和；此时的寒是春寒，丝丝寒意挡不住一天更比一天增多的春色。智慧的古人以"蛰虫始振"这个物候现象提示我们，不要再为依然飞舞的飘雪、依然脱不下的厚衣而疑虑，你看，连深藏地底的蛰虫都感受到天地之气的仁爱和煦而"逢时出幽"了，世间的一切生命，不正应该赶快昂扬起来，振奋起来，舒展起来，敞开心胸去迎接吸纳春的气息吗？

我总以为，古人以"蛰虫始振"作为立春二候的物候总结，也许还有一层深意，就是提醒人们，春之阳气是自内而外生发的。日月照耀山川，万物的生命离不开阳光给予的能量，最先获得春阳的，理应是离太阳更近的地方。可是，为什么立春的象征是"蛰虫始振"，而不是高高山顶上那最挺拔的树，不是天空中那飞翔得最高的鸟呢？

这便是天地之仁气的厚德载物了。它把它的能量首先给予了大地！大地在漫长的冬天默默吸蓄着天地之阳，如孕育生命的胎体，在春天来临时已经准备好了成熟丰满的子宫。当天地之阳解冻了生命的河床，大地的子宫开始迅速地柔软起来，滋润起来，活跃起来。眼下是"蛰虫始振"，很快便会依次展开"鱼陟负冰""獭祭鱼""候雁北"等种种生命萌动的情景，春生万物的旋律开始奏响了。

感悟《立春·二候蛰虫始振》，便要体悟到这个时节的天地之仁气，以及由此带来的大地子宫那丰富、生动而又厚重的变化。艺术手段的创新，是为了最精彩、最准确地表现出这样的天地之气和大地之变。如何做到这一点，答案是"问道"而非"问技"。要描绘出春之阳气的仁爱和煦，必然要以仁和之心养生命之阳，自内而外去感悟春天的气息。只有当我们的内心充满了春的祥和，充满了天地仁气，才可能真正走近春之灵动美丽。

丁酉年正月十八

丙烯纸本 176cm×97cm，2017

立春三候鱼陟负冰

甲午年十二月廿八

丙烯纸本 176cm×97cm，2015

立春三候鱼陟负冰

飞雪作花
万物春

　　奇幻、瑰丽的画面，是灵魂对初春天地之气的细致呼吸。

　　春的初始，写就的是冬去春来的天地文章。

　　春之声开始鸣响天地。那一段令全世界都为之陶醉的经典旋律《春之声》，歌词是这样的："小鸟甜蜜地歌唱，小丘和山谷闪耀着光彩，谷音在回响。啊，春天穿着魅力的衣裳，同我们在一起，我们沐浴着明媚的阳光，忘掉了恐惧和悲伤。在这晴朗的日子里，我们奔跑，欢笑，游玩。"耐人寻味的是，这么美丽的歌词没有多少人会记得，也无须记得，只要旋律一响，每个人就立即落入春的气息里，整个身心都欢畅起来。

　　我觉得，《春之声》之所以拥有倾倒众生的永恒魅力，就在于它极其准确、优美、生动地奏响了"阳和启蛰，品物皆春"的春之气息。不需要任何歌词描绘和文字解说，那旋律所表现出的明亮有力、和暖美好、欢乐激荡，就完美地无所不包地把充盈在天地间的春之气息渲染开了。

　　春之气息是高亢的，有化至寒、破坚冰之威力，是谓"东风解冻"；春之气息是和煦的，有温暖大地、苏醒百虫之热力，是谓"蛰虫始振"；春之气息是悦动的，有振奋天地、繁育万物之活力，是谓"鱼陟负冰"。

　　从"东风解冻"到"蛰虫始振"，再到"鱼陟负冰"，可以明显看到，春天的阳和之气在迅速地改变着宇宙天地。你看，才十来天时间，河里厚厚的冰层已经快要融化开了，深冬里迫于寒威而伏于水下的鱼儿，正追随着上升的阳气往水面游去，那正在快速融解又没有完全消融的碎冰浮在河面，如同被鱼背负着一般。看着鱼儿在水面顶着浮冰游来游去，好像听到了残冰急速消融破碎的声音，听到了水流奔放涌动的声音，听到了鱼儿鼓着腮欢快呼吸的声音。

这样的初春破冰游鱼图，真是一幅天然的好画！但要把这幅天然好画画得入木三分，却不能只用眼、用手，还要用心、用灵魂。

"鱼陟负冰"，融尽阴寒而育万物。初春之美，在于阳和之气化泽万物，万物皆是春意！用一幅画纸画出万物春意，这才是对立春的绝妙抒发。徐冬冬画的，正是心中所感春之天地气息，而非眼中所见具体一事一物。

只有用心、用灵魂去体会初春的天地气息，才能真正感悟到立春作为"春之建始"、二十四节气之首的内涵。立春，是春的来临，却并非立即就春光明媚、春意盎然，此时的茫茫北国，还是雪在飞、草未青，即使南方已然春花烂漫，却依旧在骤高骤低急剧变化的气温中承受着阴晴不定的煎熬。苏醒的蛰虫还在地下活动，逐阳的鱼儿还在负冰而游，这时如果用眼睛去寻找春天，看到的是雪花飘、雨阵阵，是冰未消、山苍苍。在这依然被阴寒所包裹的表象之下，只有用心去寻找春天，才会感知到那雪里的春意，那雨里的和润，那冰下的和暖，感悟到春之气息已充满天地，万物已含春意！也才会明白为什么立春会是春之始，会是二十四节气一个新的轮回的开始。

用心去感悟立春，不唯冰之状，而有东风消融坚冰之震动；不见虫之具，而有春阳苏醒蛰虫之萌动；不限鱼之形，而有春意化解阴寒之灵动，正所谓不着万物一形一色，而俱得万物之春也。立春开启新的春天之旅、四季之旅，灵魂的舞动也引领我们开启新的生命之旅、问道之旅。

甲午年十二月廿六（局部）

丙烯纸本 176cm×97cm，2015

立春三候鱼陟负冰

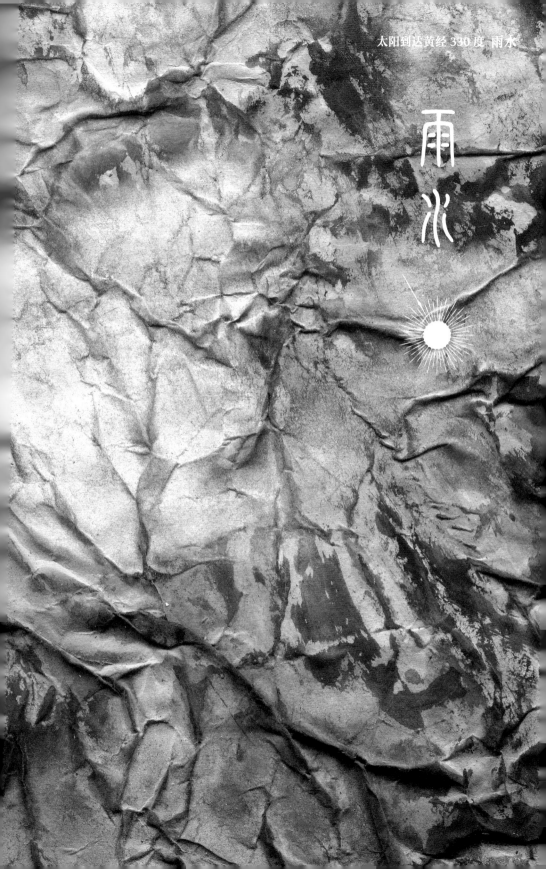

雨氺

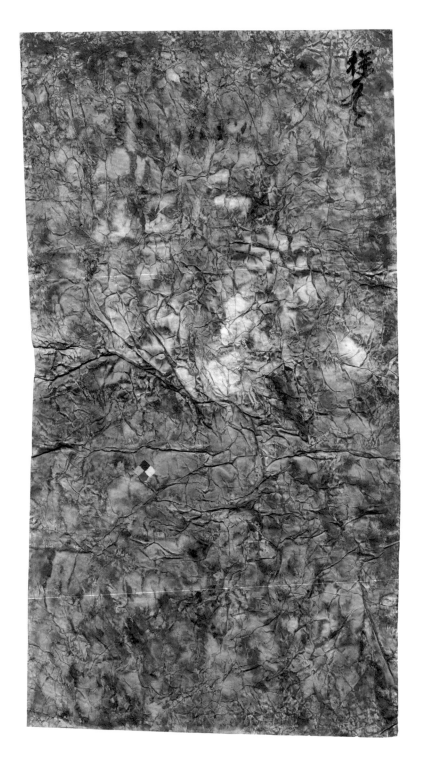

丁酉年正月廿四

丙烯纸本 176cm×97cm，2017

雨水初候獭祭鱼

春风化雨
蕴大爱

　　色彩如初春的细雨柔柔落下，飘满整个画面，烟雨朦胧里，依稀看到有碧水涟漪，有大地返青，有点点蓓蕾若隐若现……伴随着梦幻、柔美的感觉，一种轻松、愉悦的心情油然而生。

　　这是《雨水·初候獭祭鱼》的气息。充塞天地的阴阳两气的博弈，在这正月初春时节，带来了滋润宇宙万物的春之喜雨。

　　当太阳到达黄经330度，春天的第二个节气雨水到来，这也是二十四节气中第一个反映降水现象的节气。《月令七十二候集解》对雨水节气的解释堪称科学与艺术的完美结合："天一生水，春始属木，然生木者，必水也，故立春后继之雨水，且东风既解冻，则散而为雨水矣。"

　　这番论述极富美感，"散而为雨"，这是天地间多么美妙的景象啊！从字里行间，我们仿佛看到了阳气生发、春风浩荡那席卷天地的气势，消融了冰霜的苦寒，化解了残雪的余阴，阴阳二气相搏而产生的雨水散落如飞花，滋润着万物在初春的和暖里昂扬勃发。

　　"郊岭风追残雪去，坳溪水送破冰来。"如果说立春是春的建始，那么雨水就是真正气象学意义上的春天的到来。气温迅速地回升，空气中满是和暖的气息。山间的积雪、水上的浮冰已经被春风春雨消融殆尽，鱼儿不再"负冰行"，而是跃上水面自由自在地游来游去，这却给活跃起来的水獭创造了机会，水獭开始轻松地捕鱼，将鱼摆在岸边，如同先祭后食的样子。

　　雨水初候"獭祭鱼"的情景，带着自然世界食物链本能的无情，又充满生命春意涌动、活力迸发的欢悦，春之序曲行将结束，春之主章即将宏大奏响。

　　我特别想说的是，在这个时节，人们第一次感受到了天地对生命的厚爱。

你看，在立春这个全年伊始、春天伊始的时节，首先是东风解冻，春风率先登场，以雷霆之势消解冬天积累的厚厚冰封。当打破了冬寒枷锁的生命开始苏动，大地返青、万物生长需要水的润泽时，雨水节气适时"轮值"而来。天地无语而有大爱，春风化雨，正是对生命最好的呵护。

在雨水时节里感悟到的天地对生命的护佑，随着春夏秋冬的展开，随着四季嬗变的脚步，我一次又一次地有了更深的体会。对四季的观察，笔墨不管落在哪个季节，都贯穿着两条主线，一是天地阴阳二气的变化，二是天地对万物生命的仁爱。

独隐京郊云归处，身心沉浸在四季更迭之中，画家徐冬冬在坐忘开悟的状态里，一天天感受着天地之气那融剧烈于细微之中的变化，感悟到天地仁爱的包容、细腻与博大。点点滴滴的感触与顿悟，带给他喜悦，也每每让他落泪，由此产生的《四季》画作，以独特的艺术魅力将人们带入对四季、对宇宙、对生命新的认识里。

只要用心去感悟，就会欣喜地发现，天地对生命的仁爱本已有之，宇宙间的真善美与生俱来。

"好雨知时节，当春乃发生"，当春雨的仁爱洒遍大地，春光明媚、春色无限、到处一派欣欣向荣的景象，将是天地间最美的风景。

丁酉年正月廿九

丙烯纸本　176cm×97cm，2017

雨水二候候雁北

雨的初度，
激荡天地

是那莽莽的群山吗？在春雨的滋润下，天际的山脉看上去开始有了青青的颜色，那连绵起伏的黄褐夹杂着日渐增加的黛青，是山和天空在初春最美的相遇。

是那冰融以后的河开吗？春风终于吹开了北国封冻深重的河段，开河了！摆脱了冰冻束缚的黄河水奔腾而下，掀起春天的浪花，给需要灌溉的平原大地送去了春之水。

是那幽深的湖泊吗？春的气息已经抵达山谷沟壑，一湾天湖，几曲涧流，如蓝宝石，如绿翡翠，在幽静中，荡漾着欢快的春意。

是那花开的原野吗？深冬里冻得坚硬的土地变得松软了，不知名的野花钻出地面，经历了长久寒冬而失去色彩的原野有了春花的装点，如同灰姑娘变成了美公主，散发出夺目的光彩……

一切的具象融于抽象，抽象里包含着无尽的具象。春天的阳和之气布满画面，布满天地间。这便是《雨水·二候候雁北》。

闭上眼睛，把自己想象成一只北飞的鸿雁，飞过原野，飞过湖泊，飞过河流，飞过山林，便看到了初春时节那千姿百态的变化，以及万物之变各有不同而又共同具备的飞扬神采。

造就这变化与神采的，是不断生发的天地阳气，是一日浓过一日的仁和之气。在雨水时节，春之阳化为春雨，来得合时，来得及时，呵护生命，润泽天地。

古往今来，人们为春雨庆之乐之，歌之咏之，多少才情、诗情与这浓浓的春情交织。

在歌咏春雨的历代诗词名篇中，我以为有两首是经典中的经典，一是"诗圣"杜甫的《春夜喜雨》，一是唐宋八大家之一韩愈的《初春小雨》。如果说"好雨知时节"概括了"雨水"之雨的本质，是欢喜雨、吉祥雨；那么，"天街小雨润如酥"则揭示了"雨水"之雨的特质，是柔柔的雨，是润润的雨，以最舒服的方式浸入生命深处。

"雨水"之雨，如刚刚绽放的花瓣一样柔美，如新生婴儿的皮肤一般柔嫩。原来，这雨，也是初生的雨啊！纯洁，清新，甜美。

在四季的雨里，这是最先到来的春雨；在春雨里，这是新雨，是雨的初度。

这初生的美好的雨，滋润着大地的复苏，滋润着生命的萌发，满含对万物的柔情。雨飘落在人们的脸上，似是温柔的抚摸，落在发丝，好像绵绵的低语，让人不禁生出满心的惬意和温情，哪里还舍得撑把伞去挡住与这如酥小雨的亲密接触？

这初生的柔软的雨，却带着激荡天地的力量。雨丝飘到哪里，哪里就变得温润起来，有了绿意，有了花开；雨丝融入哪里，哪里就变得亮丽起来，焕发了生机，萌生出活力。

《月令七十二候集解》曰："雁，知时之鸟。热归塞北，寒来江南，沙漠乃其居也。"自隆冬小寒时节感阳而动起，北归的鸿雁在经历了近两个月的飞翔后，从冬天飞到了春天，在初度的春雨中，回到了塞北的故乡。深秋时离开，面临的是萧瑟与严寒的即将来临；初春时回来，所见已是生长着希望的大地！

那高飞的北归雁，带着人们飞越时空，从冬的消融走进春的初生，从江南杏花春雨到塞上绝胜烟柳，一眼望尽自南而北渐次展开的无限春光。充盈天地的阳和之气，化作山之青，化作水之蓝，化作雨之柔，让生命融化在初春的大美之境里……

丁酉年二月初五

丙烯纸本 176cm×97cm，2017

雨水三候草木萌动

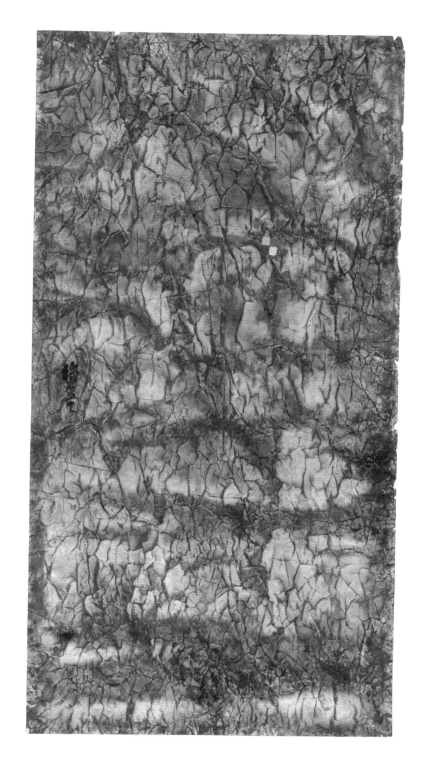

丁酉年二月初三

丙烯纸本 176cm×97cm，2017

雨水三候草木萌动

呵护那
初生的娇柔

又见杏花春雨江南。

初春斜飞的细雨中，一树树杏花带雨，更显娇柔，那艳丽的红晕渲染在层层叠叠的洁白中，远望去，一片一片的粉红浓淡相宜，如胭脂万点，艳溢香融。杏花飘落，如纷飞的白雪，撒落于一陂春水之上，花影妖娆，占尽春风。宋代诗人杨万里的《咏杏五绝》蓦然涌上心头："道白非真白，言红不若红，请君红白外，别眼看天工。"

雨水节气的花信之一，便是杏花。杏花独领早春风流，引来无数文人和画者的吟咏描绘。欧阳修赞杏花"何如艳风日，独自占芳辰"。陆游在《临安春雨初霁》中描写了宋代都市在雨水节气卖杏花的习俗："小楼一夜听春雨，深巷明朝卖杏花。"悠扬的杏花叫卖声唱出了一曲春意浓浓。

在我看来，"杏花春雨江南"的最美处，不是杏花吐蕊的"小"景，而是初春阳气上腾的天地"大"境。其花非花，乃催开杏花之天地阳气也。

此时的天地阳气，比起立春时节和雨水初候、二候，又明显增强了许多。《月令七十二候集解》如此解释雨水三候"草木萌动"："天地之气交而为泰，故草木萌生发动矣。"

这里，有两个关键词道明了雨水三候时节的不同寻常，一是"气交"，一是"泰"。

"气交"即阴阳二气的交会。根据中国古老的哲学主张，天地阴阳二气相互感应交合，化生万物，正所谓"一阴一阳之谓道""有天地，然后有万物"。也就是说，万物化生于天地阴阳之气的交感。

"泰"，通也。雨水三候的天地之气，是"阳性上升，阴性下降，乃阴在上，阳在下，故其气相接相交而为泰"。当天地阴阳交合，万物才能生养畅通。

读懂了这两个关键词，也就懂得了雨水三候"草木萌动"的特殊与非凡：这是阴阳交会通达天地的时节，这是天地氤氲化生万物的时节！经过了深冬"一阳始生"的长久等待，经过了冬春之交阳气的不断生发，经过了春天伊始阳气坚定不移向上的寻找，经过了冬去春来阴气减弱调头向下的持续沉降，终于，在这一刻，上升的阳气与下降的阴气相遇了，感应了，交会了。这一刻，惊天动地，这一刻，福泽万物，天地由此而通，万物由此而生。

所以，"草木萌动"的时节，萌动的岂止草木呢？那"草色遥看近却无"的早春景象，是大地的全面返青；那"雨细杏花香"的娇柔秀美，是春天即将进入高潮的前奏。当此雨水三候之时，大地完全复苏了，百草抽出嫩芽，百树冒出新叶，百花长出蓓蕾，温暖的春天真正回来了，大地开始呈现出一派欣欣向荣的景象。

"一园春雨杏花红"的柔美，却诞生于天地阴阳二气交感的雄浑之中。此时此刻的阳气，还处在极力向上生长、极力寻求壮大的奋斗之中，下沉的阴气余寒犹在，它们的相遇与交会，注定是激烈的，是震荡的。于是，气温的急剧起伏，乍暖还寒天气的频频光临，成为雨水三候"草木萌动"时节的常态。

读懂了雨水时节天地之气交会的风云激荡，再来看春色撩人的雨中杏花，不禁更觉这满树花开的清丽，是如此动人心魄，令人陶醉。那一瓣瓣的柔嫩，不正如这勃发中的阳气，需要悉心去呵护吗？这终于真正到来的春光，难道不需要用心去品味吗？这是经历了多么久的沉淀，才迎来的生命的初生啊！

萌动的是草木，生发的是万物，搏动的是整个天地。

《四季》之《雨水·三候草木萌动》，摆脱了人所常见的春景小情调，着眼于造就春回大地、春光无限的天地"气交"之大境界，以狂放不羁的艺术手法，冲破用色、构图、笔法的束缚与羁绊，展现出早春时节天地阴阳之气交感而化生万物的大开大合，揭示出柔美初春背后所蕴含的雄浑之力，无数生命涌动的画卷正在徐徐展开。这新的认知、新的审美，使我们在迎接又一个春天到来的时候，多了几许激动，几许期待。

丁酉年 二月初五 (局部)

丙烯纸本 176cm×97cm, 2017

雨水三候草木萌动

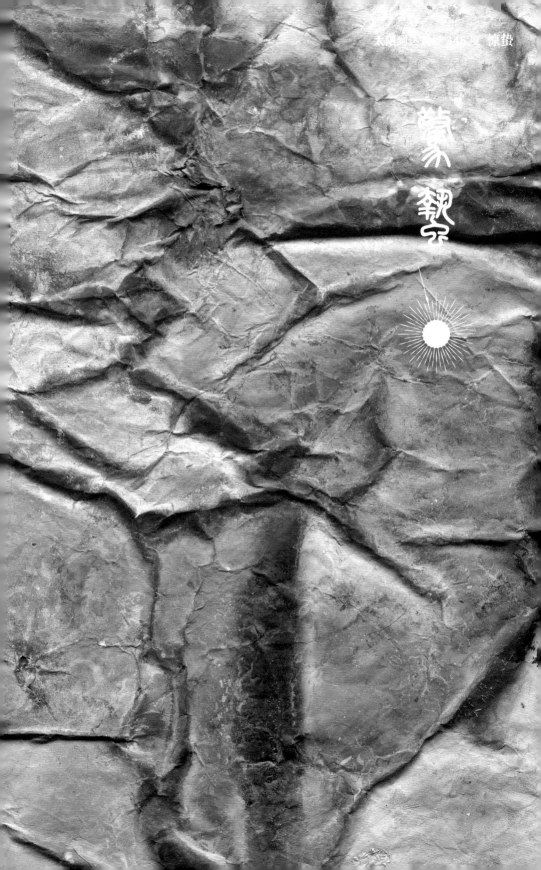

戊戌年正月二十

丙烯纸本 176cm×97cm，2018

惊蛰初候桃始华

天地生明媚

　　落入一片清新之中，禁不住神采飞扬起来，一种莫名的巨大的温柔涌上心头。

　　是那柔柔的柳黄吗？早春二月，虽然时不时乍暖还寒，却已是"吹面不寒杨柳风"了。风里带着温暖的柔和的气息，柳黄淡淡，点染着北国清蓝的天空，春日晴好的温软消散了长久冬日郁积的种种块垒。

　　是那柔柔的春花吗？莹莹的白，浅浅的黄，清清的绿，嫩嫩的粉。是那满树的花蕾，是那一枝两枝一树两树迫不及待迎风绽放的早樱、玉兰和山桃花。所有的色彩都是青涩的，娇羞的，为着即将到来的怒放，柔媚而优雅地等待着。

　　是那柔柔的碧水吗？树的色、花的彩都还是清浅的，这一汪水波却已经着实地绿了。站在水边，远处烟波浩渺，近岸的水波绿如翡翠，在春风里温柔地荡着涟漪，泛着晶莹的波光，春水的碧绿似乎是此时世间最美的色彩，胜过了无尽的春花，让人的心忍不住柔软地沉醉。

　　而最喜人的景致，则是春花与春水的相依。花枝斜伸向水面，花的影落入水波的温存里。惊蛰初候的桃花，在南国已是繁花满枝，在北方却还是蓓蕾点点，一泓春水环绕着花枝，静待花开。当桃花朵朵盛放，岸上的花树与水中的花影紧紧相偎，风吹过，花瓣片片飘落水面，桃红与碧波交融在和美的风里……

　　这春雷一声震天响的惊蛰时节，呈现出一片醉人的明媚与柔美。

　　每年3月6日前后，当太阳到达黄经345度时，惊蛰节气到来。惊蛰，古称"启蛰"，是二十四节气中的第三个节气，标志着仲春时节的开始。《月令七十二候集解》曰："二月节……万物出乎震，震为雷，故曰惊蛰，是蛰虫惊而出走矣。"

这是春雷开始响起的时节，蛰伏的虫儿开始钻出地面。天上的春雷惊醒了蛰居的动物，一个"惊"字把这个时节的独有特点与生动景象，极其传神地表达了出来。蛰虫惊醒，天气转暖，大部分地区进入春耕季节，农家告别了农闲时期，必须紧张地忙碌起来了。唐代诗人韦应物的《观田家》写得好："微雨众卉新，一雷惊蛰始。田家几日闲，耕种从此起。"只有惊蛰时节开始耕种，才有一年的好收成哪。

《黄帝内经》曰："春三月，此谓发陈。天地俱生，万物以荣。"经历了立春、雨水而进入惊蛰，阳气生发而自此渐盛，震荡着天地。化作春雷，唤醒了蛰伏的动物；化作春雨，滋润着待放的百花；化作春风，融尽了边塞的残雪，天地生出明媚之气。

在这阳气发陈、明媚之气充溢的天地间，万物始生，活泼泼的生命跃动里带着初生的懵懂与娇柔。是的，一切都是新的，都是柔的，都是和暖而透亮的。风是温软的，雨是温润的，花是浅吟低唱的，仲春的世界里充满了朦朦胧胧的生长，充满了柔情婉转的期待。这样的朦胧与柔情，是让人动情而落泪的。

宇宙有心，天地有灵，便将这明媚的天地之气，和这万般的春情，集于桃花一身了。

惊蛰初候"桃始华"，桃花于此时开始绽放，是这个时节的花信，也是引得百花盛开的花信。惊蛰之日，"桃之夭夭，灼灼其华"；惊蛰过后，百花争艳，万紫千红！

"桃花依旧笑春风"，是惊蛰之春最美的风景，又何尝不是生命对春天最深情的眷恋？在"人面桃花相映红"的日子里，风含着情，水含着笑，天地明媚，万物复苏，行走于春阳之下的人们，精神、情志、气血也如春花一样舒展畅达。如果你在《惊蛰·初候桃始华》的画作里，看到了春之阳气震荡上行的宏大，看到了天地生明媚的动人，看到了万物初生的清新，看到了桃花始开的柔美，更看到一颗对天地、对万物、对生命含情含笑的心，那么，你就开始读懂了惊蛰之春，读懂了生命始华。

丁酉年二月十七

丙烯纸本 176cm×97cm，2017

惊蛰二候仓庚鸣

动人心魄的
春之彩

阳春三月的色彩，动人心魄。

春天的女神似乎一不小心把天地的调色盘打翻了：透着绿，那是一丝一丝的柳条，一芽一芽新冒出的嫩叶；飘着白，那是烟雨缥缈的水汽，花苞上毛茸茸的氤氲；藏着红，那是春天花蕊的娇羞，春日阳光的明媚；含着青，那是春水荡漾的晶莹，山峦抹黛的悠远……

春之彩铺洒到了极致，丰富到了极致，生出百般变化。

而古老宣纸的运用，被画家徐冬冬赋予了和春之彩同样动人心魄的创新。他把宣纸的肌理利用到了极致，将宣纸的张力发挥到了极致，纸的每一丝肌理都在起伏不平的立体中得到了彰显，每一种彰显都蕴含着无尽的绘画语言，纸的每一方寸每一个气孔都饱蘸着色彩，似乎连丝毫的空隙都不曾留下。

这饱蘸着色彩的凹凸不平的肌理，仿佛容纳了河流山川，包含着万物以荣，所散发出的清新美好的气息，奔腾洒脱，犹如春天的阳和之气充溢着整个天地。

惊蛰之春，贵在春阳清新之气，特在春阳清新之气，也美在春阳清新之气。这是我对惊蛰二候仓庚鸣的理解。

仓庚鸣，黄鹂唱，让美丽小鸟欢喜发声的，是漫布天地的春阳，这美丽小鸟声声鸣唱的，是春阳带来的清新与生机。

《月令七十二候集解》向来惜字如金，对"仓庚鸣"的解释却颇费文字："庚亦作鹒，黄鹂也。诗所谓'有鸣仓庚'是也。《章龟经》曰：仓，清也；庚，新也；感春阳清新之气而初出，故名。其名最多，《诗》曰黄鸟，齐人谓之搏黍，又谓之黄袍，僧家谓之金衣公子，其色鵹黑而黄，又名鵹黄。谚曰黄栗留、黄莺莺儿，皆一种也。"

如此细致繁复的考证、论述，表达的是一个十分鲜明的观点：古称仓庚、又称黄鹂的这个在阳春三月初出的鸟儿，这个披着一身金衣在春之彩中鸣叫的鸟儿，它就是春阳清新之气的产物，它的名字就叫"清新"。

关于"仓庚鸣"的描绘，"诗圣"杜甫的《绝句》堪称绝唱，我以为无人能出其右。"两个黄鹂鸣翠柳，一行白鹭上青天。窗含西岭千秋雪，门泊东吴万里船。"推窗望去，两只黄鹂鸟在刚刚生出翠绿的柳条中翻飞鸣唱；抬眼望，春天青蓝的天空中，白鹭自由自在地飞翔；再看远方，对面巍峨的西岭岷山皑皑白雪，千年不化；放眼看这滔滔江水，遥想着当年顺江而下停泊在千里之外的东吴江船。如此这般赏春之初度，真是古今春秋尽在一眸之中。

读杜甫此诗，不禁会想到《惊蛰·二候仓庚鸣》的画；观画家此画，也不由会想到杜甫的诗。一古一今，一诗一画，一意象一抽象，为什么会让人有如此联想呢？因为，其捕捉惊蛰之春的敏锐直觉以及跳跃性的思维，是惊人地一致，展现出春阳清新之气在不同区域、不同景观、不同生命形态里的丰富多彩。诗画相通，古今同曲，天地之气纵横，尽在此中矣！

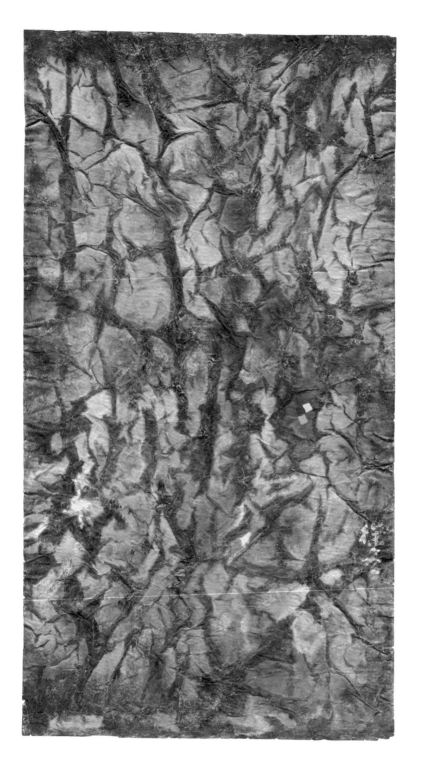

丙申年二月初八

丙烯纸本 176cm×97cm，2016

惊蛰三候鹰化为鸠

丙申年二月初十

丙烯纸本 176cm×97cm, 2016

惊蛰三候鹰化为鸠

善恶共生
而择之

　　鹰化为鸠是神奇的物候现象。

　　鸠，就是布谷鸟，亦称大杜鹃，古人也将鸠作为斑鸠类的总称，这些鸟与小型的鹰有着相似的外表。杜鹃、斑鸠和鹰都是迁徙类动物，于是古人以为春天的杜鹃、斑鸠，是由秋天的老鹰变化而来的。《世说新语·方正》曰："虽阳和布气，鹰化为鸠，至于识者，犹憎其眼。"你看这段描述，完完全全把布谷鸟当作鹰的变体了，哪怕这春天的鸟儿多么可爱，唱着多么动听的歌，所谓"识者"还是不喜欢它的眼睛、它的眼神。这分明是"识者"把自己的主观感受强加于无辜的春之鸟啊。

　　《月令七十二候集解》花了比二候"仓庚鸣"更多的笔墨来解释奇特的惊蛰三候："鹰，鸷鸟也，鹞鹯之属。鸠，即今之布谷，《章龟经》曰：仲春之时，林木茂盛，口啄尚柔，不能捕鸟，瞪目忍饥如痴而化，故名曰鸤鸠。《王制》曰鸠化为鹰，秋时也。此言鹰化为鸠，春时也。以生育肃杀气盛，故鸷鸟感之而变耳。孔氏曰：化者，反归旧形之谓。故鹰化为鸠，鸠复化为鹰，如田鼠化为鴽，则鴽又化为田鼠。若腐草为萤，雉为蜃，爵为蛤，皆不言化，是不再复本形者也。"

　　仲春之时，鹰化为鸠，以柔软的身姿飞翔在春天的茂林之中。到了孟秋八月，鸠又化为鹰，"见草木之摇落"。

　　这些具有童话色彩的物候变化，果然是古人不着边际的猜想吗？我以为，是，又不是。

　　现代科学研究表明，事物都由分子、原子构成，看上去迥异的事物也许就是由相同的基本粒子构成的。从这个意义上讲，看似差异颇大的鹰与鸠、田鼠与鴽、雉与蜃，在生命的构成上也不是没有相通之处。如果仅仅把古人留给我们的二十四节气七十二候看作农耕的、时令的、养生的知识体系，对中国传统智慧的理解是不是有些片面和肤浅呢？

在我看来，二十四节气七十二候是富有深厚中国文化价值的生命哲学，其意义不仅纳古，而且通今，具有很强的现代性。惊蛰三候"鹰化为鸠"的物候总结，阐明了一个重要的中国哲学概念：应气之变。

鹰为何化为鸠？感春天阳和之气也。鸠又为何复化为鹰？受秋之肃杀之气也。世间万物，变化是常态。因何而变？应气之变，变之常也。天地之气的变化，演变出四季的更迭，也生发出万物之变。春之阳和之气的能量是多么巨大，能让征鸟猛禽化为"口啄尚柔，不能捕鸟"的杜鹃鸟；而秋之肃杀之气的力量又是多么惊人，把性子怯懦、喜隐伏树叶食虫而生的杜鹃鸟也变成了凶猛的鹰隼。

气是天地，是环境，是系统。从哲学层面讲，气是自然的、生态的，也是人文的；是外在的，也是内在的。古人讲"养浩然之气"，今人说营造生态系统，道理都是相通的：想造就万物之仁和，首要的是培育出覆盖天地、浸透人心的仁和之气。

而画家徐冬冬更加看重惊蛰三候"鹰化为鸠"所蕴含的生命哲学：善恶共生而择之。应气之变是常态，而天地之气的变化也是常态。天地之气自有喜怒哀乐，四季随之分为春夏秋冬。当惊蛰的春雷震醒了百虫，当桃花始红迎来了百花盛开，当黄鹂鸣叫、杜鹃飞舞意味着百鸟的活跃，在春回大地、万物以荣的风景里，善的事物、恶的事物，生命的善、生命的恶，都一起萌生了，一起涌动了，有善有恶，善恶并存。如一位智者所说，天下万物，负阴而抱阳，哪有非正即邪这么简单。

于是，在画作里，我们可以看到惊蛰之春应气之变、善恶共存的种种状态，那动人的新绿里洋溢着阳和之善，那沉重的春之霾是不是在警醒人们择善而从之的紧迫呢？让我们感到美好的、打动人心灵的，不是变化万千的色彩，而是色彩中蕴含的善。

善恶共存是天地本性，生命却可以也应当作出去恶扬善的选择，这便是天地良心。

戊戌年正月二十（局部）
丙烯纸本 176cm×97cm，2018
惊蛰初候桃始华

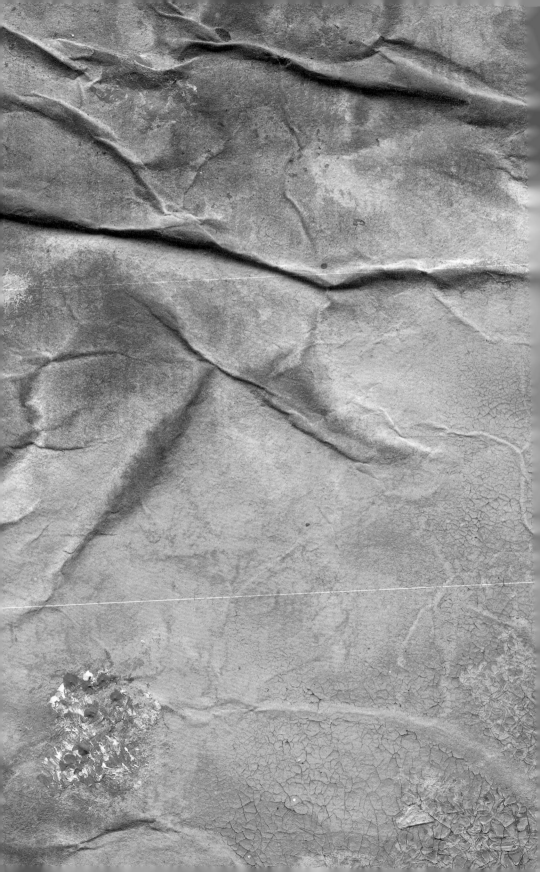

春分

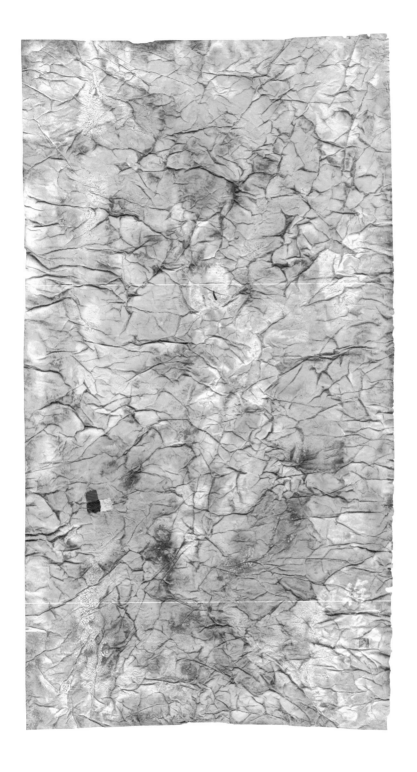

癸巳年二月初十

丙烯纸本 176cm×97cm，2013

春分初候元鸟至

最美春之韵

美得让人沉醉！无一处不透着清新、生动与亮丽，惹人流连，让人哪里还挪得动脚步呢？

再读朱自清先生写春天的名篇名句，不由叹服先生的聪明至极。"燕子去了，有再来的时候；杨柳枯了，有再青的时候；桃花谢了，有再开的时候。但是，聪明的，你告诉我，我们的日子为什么一去不复返呢？"他对自然的感悟再准确不过——燕子，正是春分初候的标志，是春天最美的信使。

春分初候"元鸟至"。元鸟，即燕子，古时也称玄鸟。《月令七十二候集解》写道："元鸟，燕也。高诱曰：春分而来，秋分而去也。"在中国的黄河流域，燕子南飞时，就是秋分了，天气由暖转凉；当燕子飞回，春分时节便到了。燕子归来兮，带来了春暖百花开，带来了春风绿两岸。

小小燕子的南来北往，分出了春与秋。二十四节气，首先有二分：春分，秋分。二分各划出夏至、冬至，由此便有了四时四季。"四时"再细化出立春、立夏、立秋、立冬，"四时"便化作"八节"。

"四时""八节"均从"二分"中来，而春分是"二分"之始。春分在二十四节气中有多么重要，不言自明。

那么春分何为"分"，"分"什么？分两仪，分四象，分八卦；分昼夜，分寒暑，分春天。

一个太阳回归年为太极，太极生两仪，"两仪"即"二分"。"二分"划"四时"，此谓"两仪生四象"。"四时"化为"八节"，即为"四象生八卦"。故不识春分之义，何能懂太极？

而春分之特别，更在一个"均"字：均分了昼夜，均分了寒暑，均分了春天。在这一天，太阳到达黄经0度，直射地球赤道，白天黑夜各为十二个小时；春天走到了中点，江北已暖，江南未热。一切都刚刚好！

春天开启了最美丽的时刻。这样的美丽，易入画。烟柳绿，春江暖，桃红梨白，莺婉转。浓淡间随意点抹，就是美不胜收的春景图。古往今来画春，几乎不出这些元素。这信手拈来的春景图，在年复一年的时空更迭中走到今天，要画出不一样的美，却是难上加难！

画家徐冬冬写道："春分初候末，京城转暖，天蓝花艳。北海的玉兰、迎春、连翘，颐和园的西堤山桃，特别是天坛的杏花更让人喜爱，可谓老树新花肥而壮，树高形美，树皮墨黑，枝力颇强，花瓣艳厚而不俗，在蓝天阳光下，阳气生而气韵生动，春光无限，人入其中自在矣。"

怎样用新的审美去表达春分那最独特的灵性呢？化具象为抽象，让传统的中国画在传承中升华，在东西方艺术的碰撞与交融中，用自由流淌的色彩，大胆诉说春分的灵魂！

春分最具灵性的美，是千色万彩在此时终于迎来了盛开的时节。曾经在冬日寒冷中蛰伏的土地，走过立春，走过雨水，走过惊蛰，已经完全苏醒。春风千里，吹开百花，大江南北暖意融融，既自外而内熏染着人们的心灵，又自内向外，由心而发，欢快的灵魂在满园春色里自由地徜徉。

漫步在春分初候的颐和园西堤，看山桃盛开，梅和玉兰也相继开放。亭台楼阁间，燕儿欢飞在水边，画家的内心，感受到了自然万物生命复苏的强烈喜悦，以及充盈在天地间那难以言说的生动气韵。

"元鸟至"的千色万彩，充满了神韵，带着生命新生的亮丽，又带着生命初生的羞涩与朦胧。

但我以为，春分的最美之处，在于只能在此时拥有的最为和美的气韵，那是一种逼近理想与完美临界值的和美，是一种刚刚到达便会转瞬逝去的堪称奢侈的和美。

汉代大儒董仲舒《春秋繁露》曰："春分者，阴阳相半也，故昼夜均而寒暑平。"不长不短，不多不少，不冷不热，寒退暖盛而暑意尚远，阴去阳生而阴阳互济。一切恰如太极图般平衡、和谐、自在、逍遥。春韵，画韵，天地的气韵，生命的神韵，就这样融会在宇宙四时的无限里。

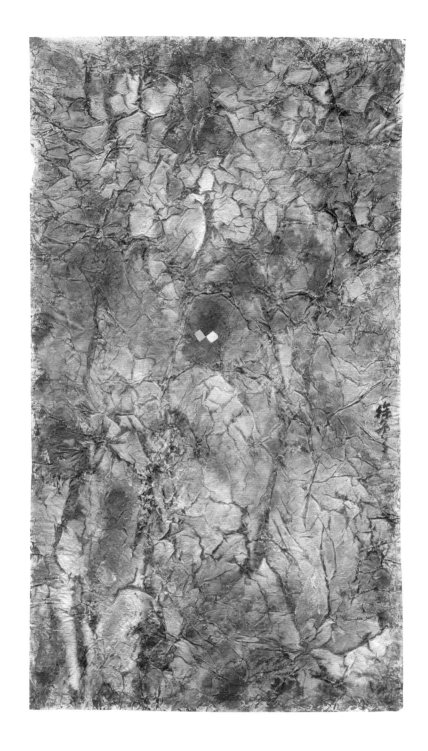

丙申年二月十九

丙烯纸本　176cm×97cm，2016

春分二候雷乃发声

阳气升腾
有大美

看到这幅画的第一眼，被拨动的感觉蓦然涌上心头。这里，隐含着春天什么样的细微奥秘呢？

"雷乃发声"，是春分节气的第二候。

每五天为一候，自3月21日前后进入春分初候"元鸟至"，大约到了3月26日，就进入第二候了。

"雷乃发声"，顾名思义，就是天空中方始出现了雷声。这是天地四时走到此刻的物候特征。

然而，第一声春雷，似乎不是这时才听到的。

还记得《月令七十二候集解》对春分之前的惊蛰节气的阐释吗？

"二月节，万物出乎震，震为雷，故曰惊蛰。"春雷平地起，雷震蛰虫，惊而出走。气象科学表明，"惊蛰始雷"。从这个时节起，开始有雷了。

有意思的是，惊蛰节气的三个物候均没有对雷的描述，"桃始华""仓庚鸣""鹰化为鸠"，捕捉的都是不同的动植物在这个节气里的变化特点。

雷真正成为物候的特征，是在春分的二候。

为什么？

古人认为，雷为阳之声。《月令七十二候集解》如此描绘"雷乃发声"："阳在阴内不得出，故奋激而为雷。"再看元代对此的注解就更加清晰了："阴阳相薄为雷，至此四阳渐盛，犹有阴焉，则相薄乃发声矣。"

由此不难看出，惊蛰之雷是唤醒万物的号令，而春分之雷已是万物复苏的欢欣了。可以描画出这么一条线：惊蛰春雷响，阳起而阴尤甚；至春分日，均昼夜平寒暑，阴阳各半；入春分二候，阳渐盛，阴尚存。

元稹的诗作《春分二月中》形象地描绘了此时的阴阳相薄："二

气莫交争，春分雨处行。雨来看电影，云过听雷声。山色连天碧，林花向日明。梁间玄鸟语，欲似解人情。"

一阵春雷一阵雨，一场春雨一场暖。当春天走到四阳渐盛、雷乃发声的时节，每一天的春暖都在增加，每一分春暖的增加都在催发绿树遍野、百花争胜。

桃红柳绿，碧野春江，是艺术家描画春天的经典素材，在这个节气里仍然占据着绘画的主流。而当聪明的画者把视线放在"人"的状态与行为之上时，对此时春天的表现就打开了更广阔的空间。春游之乐，春耕之忙，抑或人间男女的春思春情，都能生发出无限的艺术创造。

有没有对春天的新的表达呢？雷，怎么画？

翻开中外艺术史，画雷的作品不多，大致可概括为两类：一类是具象的，用闪电、暴雨等可见之形来表现大自然的现象；一类是意象的，题为雷，实则表达革命，表达社会与时代的变革。从中国传统意象绘画和西方印象绘画走来的徐冬冬，当他探索出中国抽象绘画的表达时，他欣喜地发现，画出天地四时变化本质的新的绘画语言，找到了。他画的"雷乃发声"，非具象之形，亦非意象之题，而是灵魂应和着宇宙四时的变化所感受到的天地大美。

走在春分二候的京城，植物园的玉兰在蓝天下盛开，玉渊潭的樱花繁盛似雪，凤凰岭的杏花如云霞般灿烂。明媚阳光照耀着北国大地，舒心暖意中，仍有疏枝斜立，企盼着那新叶的萌发。这样的景致，不由让人喜悦之，感动之——阳在阴内不得出，故奋激而为雷；四阳渐盛，犹有阴焉，则相薄乃发声。春要完全摆脱冬的羁绊，获得新生的自由，此谓"雷乃发声"。"雷乃发声"，正是天地间阳气升腾的大美之境，洋溢着生命感和力量感。

春天的色彩倾撒在宣纸上，不见花而似有百花之彩，不见山川而似有山青水绿，在自由奔放中，又有一种欲放还收之意。最妙的是，在描绘得满满当当的画面中，还有着无限的空灵，让你把自己的心安放进去，融入春分二候"雷乃发声"的境界之中，去感受生命四阳渐盛那不可阻挡的向上生长的力量！

丁酉年三月初五

丙烯纸本　176cm×97cm，2017

春分三候始电

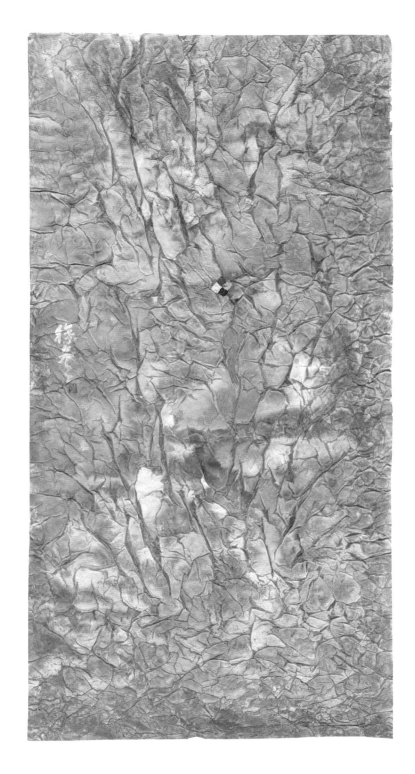

丁酉年三月初四

丙烯纸本 176cm×97cm，2017

春分三候始电

花雨幽芳处
甜蜜的春愁

　　美好的日子总是过得很快，转眼就是春分三候。

　　春意愈浓。花更艳，柳更绿，温暖的气韵飘动在江南江北，让人想起了一个特别美丽的词语——春和景明。

　　风柔拂面踏青乐，花红叠云赏春忙。行走在这柔媚的春光里，我想：为什么我们的古人将"始电"当作春分三候的特征呢？

　　《月令七十二候集解》如是说："电，阳光也，四阳盛长，值气泄时而光生焉。"

　　一个有意思的问题就来了：既然电为阳之光，雷为阳之声，那么按照现代科学的研究结论，光速远超过声速，"阳之光"的"电"，理应排在"阳之声"的"雷"之前，为什么在春分节气里，是"雷乃发声"在前、居二候，"始电"在后、为三候呢？

　　老祖宗的高妙，正在这看似不合理的排序中。

　　声，阳也；光，亦阳也。这二"阳"却有不同。

　　在春分二候里，阳气虽升而尚被阴气束缚，阴阳相薄，奋激而为雷。古人观察到，阳气微则光不见，故此时只闻雷之声而未见电之光。到了春分三候就不一样了，阳盛欲达而抑于阴，其光乃发，故云始电。

　　懂了这个时节阳渐盛而阴渐衰的物候变化之道，不能不感叹古人观察世界是何等精微！对老祖宗的敬意油然而生。

　　无法想象这"始电"之境该怎么画，但看到《四季》系列之《春分·三候始电》这样的画作时，第一感受便是：是这样的，正是这样的，这就是对"始电"最绝妙的表达了。

　　在这大块色彩的涌动中，在这蓝、绿、粉、紫、白的"相薄"之中，我看到了"四阳盛长"，看到了"气泄时而光生焉"！

　　这里有非常奇妙的画境：没有西方绘画那种光的透视，但画面上却处处散发出光的感觉，在生动的气韵中，充满明媚的光感！

然而此画的灵感，并非从注解二十四节气七十二候的咬文嚼字中来，而是从对自然对生命的化悟而来。

"始电"，春雨潇潇，花雨江南是表现春分三候的典型春景图。

春雨飞处春花落。甚至一阵温柔的风吹过，都会有花瓣点点化作雨。宋代志南的《绝句》"沾衣欲湿杏花雨，吹面不寒杨柳风"描写的正是这样的情景。而晏殊那句"无可奈何花落去，似曾相识燕归来"，真乃描绘春分之境的绝唱！真正的春天刚刚来到，怎么那初开的花儿就飘落了呢？

见此景，由不得春愁不生。徐铉有诗："燕飞犹个个，花落已纷纷。"李白《月下独酌》写道："三月咸阳城，千花昼如锦。谁能春独愁，对此径须饮。"唐代杜审言《春日京中有怀》云："今年游寓独游秦，愁思看春不当春。上林苑里花徒发，细柳营前叶漫新。"

追寻这个百花飘落的时节，多年后，我有了更深的思悟。

此时的落花，非凋零之落，还带着新生的娇嫩，那最美的容颜在春风春雨中瞬间飘零，却又永恒定格。一朵花落了，看那枝头，更有百朵千朵在争相开放。这样的春愁，就像那飘落的花瓣，还带着甜蜜的芬芳。

众人皆道百花好，吾却偏向绿叶行。

此时的新绿之美，不亚于百花之艳。"临安西湖，一片叶儿自天边飘落，浮在水杯中，谓明前龙井，吾之最爱。"画家徐冬冬更喜那一天浓过一天的柳黄。"春分三候观柳，黄中见绿赋妖娆，大有'不羡万花色，只怜此时黄'之境界。"他在创作手记里这样写道。

从柳如烟到柳黄浓，不似花落缤纷，由浅入深、由疏到密的柳条，从春天生发之日起，就洋溢着越来越旺盛的生命力，在春风中婀娜多姿，尽情飘舞，成为春天当仁不让的主角，占尽春色。

在春分"始电"这个烂漫的时节，即使花落起春愁，也是甜蜜的，不是吗？

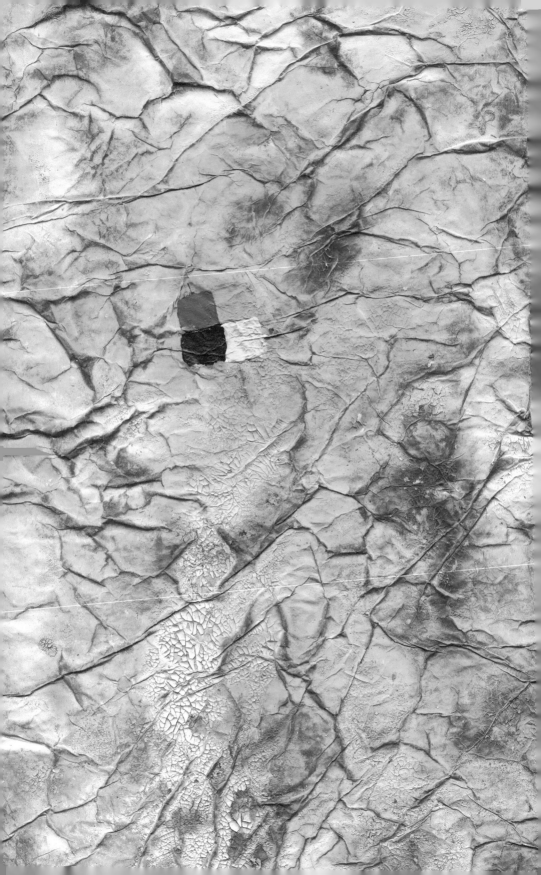

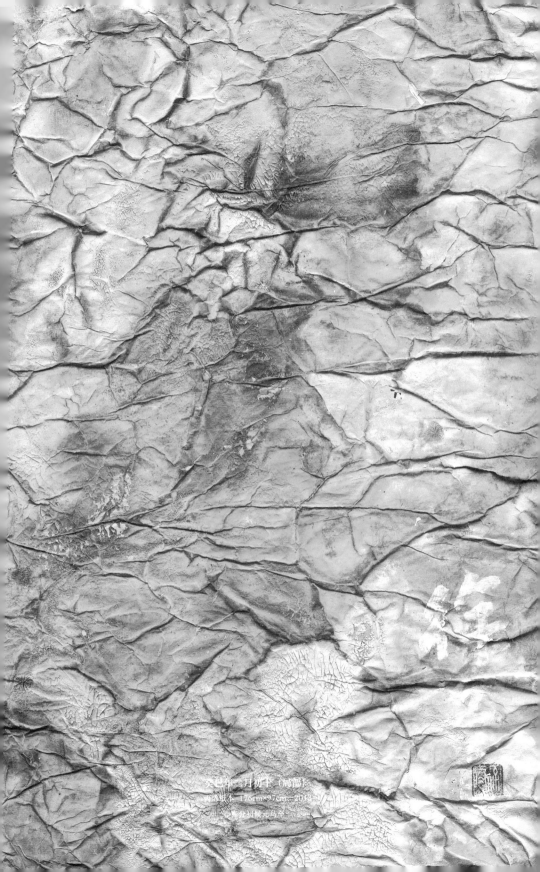

癸巳年三月初十（局部）
宣纸墨水 176cm×97cm，2013
春分初候元鸟至

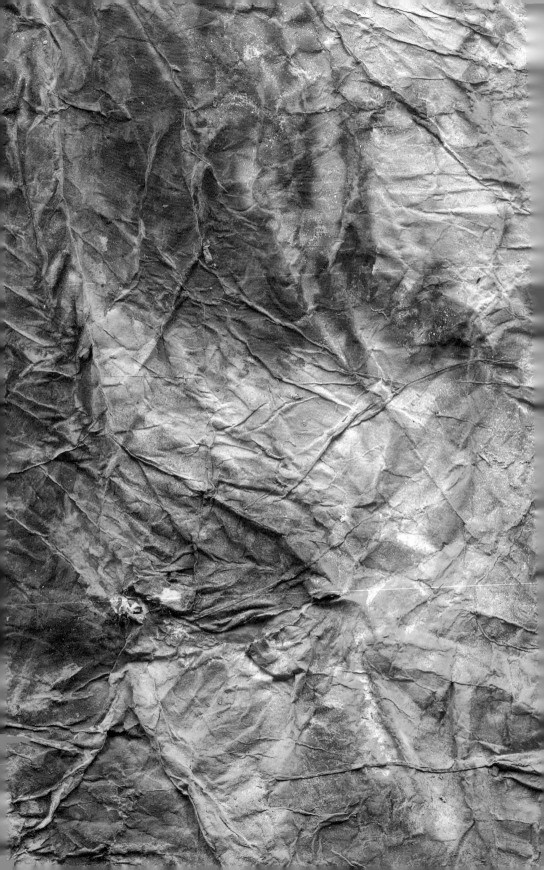

丁酉年三月初九

丙烯纸本　176cm×97cm，2017

清明初候桐始华

天地澄澈
心也澄澈

　　清明，大节也。

　　二十四节气中，唯清明兼具节日身份，为重要的"时年八节"之一，又与春节、端午、中秋并称为四大传统节日。清明在中国人生活中有着特殊的重要性。"清明时节雨纷纷，路上行人欲断魂"的经典吟唱，已成为中华民族的集体记忆。

　　但清明的内涵太过丰富和厚重，远非这样的集体记忆可以完全概括。清明的内涵是自然的，也是文化的、社会的，甚至是政治的。

　　要读懂清明，不妨返璞归真，把心安放在宇宙中，以一颗初生婴儿般的本真之心，去融入天地万物，静心感受清明时节大自然的气息。

　　白桐花开清明风。

　　几年前的清明时节，走在北京郊野，我第一次惊喜地发现，那高高的桐树开花了。北京人习惯称其为泡桐，其实它有着一个雅致的名字：白桐。白桐树长得高大，需要你高高地抬起头仰望它，才能看到那高耸的树冠。桐花有紫有白，花色清淡，却开得极其热烈，花朵硕大而不失妩媚，在高挺的树干上如叠云飞瀑，纵然只能远望，亦能感到一种元气淋漓、朴野酣畅之美。才气纵横的唐代诗人李商隐一句"桐花万里丹山路"，写活了桐花绽放那繁盛的气势。

　　奇妙的是，盛放的桐花在烂漫之中，却给人沉静、素雅的感觉。明朗的天空中，只有同样高大的柳树可以和桐花比肩"对话"。已是深春，柳条渐渐显出了柔嫩的翠绿。看那紫、白的桐花伴着青青柳条在和风中摇曳，我的心里不禁荡漾起别样的温柔与清朗。

　　驻足在桐树下，我为这美好的温柔与清朗感动了。将"桐始华"作为清明初候，可见古人观察自然之细致。和李花、桃花、梨花、杏花率先争春不同，桐树高大，广布山野，只有当阳气盛至化阴之境，桐花才开始爬上高高的树梢。此时的天地，清澈明朗，新绿葱葱，娇蕊争芳，入眼皆是春和景明。"万物皆洁齐而清明，盖时当气清景明，万物皆显，因此得名。"《历书》对清明之谓的由来的总结，委实精辟！

在时空的交替中，太阳到达黄经 15 度时为清明节气。这一时节的太阳是清新的，万物是清新的，流转于天地之间的阳气，也是清新的。

山水同清，日月同明，这个时期天地万物的清洁明净，此前未有，此后亦不再。民国才女林徽因的经典诗作《你是人间的四月天》把四月清明的美好写得淋漓尽致，四月的春，轻灵，光艳，风软，星闪，细雨点洒，百花鲜妍，"你是一树一树的花开，是燕在梁间呢喃——你是爱，是暖，是希望，你是人间的四月天！"

如此至美至好的时节，为什么老祖宗要把清明作为祭祖扫墓的节日，而使其带有悲思悲情呢？

在对二十四节气七十二候的传统智慧的体会中，我对先贤如何去了解和观察自然界，并探求人类与宇宙之间的关系，多有感悟。深味而知，至美离不开至善。世间的最美，自然要与我们的至爱分享。所以，在清明时节，我们要为故去的亲人添一抔新土，祭一枚新枝，让亲人知道，即使阴阳相隔，最美好的东西也永远与其同在。

而在清明尽孝致善的伦理道德之美中，更有古人十分重要的生命教育和哲思悟道。在惠风和畅、春光明媚时去追思祭祖，是在提醒我们珍惜并敬畏生命的"生"，同时告诫我们盈虚有数，悲欣有度，生命相似相续，人当慎终追远，节制而行。享受春意盎然的欢欣时不可放纵，感怀生命逝去永不可追时也当悲而不伤。

苏东坡《东栏梨花》云："惆怅东栏一株雪，人生看得几清明！"《后汉书·班固传》有道是："固幸得生于清明之世。"清朗，明净，在自然的境界，在人生的境界，在建设人类社会的境界，都是最美好的一种追求。

"洁"而后清，"节"才能明。天地澄澈，心也澄澈，乃清明之本、清明之魂也。观《四季》系列之《清明·初候桐始华》，如果你感到了一种澄澈的气韵和境界，那么，你就读懂了清明。

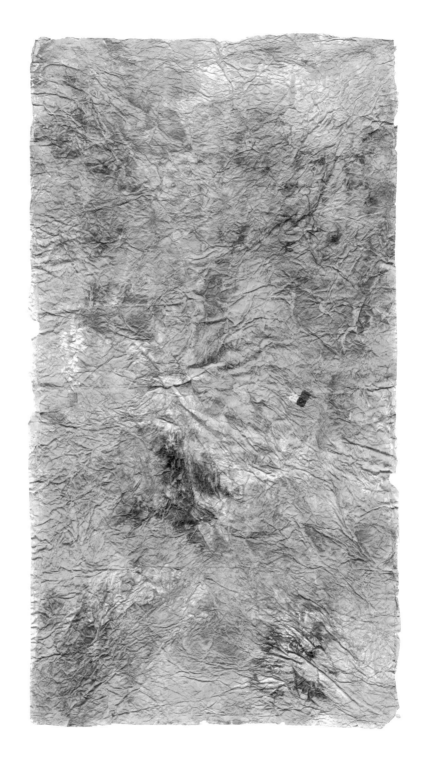

癸巳年三月初三

丙烯纸本 176cm×97cm，2013

清明二候田鼠化为鴽

生动传神
宇宙间

进入清明二候"田鼠化为䴥"。对如今的城里人来说，这个从农耕时代走来的物候总结，似乎格外陌生而遥远。

中国古代最早的词典《尔雅》对田鼠的释义很是生动："鼢鼠，形大如鼠，头似兔，尾有毛，青黄色，好在田中食粟豆。"那䴥是什么呢？《素问》是这么说的："鹌也，似鸽而小。"也就是一种鹌鹑类的小鸟。

田鼠为至阴之物，鸟为至阳之物，喜阴的田鼠因为烈阳之气渐盛而躲回洞穴，小小的鹑鸟则因为阴气已经潜藏，终于可以在蓝天下自由自在地活动，尽情地在花间鸣唱了。

还记得惊蛰节气的三候吗？初候"桃始华"，二候"仓庚鸣"，三候"鹰化为鸠"。那时，阳气才刚刚冒头，蛰虫才刚刚从漫长的冬天中惊醒。走过了惊蛰，走过了春分，到了清明"田鼠化为䴥"，天地间已然是百花怒放，百鸟飞翔，生机勃勃，亮丽无比。

这意味着，天地走到这个时节，已经发生了焕然一新的大变化，阳和阴已经发生了根本性的反转！

碧桃，玉兰，樱花，丁香，海棠，连翘……这时的大地，是五彩的；这时的五彩，是浓郁、鲜亮而妩媚的。目之所及，处处充满着生动的神采。

《清明·二候田鼠化为䴥》妙就妙在这"生动"二字。

早在1600多年前的东晋时期，画家顾恺之提出了"传神论"，认为绘画重在"传神、写神、通神"上，这一提法对中国绘画的发展产生了巨大影响。中国的绘画不是以"写形"为中心，"写形"只是为了达到"传神"的目的。

中国艺术无不相通，先有金石篆刻，后有绢纸笔墨。诗、书、画本为同源，理法一贯，琴、棋也与之相通。儒家、道家、佛家之说，对绘画、书法各有其影响。当然传统绘画受到道家的影响较大，老子曰："人法地，地法天，天法道，道法自然。"中国艺术对神韵的理解和追求，几乎离不开"自然"，尤为强调与自然的共融。

故而，在中国绘画中常见到这样的情景：峰峦叠嶂，春云出谷，白练飞下，一老翁端坐松下抚琴，琴声与松涛回荡于幽谷，再与那瀑声合而为一，泉音如心声，宇宙之心与人心相通化之，从中参悟人生。

不管是对艺术，还是对人，中国文化里有一个很高乃至最高的赞美，就是赞其神韵。《宋书·王敬弘传》赞美敬弘的神采："神韵冲简，识宇标峻。"宋代司马光在《送守哲归庐山》诗中赞美哲公的风度："哲公金陵来，神韵自孤秀。"文艺作品的情趣要上升到"神韵"的层次，是历代中国文人至高的追求。唐代张彦远《历代名画记·论画六法》论述道："至于鬼神人物，有生动之可状，须神韵而后全。"明代胡应麟的《诗薮·宋》说得更痛快："矜持于句格，则面目可憎；架叠于篇章，则神韵都绝。"

甚至可以说，"神韵"二字，代表了中国艺术的一种精神图腾。

这种对"神韵"的追求，对"生动""传神"的注重，在《四季》的抽象绘画语言里，得到了新的丰富和强化。

人间四月天，正是大自然最生动的时节，宇宙万物充满神采。和传统的中国绘画相比，《四季》的笔墨不再局限于眼中所见之百花盛开的生动，亦不再局限于心中所感之春意盎然的欢欣，而是用创新的手法，把宇宙间那种可感可悟却又难以眼见言述的神韵，淋漓尽致、酣畅痛快地表达出来。

在宣纸上活泼泼流动的色彩里，飞扬的神韵扑面而来，你会看到比现实中的大自然更明亮、更鲜妍的春天。《清明·二候田鼠化为鴽》的"生动"与"传神"，由此具有了新的审美表达。

丙申年三月初十

丙烯纸本 176cm×97cm，2016

清明三候虹始见

癸巳年三月初八

丙烯纸本 176cm×97cm，2013

清明三候虹始见

春雨生情
花曼飞

风雨之后见彩虹。这个哲理，源于人们对自然现象的观察。《月令七十二候集解》曰，虹"是阴阳交会之气，故先儒以为云薄漏日，日照雨滴则虹生焉"。

日照雨滴彩虹生，这是多美的景象！而阴阳交会的天地，又该是多么活跃！

此时的天地万物，幸福地浸润在气温不断上升所带来的阳光、雨水和春风之中。闭上眼，仿佛能听到万物生长的声音：田间的冬小麦、山野里的竹笋开始拔节；牛、羊、马快活地抖着身子；孩子们欢快地嬉戏、跳跃，笑声飘荡在空气里，身体像在抽条，噌噌噌地长高……

最能代表春天的花朵，无不留恋这一年一度亮相的机会，尽情展现着靓丽的容颜，不肯离去。桐花在高高的树冠上盛放，桃花、海棠俏丽多姿，而艳冠群芳的牡丹就在这春深时节傲然登场。白玉、二乔、墨魁、赵粉、状元红、姚黄、蓝田玉、豆绿、葛巾紫……好像天下所有美丽的色彩，都集于牡丹一身了。

唯有牡丹真国色，花开时节动京城。当百花迎来了花中之王，春天的高潮到来了！在万物拔节的生龙活虎中，激情怎能不飞扬？

连师道尊严的孔子也不禁神往这样一种境界："暮春者，春服既成，冠者五六人，童子六七人，浴乎沂，风乎舞雩，咏而归。"孔子闲暇时与几个高足弟子谈论社会、政治和个人生活情志，曾点的志向简单朴实，他向往的是：暮春三月，穿上春装，约上五六个成人、六七个小孩，在沂水里洗洗澡，在雩台上吹吹风，一路唱着歌回家。孔子大为赞赏。

这是多么富有情趣的春日郊游图，阳光下，春风里，沐浴、唱歌、远眺，生命的激情呈现在无忧无虑的状态里，充满最本真、最朴素的充实和欢乐。

春天的高潮里，诗情怎能不飞扬？

代表文人雅士情调的经典故事"曲水流觞"，就发生在这个时节，成就了传世名篇《兰亭集序》。东晋永和九年（353年），暮春之初的农历三月三日，王羲之和当时的名士谢安、孙绰等人，在会稽山阴（今浙江绍兴）的兰亭，沿着蜿蜒的溪水，饮酒吟诗。"天朗气清，惠风和畅。仰观宇宙之大，俯察品类之盛，所以游目骋怀，足以极视听之娱，信可乐也。"王羲之感叹道，向上看，天空广大无边，向下看，地上事物如此繁多，纵展眼力，开畅胸怀，足以享受到极致的视听乐趣，实在是快乐呀！

如此春意浓郁的时节，又怎会少了爱情？明代戏剧家汤显祖《牡丹亭》的唱词"原来姹紫嫣红开遍，似这般都付与断井颓垣。良辰美景奈何天，赏心乐事谁家院"，可以说是写少女怀春不得而生春愁的千古名篇。

对于春天里的情爱，古人的表达是浪漫的、开放的。看《诗经·溱洧》的描绘："溱与洧，方涣涣兮。士与女，方秉蕳兮。女曰观乎？士曰既且。且往观乎？洧之外，洵讦且乐。维士与女，伊其相谑，赠之以勺药。"用现在流行的语言翻译，就是：溱河洧河春波荡漾，帅哥美女采兰水上。美女说：看看去？帅哥说：去过了。再去看看吧？河水之外，河滩宽敞又舒畅。男女相戏喜洋洋，互赠芍药情意长。

农历三月三，在许多民族的传统文化里，也是爱情的节日。先秦以后，"三月三情人节"延传开来。杜甫那句"三月三日天气新，长安水边多丽人"，将摇曳绮丽的风情渲染无遗。直到今天，壮族、侗族、苗族、黎族等民族仍保留了这个节日习俗。

淳朴的激情，风雅的诗情，浪漫的爱情，都在"虹始见"这个春意深深的时节伸展开来。在国色天香的千娇百媚中，观天地阴阳之变，赏百花争春之态，画家徐冬冬对春天的感悟，既有对传统的延续，也有颇具当代意识的总结。

画家说，春是生命之初始，自混沌中走来，从无到有，善恶自生。生命的灵魂与天地阴阳平衡所产生的和谐的气息交融，就是春天的神韵。

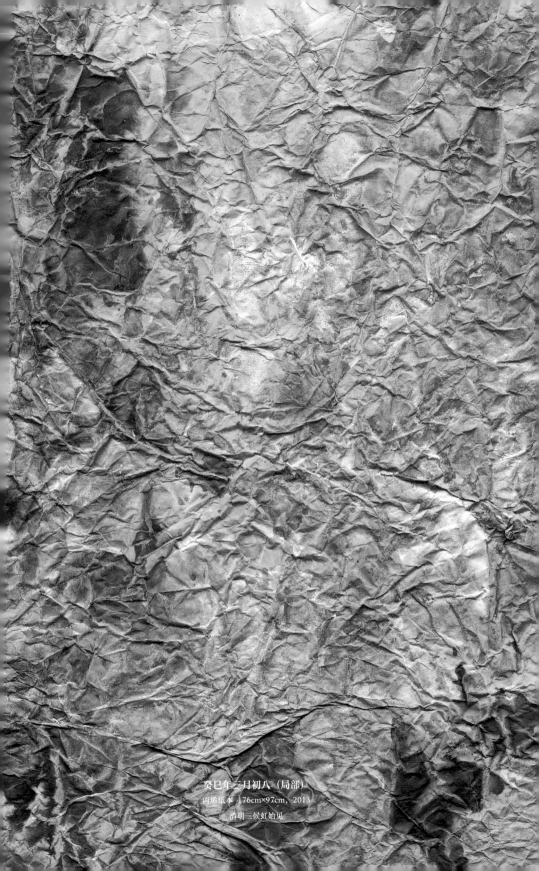

癸巳年三月初八（局部）

丙烯纸本　176cm×97cm，2013

清明三候虹始见

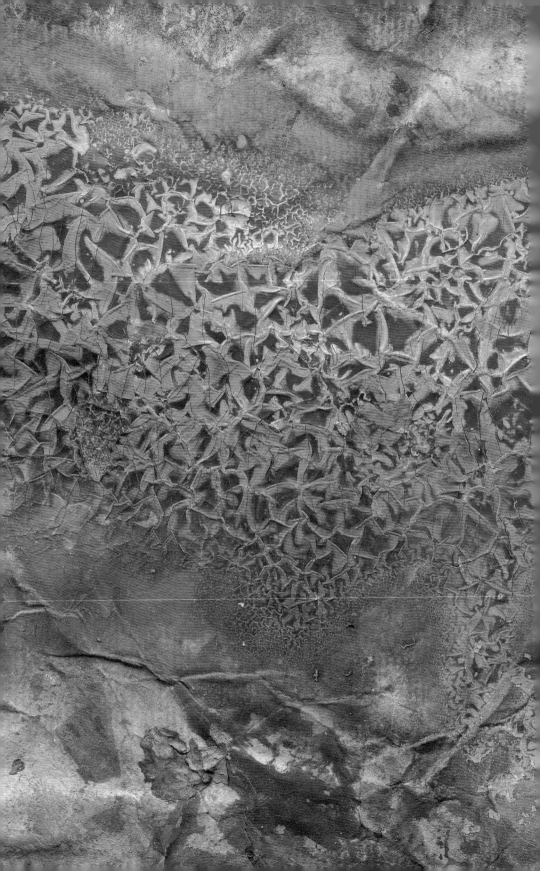

谷雨

丙申年三月十五

丙烯纸本 176cm×97cm，2016

谷雨初候萍始生

感恩
天地呵护

　　当太阳到达黄经 30 度时，谷雨节气到了。

　　谷雨节气带给人们的感触，就如这个时节盛开的花朵一样多姿多彩。

　　浮萍为阳，其特性是不能经霜。池塘里，浮萍开始长出来了，意味着寒潮天气已经基本结束。故古人总结云：清明断雪，谷雨断霜。

　　阴已化尽，春将尽，夏将至。

　　这时的雨，是温暖的。再无清明雨纷纷那种倒春寒、时冷时热的飘忽感。

　　这时的雨，是饱满的。不再是初春的雨丝风片、细雨霏霏，而是洋洋洒洒、充充沛沛地飘落下来，很大方地滋润着江南江北涌动勃勃生机的土地。

　　这时的雨，是善解人意的。"阿公阿婆，栽秧插禾。"田间秧苗初插、作物新种，正是最需要雨水的时候，雨水便似默契的老友一般，不请自来，夜雨昼晴。

　　雨润百谷生。"蜀天常夜雨，江槛已朝晴"。夜有春雨润养，日有阳光普照，这种天气，对谷类农作物的生长是最为适宜的。越冬作物"喜刷刷"地返青拔节，春播作物喜滋滋地出苗向上。

　　雨润百花媚。万紫千红中，花中仙子的牡丹迎来盛放之时，观赏的最佳时刻到来了。故而，牡丹花也被称为"谷雨花"。至今，在山东、河南、四川等地，还保留了谷雨时节举行牡丹花会的传统习俗。爱花的人们，像迎来了盛大的节日一样，流连、陶醉在牡丹的国色天香中。

　　雨润百草青。谷雨时节，喜茶的人们有福了。

　　南方素有谷雨采茶的习俗。传说谷雨这天的茶喝了会清火、辟邪、明目。所以，谷雨这天不管是什么天气，人们都会去茶山上摘一些新茶回来喝。雨前茶与明前茶同为一年之中的佳品。清代大画家郑板桥有诗云："几枝新叶萧萧竹，数笔横皴淡淡山。正好清明连谷雨，一杯香茗坐其间。"

春茶柔嫩的芽叶飘在水中，翠绿，柔软，舒展，茶汤是鲜活的，明亮的，温润的，香气散发到空气中，不管处在什么环境，只要一杯春茶就足可怡人。

不可一日无茶的画家徐冬冬说："喝茶有四种境界。人渴了需要喝茶，这属于自然境界；朋友们在一起品茶，不时地'斗茶'，比试茶品的贵贱，这属于功利境界；当人们品茗时，茶叶在水中翻滚，有虚有实，犹如一幅水中的山水画作，品茗者望着那上上下下浮动的茶叶，烦躁的内心归于平静，这属于哲学境界；然而，最高的境界，则是天地境界。"想象一下，如果这一刻你正坐在窗前读书，面前放有一杯热水，闲适安逸，突然，窗外风来，一片树叶恰好吹入杯中，这不正是品茶的最高境界吗？因为这是一种机缘，难能可贵，而这缘分正来自天地境界。

雨润百谷生，雨润百花媚，雨润百草青。这是天地万物备受呵护的时节。在谷雨初候"萍始生"的时节里，有一种幸福感，洋溢在雨润万物的蒸蒸日上中。

而这种幸福感，更来自我们的内心。当我们能融入天地之境，感知到天地对万物的呵护时，我们的内心应当充满感恩，并会因为懂得感恩而拥有幸福感。

金钱、地位、权势等外在的东西不能给人带来真正的幸福。正如《哲学是什么》所说："真正的幸福不能向外去寻觅，她们只存在于我们的灵魂深处，她们是自由思想园地里盛开的花朵。一个不关心自己的灵魂和思想的俗人，不可能懂得什么是真正的幸福。"

谷雨最美丽的花朵，盛开在我们的灵魂里。谷雨初候，不应只是"萍始生"，生发更多的，当是对生命的感恩。在一花一叶、一草一木的普通世界里，融入自己的灵魂，寻找宇宙的真善美，这是谷雨之悟的最高境界。

乙未年三月初八

丙烯纸本 176cm×97cm，2015

谷雨二候鸣鸠拂其羽

且莫伤春去

正是"鸣鸠拂其羽"的时候。

"鸣鸠"，一个颇有古意的词，其实就是人们熟知而喜爱的布谷鸟，又叫子规、杜鹃。在苍翠的山峦间，小巧玲珑的布谷鸟抖动着翅膀，梳理着浑身丰泽亮丽的羽毛，一阵阵"布谷布谷"的鸣啼声，唱出了谷雨春浓时节的热情。

《月令七十二候集解》说得极有意思："拂，过击也。《本草》云：拂羽飞而翼拍其身，气使然也。盖当三月之时，趋农急矣，鸠乃追逐而鸣，鼓羽直刺上飞，故俗称布谷。"

最有意思的是这两句："气使然也""趋农急矣"。

"气使然也"是说阳气在不断地生长、生发，熏染得布谷鸟忍不住拂羽示美，鸣唱求偶。这是生命之春的自然属性。

"趋农急矣"则是说布谷鸟自古以来就是农家人心中的益鸟、春鸟，声声"布谷"急，似在催促人们快去"播谷播谷"。农家应时而种，百谷应时而生，一刻也不要耽误，一刻也耽误不起。这是中华民族的祖先依据农业气候规律所赋予谷雨二候"鸣鸠拂其羽"的文化意义。

无论是"气使然也"的自然属性，还是"趋农急矣"的文化意义，都在提醒人们，莫待春归去，莫待春归去。

"莫负春光"最华美的高潮，就在这个时节。

这是春雨和万物最美的相遇。雨落在湖中，便是一朵朵水莲花的晶莹；雨落在枝头，便是一片片翠绿的葱茏；雨落在花蕊，便是一瓣瓣姹紫嫣红的娇艳；雨落在秧苗，便是一棵棵向上生长的喜悦。

此时的春光之美，是春天在即将逝去时最灿烂的绝唱，如丽人离去时那转身回眸的惊鸿一瞥，美得让人震惊，陶醉，无限回味，又不禁怅然感伤。

唐代李商隐在《天涯》诗中感怀子规啼时春之将逝的惆怅："春日在天涯，天涯日又斜。莺啼如有泪，为湿最高花。"宋代大文豪苏轼那一首《天仙子》更是令人情何以堪："一夜剪刀收玉蕊，尊前还对断肠红。人有泪，花无意，明日酒醒应满地。"

画家徐冬冬对暮春时节的认识却是洒脱的。在他看来，春是生命的初度，对春光最好的珍惜，就是让生命之春尽情盛放，这是"莫负春光"的最好体现。

这样的感悟来自与牡丹的相通。

徐冬冬对牡丹，到了痴爱的程度。喜藏山卧水、行走于山水间的他，到了这个时候，往往会因为钟情于牡丹而不出远门。他欣赏景山公园牡丹的壮硕、富丽，也喜爱圆明园牡丹的素雅、纯美，以及北京植物园牡丹的秀美、娇艳。自然，最让他心仪、牵挂的，是"云归处"的牡丹。

"云归处"是徐冬冬京郊隐逸之地。十多年来，他在这里深居简出，悉心钻研中国抽象绘画的"道"与"技"。自开始创作《四季》组画以来的数年间，他更是自我放逐一般，沉浸在不问世事、一心只在笔墨丹青的创作状态中，陪伴他的只有"云归处"一季季的花开花落。他视牡丹如仙子，如好友，如恋人，守护着第一朵牡丹的初开，直至最后一朵牡丹的凋落。他常常独立牡丹间，与牡丹对话。"云归处"的牡丹，竟也似懂他一般，带着一种灵性。

牡丹有一种很特别的气质。历经千万年的演化，经过千锤百炼，牡丹才从山间的普通植物，演变为百花之王。它有一个特点，是其他任何植物都不具备的："长一尺退八寸"。牡丹每当长到一尺高，到冬天的时候，上面就会干枯，只有两寸能活下来，年年如此。这是为来年的抽枝勃发做好准备，也是大自然本身所蕴含的"知进退、明舍得"的智慧。中华文化讲究"退一步海阔天空"，这个"退"不是"倒退"，而是"稳中求进"。放在我们这个时代，"进"便体现为创造、创新。

领衔群芳的牡丹正是在暮春时节绚烂绽放的。春天越是逼近离场的那一刻，牡丹越是开得灿烂。牡丹中的珍稀品种如黑色之墨池、黄色之姚黄、绿色之豆绿，都是在春将尽时才灿然登场。在那傲然挺立的国色天香中，哪里有伤春尽的叹息？只有生命极其热烈的怒放。

所以，《四季》之《谷雨·二候鸣鸠拂其羽》，没有文人墨客常有的伤春怅惘之情，而是如怒放的牡丹一样舒展着，绚丽着，奉献并享受着生命之春的高潮时刻！

丙申年三月廿三

丙烯纸本　176cm×97cm，2016

谷雨三候戴胜降于桑

以最美的姿态
作别春天

在布谷声声满山回荡之后，便进入了谷雨三候"戴胜降于桑"。

戴胜鸟的叫声没有布谷那样悦耳，但有非常独特的外形和漂亮的羽毛，特别是头上顶着像绽放的花朵一样的羽冠，艳丽的棕红或粉红中，有黑色或白色斑点点缀其间，仿佛一顶绝美的皇冠。

错落有致的羽纹、机警灵敏的禀性和照顾后代尽职尽责的习性，使得戴胜鸟自古以来就成为宗教和传说中的象征物之一。中外很多地区都将其视为祥和、美满、快乐的化身。唐代诗人贾岛专写一首《题戴胜》来赞美它："星点花冠道士衣，紫阳宫女化身飞。能传上界春消息，若到蓬山莫放归。"世纪之交时，中国金币总公司于2000年新春佳节期间发行单枚套彩色银币"戴胜鸟"，寓意"千年伊始，戴胜如意"。2008年5月，时任以色列总统西蒙·佩雷斯宣布戴胜鸟为以色列的国鸟。

"戴胜降于桑"，是让人喜悦的情景。当吉祥美丽而性喜温暖的戴胜鸟飞临桑树的枝头，意味着蚕宝宝就要出生了。养蚕织丝，这是农耕社会的大事喜事，多么重要而又令人愉悦。元代僧人守仁在《戴胜》一诗中怀着欣悦之情写道："青林暖雨饱桑虫，胜雨离披湿翠红。亦有春思禁不得，舜花枝上诉春风。"

回顾整个谷雨节气，充满了最适合生命生长的温暖和湿润。徐冬冬用感性而通灵的艺术语言来描述这个春天最后的时节："大地开始真正变得柔和，阴阳二气交会，气之变幻的奇妙历程就是生命产生的过程，世间万物在交配繁衍，强风把花粉、种子刮过山野大洋，杂交，生根，繁衍出新的生命、新的物种。这就是大自然的生命的力量。谷雨之气，生动如乐章的高潮，生命随之从无到有，其气之和谐已达神韵天成的境界。这正是天地间'道可道非常道'的衍变过程。"

从人类的角度来看，谷雨节气充满了人间的烟火气。播谷，养蚕，谷雨是春天里和农事结合最紧密的一个节气。人们为了衣食住行而谋划着，忙碌着。这是人类对生命繁衍最直观的认识，是最古老而最永恒的智慧——既然春天是产生生命的季节，那么春天也必然是为生命成长而做好准备的季节。这亦是宇宙之道赋予人们的幸福与责任。

当春天即将谢幕，物候转换带来了越来越美妙的景致。"萍始生"时，雨润百谷；"鸣鸠拂其羽"时，布谷啼翠，牡丹怒放；"戴胜降于桑"时，亮丽的戴胜鸟在桑树间迎候着蚕宝宝的降生。即便是桃花梨花已然凋谢，那枝头上正在孕育的果子却让人感受到了新的更饱满的期望之情。天地间的生命无不呈现出最美的姿态，依依作别春的盛情，带着春对生命的慷慨馈赠，欣然步入夏的怀抱。

感受宇宙变化之气，感悟春的本质是生命的初度，感恩宇宙和谐气韵所致的天地大美之境，这是徐冬冬描画四季之春的不变的脉络。他将六个节气十八物候九十天的春之嬗变，总结为春天的三个境界：一为冬去春来，吐故纳新；二为新生的静雅，生命之初性本善；三为百花争胜之后的凋落之美。生命之初便有意动，善恶自生，这就有了孟子与荀子之辩。画家执王阳明意，并将其表述在作品中。

春天初生的生命本身，是天理，在未发之中，是无善无恶的；但生命总有意念，意念一动，便有了善恶。人类的良知就在于知善知恶，并以良知为标准，按照自己的良知去行动。人类生命之初的"性本善"，就是要格物致知，让自己的意念、自己的心达到没有私心物欲的状态，如此，心中的理其实也就是世间万物的理。

"知善知恶是良知，为善去恶是格物。"这是王阳明所倡导的人生境界，也是我深以为然并知行合一去追求的人生境界。"闲观物态皆生意，静悟天机入窅冥。道在险夷随地乐，心忘鱼鸟自流形。"摆脱个人名利毁誉贫富的束缚而达到自由状态，达到一种活泼泼的怡然欢悦的高度自由的精神境界。

乙未年三月初八（局部）
丙烯纸本 176cm×97cm，2015
谷雨二候鸣鸠拂其羽

丙申年四月初二

丙烯纸本　176cm×97cm，2016

立夏初候蝼蝈鸣

绿肥红瘦
万物并秀

带着生命初蕴的欢喜，我们欣欣然走进五月，走进夏天。

当太阳到达黄经 45 度时，立夏节气到来。这是二十四节气中的第七个节气，夏季的第一个节气。

迎夏之首，末春之垂。

"立"是开始。和春季的第一个节气立春一样，立夏也是一个转换与过渡的时节。夏已翩翩登场，春却还在台边徘徊，且行且回头，使得大地处在热度陡升却不乏温柔的气韵中。温热而不炎热，万物和畅。

但春天的花，已是全然凋谢了。

玉兰、樱花、桃花、梅花、丁香、海棠，早不见其芳踪，树杈间满是丛丛绿叶。

纵是那群芳之冠的牡丹，也已落英缤纷。艳丽如映日红，柔美如赵粉，奇特如海黄，雍容如洛阳红，红的，粉的，黄的，白的，紫的，花瓣散落一地，让人感叹这至美的瞬间凋落殆尽。

看那零落的花瓣静静地躺在土壤里，裸露的根深扎于泥土之中，满枝绿叶蓬勃地向上生长，忽然间，便让人感觉到夏天的力量，大地的力量。

夏天的力量，是生长的力量。

如果说春是生的季节，那么夏就是长的季节。

《月令七十二候集解》的释义为："立夏，四月节。立字解见春。夏，假也。物至此时皆假大也。"

立夏一般在农历四月，这是一个极为重要的节气，故称"四月节"。在这个时节，气温大幅升高，雨水明显增多，生命进入了旺盛的生长期。

南方的早稻已经分蘖，油菜已然结籽。北方地区的冬小麦也在扬花灌浆。春播作物大豆、玉米、高粱、谷子、棉花等，都相继出苗了。这时，就得时时遍锄农地，既给大地松土，防止水分蒸发，又可锄掉田中杂草。万物蓬勃生长，田间杂草自然也是猛长，故而农人积累的经验说："一天不锄草，三天锄不了。"

立夏节气的物候，充满了田园气息：初候"蝼蝈鸣"，二候"蚯蚓出"，三候"王瓜生"。意思是说，在这一节气中，首先可听到蝼蝈在田间鸣叫；接着由于地下温度持续升高，可以看到蚯蚓爬上地面；然后王瓜的蔓藤开始快速攀爬生长，果实开始长大成熟。

时下正是初候"蝼蝈鸣"。朱右曾校释《逸周书·时训》时写道："蝼蝈，蛙之属。蛙鸣始于二月。立夏而鸣者，其形较小，其色褐黑，好聚浅水而鸣。"而《月令七十二候集解》则说："蝼蝈，小虫，生穴土中，好夜出，今人谓之土狗是也；一名蝼蛄，一名石鼠，一名螜（音斛），各地方言之不同也。"

不管蝼蝈是蛙还是小虫，总之是一种阴气重的穴居动物，到了立夏时节，也开始跑出洞来，活跃在稻田旁、池塘边，既可食用水中的小生物，又可在稻禾下乘凉，还可以抬头吞食飞行于田间的昆虫，吃饱后心满意足地鸣叫着。

连不起眼的小小蝼蝈都生活得这么自在、惬意，可见立夏时节是多么适合万物生长啊！绿肥红瘦，万物并秀，共同谱写出宏大的生长交响乐，这正是夏天最普遍最生动最美妙的情景。

夏天之色的最大变化，是春之黄绿变成了夏之深绿。对于这怡人的郁郁葱葱，画家在《四季》画作里给出了具有现代意义的解读——在这大自然变化的景象背后，是生命的孕育，夏之绿正是母体孕育生命所呈现的气韵。这样的宇宙之爱、生命之善，怎能不令人感动而心生对生命的敬意？

凋落的春花也融入这强大的生长主旋律之中。化作春泥更护花，就是对此最形象最经典的表达。春花虽谢，却会回归大地，来年又勃然绽放。而那枝头，不正是花开花谢间孕育的生命在生长吗？凋零的花瓣依偎着土地，将自己的生命融于万物的轮回，生命的往复。

丁酉年四月十六

丙烯纸本　176cm×97cm，2017

立夏二候蚯蚓出

生如
夏花绚烂

当蝼蝈的鸣叫声此起彼伏在田野乡间，便进入了立夏二候"蚯蚓出"。

蚯蚓，人们既熟悉又不熟悉。我们都知道它就像勤劳的松土工，在土里钻来钻去，让土地松软，有利于植物的生长；还知道它是一种有趣的动物，弄断了，可以再生，自己长出来。除此之外，就知之甚少了。

《七十二候月令集解》诠释说："蚯蚓，即地龙也，一名曲蟮。《历解》曰：阴而屈者，乘阳而伸见也。"

阴而屈，阳而伸。蚯蚓不仅蛰伏着度过整个冬天，而且要在地穴里待完整个春天！直到夏天潮热日盛，才会爬出地面。它喜欢阴暗，喜欢潮湿，喜欢安静，即使在夏天，也是昼伏夜出。下雨之后，往往有大大小小的蚯蚓从地下钻出来，为什么呢？因为雨后地里氧气减少，它得出来透透气。

老祖宗智慧的高妙就在这里了。进入立夏节气后，温度明显升高，炎暑将至，雷雨增多，农作物进入生长旺季，蚯蚓虽是不起眼的小不点，用作初夏时节的物候，却是再合适不过。透过小小蚯蚓的活动轨迹，人们可以清晰地看到天地之气所发生的精微变化。

蚯蚓的外形很少引起文人吟诗舞墨的兴趣，"蚯蚓出"的时节却有着动人心魄的美感，引无数文人争相吟唱。

一年十二个月，只有五月的鲜花作为一个整体同时具有多重美感：自然的，艺术的，哲学的，甚至信仰的。

芍药，蔷薇，玫瑰，月季……五月的鲜花是无边无际的灿烂，是流光溢彩的张扬，在饱满的阳光下，抑或在倾泻的大雨里，花朵们仰头而笑，带着昂扬的热力。

台湾作家罗兰在散文《夏天组曲》中写道："如果说，春花开放是因为风的温慰，那么，夏天的花就是由于太阳的激发了。"

艺术家们的感受是相通的。《四季》组画的初夏系列，充满浓烈的生命之力，一片一片的色彩闪耀在最饱满的阳光下，如同奔驰、跳跃的生命的精灵。色彩的绚丽其实是生命的绚丽。画家描绘的夏花所具有的绚烂生命感，是在追求生命最耀眼的绽放。

郑振铎对印度诗人泰戈尔《生如夏花》的翻译堪称绝版。生如夏花之绚烂，死如秋叶之静美，这是怎样的绚烂？怎样的静美？

这是生命成长的自然状态。年轻的生命"一次又一次轻薄过，轻狂不知疲倦"。看生命成长的全过程，唯有生命之夏是如此张狂，生命的热力不可阻挡地发散出来，带着决绝，带着不以为意的放纵。

这又是生命成长的一种价值选择。"请看我头置簪花，一路走来一路盛开／频频遗漏一些，又深陷风霜雨雪的感动"。这就进入了生如夏花的更高层次——让生命绚烂地绽放，成为理性的选择，成为一种价值观，即便遭遇雨雪风霜，或者深受不可把握之苦，生命之花还是要热烈地开放。

对于这个层面，从中国传统哲学里走来的我们应该有更深的感悟。中国传统哲学讲"反者道之动"，讲"未知生，焉知死"。"生如夏花之绚烂"和"死如秋叶之静美"是一体的，当生命怒放时，要预见到生命终有凋落之时，而当生命凋谢时，亦应知悟其中所孕育的新生。生的同时已伴随着死，而所谓死不过是一个瞬间，是另一种生。故而，当时节进入立夏二候"蚯蚓出"，生命该像夏花般绚烂之时，就要把握好这耀眼的时刻，尽情地绽放，这才是顺应了天道。

歌手朴树也写了一首《生如夏花》，他唱道：

我将熄灭永不能再回来

我在这里啊

就在这里啊

惊鸿一般短暂

像夏花一样绚烂

事实上，熄灭并不意味着永不能再回，生命只要在该燃烧的时候燃烧了，熄灭时就不会是没有痕迹的熄灭。

只要美丽过，就不会有遗憾。知秋叶之静美，方惜夏花之绚烂；悟生如夏花绚烂之理，方达死如秋叶静美之境。《四季》的初夏笔墨，在绚烂中充满通达生死的淡泊从容。在备受浓烈的生命之力感染的同时，进入一种平淡天真的诗境，这样的生命境界，不是更具美感吗？

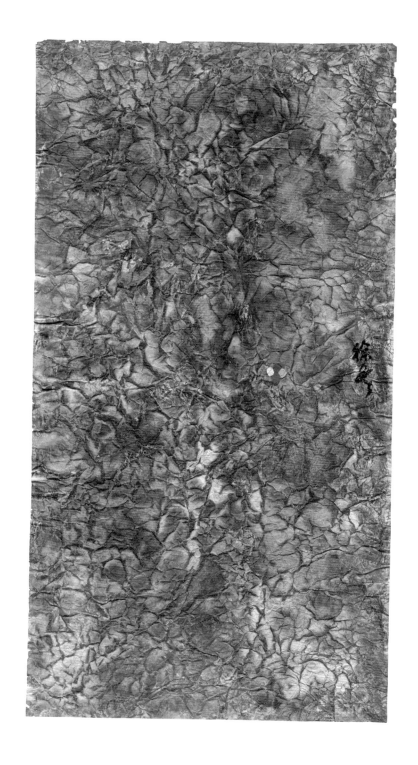

丙申年四月十二

丙烯纸本 176cm×97cm，2016

立夏三候王瓜生

田园之朴
孕博爱

当王瓜的藤蔓快速生长攀爬，立夏时节便进入了三候"王瓜生"。

天地之变每一天都在发生，仅仅积累五日，就会有物候之征的转变。现代人对此却每每置若罔闻，不能不说是一种遗憾。这时候，我们确实需要回到老祖宗的智慧之中，回到天地之气的本真之中，来感受和参悟我们所身处的这个世界。

中国文化、中国哲学认识宇宙的精髓，在于一个"气"字。我们的祖先观察宇宙之气的变化，从而将宇宙物质形成的基本元素总结为金木水火土之五行，它们在气的律动变化中相生相克，相互转换而产生生命，循环往复，形成了万物。此即老子所言"一生二，二生三，三生万物"。这是宇宙万物之"真"。气分阴阳，此消彼长又不断转化而达平衡。

观察"气"的变化，既是我们感悟宇宙世界的立足点，也是《四季》绘画创作贯穿始终的一条主线。

那么，在立夏时节，阳气盛发到了怎样的程度？二候"蚯蚓出"，蚯蚓是至阴之物，感应到了阳气渐盛而群起出土。进入三候"王瓜生"，王瓜是至柔之物，一种华北特产的药用爬藤植物，在立夏时节会迅速地攀缘生长。《月令七十二候集解》写道："蔓生，五月开黄花，花下结子如弹丸，生青熟赤，根似葛，细而多糁，又名土瓜，一名落鸦瓜，今药中所用也。"

连至阴至柔的动植物都活跃了起来，立夏的阳气自然已是盛极而使万物并秀！

立夏却并不炎热。不管在北方还是南方，人们都能感受到较大的温差。白天阳光饱满，给万物带来满满的生长能量；早晚煞是凉爽，一阵雨来，一阵风过，带来惬意的舒朗。这样的温差变化，最适宜万物生长，这正是上天对生命的精心护佑。

这一时节，已有新生的果实让人们尝鲜了。

江南的梅子、樱桃开始成熟，南国的荔枝也有早熟的品种上市，酸酸甜甜的，正是初夏的味道。

青梅之味，最引文人佳话。宋代诗人杨万里的《闲居初夏午睡起》饶有趣味："梅子留酸软齿牙，芭蕉分绿与窗纱。日长睡起无情思，闲看儿童捉柳花。"芭蕉分绿，柳花戏舞，午睡后闲看窗外儿童嬉戏，齿间还有梅子的回酸，这是多么怡人啊！怪不得陆游盛赞初夏比春天还要美妙："夏浅胜春最可人。"

网络上一位写手对孟夏的描述，颇有天赋。我不知其名字，却尤喜这一句："有一个地方，是我们的夏天，很多人能看到能理解却不屑，也有很多人看到却不能理解的世界。嗯，它又在和我们重逢的路上。"

初夏，确实是许多人能看到能理解却不屑的世界。看立夏的三个物候，"蝼蝈鸣""蚯蚓出""王瓜生"，充满乡野之气、田园之朴，孕育着生命，惠及众生，多少人安然享受，却又熟视无睹。

初夏，又隐藏着生命成长的隐秘，是许多人看到却不能理解的世界。在这变绿的叶片背后，在这微醺的暖风之中，在这爬动的小虫后面，是一个个生命的细胞在怎样神奇而急速地裂变生长？

画家徐冬冬笔下的立夏，揭示的正是我们理解或不能理解的初夏的世界。这个世界，有我们时时刻刻身在其中却不以为意的生命成长的美好，也有我们尚未知晓的生命成长的神秘与奇妙。表达对生命的感悟、尊重和敬畏，是贯穿《四季》系列抽象绘画作品的另一条主线。

徐冬冬说，春是生命的初度，从无到有；夏是孕育的过程，生命从小到大，从弱到强。此时，宇宙像孕育万物的母体，表现出自然之中"爱"的天性，显示出最原始的"善"。当善在生命繁衍中被不断地彰显，从中才流露出万物之美。

把握真、善、美的要义，对"蝼蝈鸣""蚯蚓出""王瓜生"的立夏世界便再也不会不屑。孕育万物的立夏时节，气韵深沉而富有生命的博爱与尊严。人类对世间的生命，包括那不起眼的一草一木、一虫一鸟，都要存敬畏之心，这正是中国文化里最让人感动的生命观。

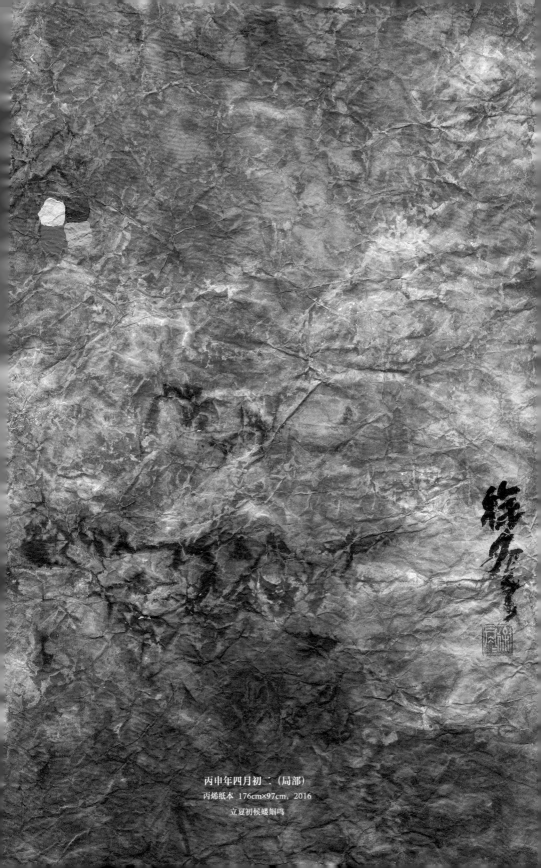

丙申年四月初二（局部）

丙烯纸本 176cm×97cm，2016

立夏初候蝼蝈鸣

小
满

乙未年四月初五

丙烯纸本　176cm×97cm，2015

小满初候苦菜秀

明了
夏天的味道

每年 5 月 20 日到 22 日之间，太阳到达黄经 60 度时为小满。在经历立夏节气春去夏来的过渡之后，小满的到来，意味着真正的夏天来临。

《月令七十二候集解》说："四月中，小满者，物至于此小得盈满。"其含义是夏熟作物开始趋于成熟，籽粒开始灌浆，但尚未完全饱满成熟。此时正是生长的最关键时期！

往前一步，就是生命的盈满，生命的成熟；止步于此，近在咫尺的成熟便可望而不可即。故此，要为这生长关键期创造良好条件。

大自然的造化之妙，在这一时节再次彰显。生命成长所需的阳光雨露，在小满时节达到了一个丰沛的高峰。

小满意味着雨水的丰盈。南方地区的农谚说"立夏小满正栽秧"，小满正是适宜水稻栽插的季节。古谚还说：小满动三车，忙得不知他。"三车"指水车、油车和丝车，农田浇灌，菜籽打油，摇车缫丝，农家忙得不亦乐乎。故而，小满也是农忙时节。

小满意味着阳气的丰盈。《黄帝内经四气调神大论篇》说："夏三月，此谓蕃秀。天地气交，万物华实。"此时，阳气振奋，万物繁茂，是生命生长最为旺盛的时节。古人观察到，小满时节，人体的生理活动处于最旺盛的时期，消耗亦最多，故应及时适当补充，才能使身体五脏六腑不受损伤。因此主张生命活动越活跃，越要有度有节，勿贪寒凉，以呵护好生命生长的阳气。

《四季》画作对小满的描绘，正是以阳气的振奋作为基本的特征。这时的阳气充盈在天地之间，超越了春之阳气的萌生、勃发之态，呈现出浓度大、密度大、无限发散而又不断聚集的态势，这和生命正在走向成熟的状态是一致的。画家笔下色彩的律动，像一个个块状的生命体在跳动，交织着阳光与水的流动。伸手抚摸画面，似乎能感到一丛丛饱满的麦穗，只要一捏，那热烈的浆汁就会炸裂开来，给人以极其丰富的生命感。

一个有意思的问题是，为什么小满节气的初候是"苦菜秀"呢？

普遍的解释是：小满虽然预示着麦子将熟，但毕竟还处在一个青黄不接的阶段，冬天储备的粮食已经吃完，夏收的粮食尚未成熟，在过去，百姓在这个时候往往以野菜充饥。苦菜是中国人最早食用的野菜之一，品种也多种多样。

这种解释自然有道理，我却觉得没有揭示出小满初候"苦菜秀"的本质。

野菜在春天也有、也可以吃，为什么到了小满才将野菜之一的苦菜作为物候特征呢？一方面，当然是苦菜在这个时节长得最为繁茂，"秀"遍南北；另一方面，也是更为重要的，是"苦菜秀"蕴含着夏天真正的味道。

鲍氏曰："感火之气而苦味成。"意思是火之气产生了苦之味，或者说，火之气与苦之味相伴相生。

苦之味，就是夏之味。《诗经》有言："采苦采苦，首阳之下。"

苦是夏天真正的味道，也正是生命成长的味道。

小满之日"苦菜秀"。在生命将满未满、将熟未熟之时，苦是必须经历的味道。不经历苦味，生命便无法走向成熟。这是小满的规律，也是生命的规律。

最大的苦，是"心之苦"。不经过心灵的锤炼，很难实现真正的成长。

画家的"心之苦"，是源于对生死、善恶的哲学追问，源于以心入画，在艺术求索的道路上披荆斩棘、另辟蹊径的浴火重生。

翻阅他的艺术年表，2003 年之前，充满了热烈的活动、闪耀的光环；2003 年之后，年年只是寥寥数语。十余年的生活，就是"创作""游历""问道"六个字。他寻园问茶，静观禅意，潜心探索中国抽象绘画，从而将抽象思维更多地带入中国的文化之中。

经历了"心之苦"探索的画家，对夏天的味道感受至深而异常明了。他用"夏之叶"的沉静来表现夏天的味道、夏天的本质：在热烈之外，沉入"心之苦"的淬炼中，去获得生命走向成熟的内在力量。

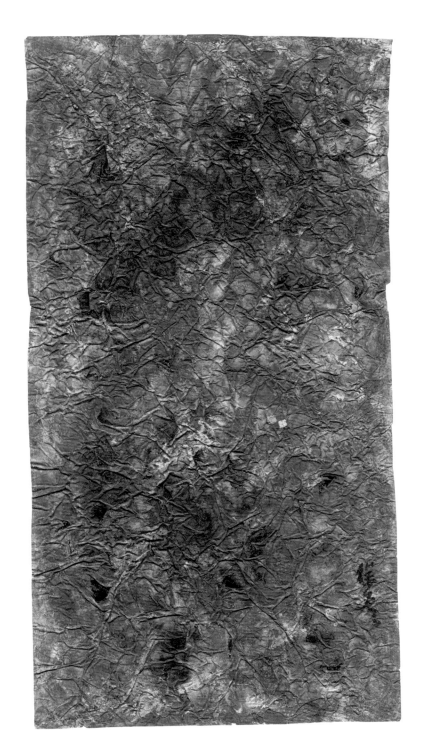

丙申年四月廿三

丙烯纸本 176cm×97cm，2016

小满二候靡草死

生中有死
夏含秋

小满二候"靡草死"。

靡草到底是个什么东西，要说清楚还真不容易。

《月令七十二候集解》说：靡草，荠苈之属。荠苈为何物？今人是很生疏的。古人的说法倒是不少，在《尔雅》《本草图经》《植物名实图考》《唐本草》《蜀本草》《野菜谱》《滇本草》等许多书籍中均有记载。

南朝齐、梁时的医药学家陶弘景说："荠苈，出彭城者最胜，今近道亦有。母则公荠，子细黄，至苦。"《蜀本草》说："荠苈，苗似荠，春末生，高二三尺，花黄，角生子黄细，五月熟，采之暴干。"《滇本草》说："荠苈一名麦蓝菜，生麦地。"

简而言之，大致是一种可以入药的草。这种草除了药性，还有一个特性：至夏则枯死。

小满，是生命生长多么旺盛的时节啊！随着麦穗的抽浆渐渐饱满，天地间充满了即将丰收、生命迎来成熟的期盼和喜悦。可这个时候，靡草却死了。

为什么呢？

有两种说法。

一种说法是靡草的生命周期和小麦基本一致。它是初春最早长出来的一种野草，到了此刻，生命渐渐衰靡。万物的夏天，却是它的秋天。

另一种说法是，它是喜阴的草类，枝叶细软，经受不住小满强烈的阳气，枯黄死亡。方氏曰：凡物感阳而生者，则强而立；感阴而生者，则柔而靡，谓之靡草。则至阴之所生也，故不胜至阳而死。

在阳气盛极到一个高点的小满，万物的生，恰是靡草的死。

小满二候"靡草死"所蕴含的生命意义与哲学意义，让我动容。

不仅夏里有秋，其实春夏秋冬四季都是相连相融的，冬去春来，夏去秋来，寒来暑往中隐含着每一个季节的气息与烙印。春里有冬有夏也有秋，秋里有夏有冬也有春。四季如此，生命状态也是如此。

万物的生生灭灭随时在发生，生中有灭，灭中有生，即使在生命最为热烈的夏季，在孕育生命成长的夏季，也要时刻面临生命的死亡，或者说，一部分的生是以一部分的灭为依存的。

感悟到这一点，画家对《四季》每一幅绘画的创作，绝不会简单地一蹴而就，而是要反复渲染，通过层层点染，使四季的气息融入一幅画面之中。在表现夏之生命旺盛时，还有一种欲放还收的内敛；在表现冬之生命萧条时，又彰显着一种旷达和希望。

在北京西山，画家长久地观察着一棵树的变化。春天，新绿中带着柔嫩的黄，渐渐地，变成了翠绿，透着明亮。到了夏天，树叶的绿愈发深了，油亮油亮的，让人感觉到旺盛的强壮的生命力，又有一种生命专注于成长的沉郁。夏天的阳光穿过浓密的树荫，星星点点，斑驳在地，仰望树影，他似乎看到了一个孕育中的生命伴随着春夏秋冬一起向他走来。他为此特别创作了《四季》组画的一个分支《夏之叶》，来表达这种生命孕育的奇妙状态。

小满至，靡草死，生命是一个平衡不断被打破又去不断寻找平衡的过程。在夏之气韵的运动中，阳气不断上升，阴气不断地寻找阳气给予补充，达到瞬间的平衡，而这平衡与不平衡也在毫厘间，不停转换。

这寻求平衡与平衡被打破的转换过程，正是生命成长的历程。

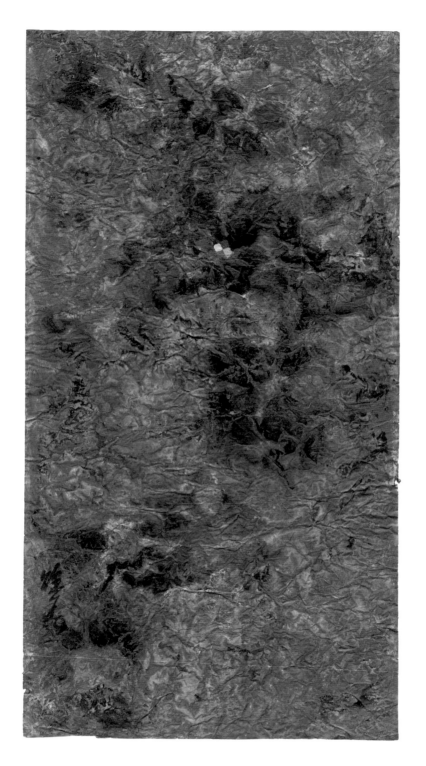

丙申年四月廿七

丙烯纸本　176cm×97cm，2016

小满三候麦秋至

天边
那幸福的麦田

飘着麦香的喜悦时刻到来了。

一幅色彩浓郁的图景呈现在天地之间。覆盖山川田园的浓绿，和金黄色的滚滚麦浪，交织出最动人的夏日美景。

四时之变，皆在气也，气分阴阳，阴阳相薄相生而产生时节变化。小满三候"麦秋至"正是阳气振奋的一个高点，阳气越来越升腾，阴气攀随而于此时达到高位的平衡，就产生了这美好的图景：蔚蓝天空下，涌动金黄麦浪。

人们迎来了一年中第一个收获的时节。

《月令七十二候集解》解释了为什么这个夏日的麦收季被称作"麦秋至"："秋者，百谷成熟之期，此于时虽夏，于麦则秋，故云麦秋也。"小麦在夏季成熟收获，而其他农作物收获的季节一般是秋季，因此，对于小麦来说，小满的收获季就相当于它的秋季，故为"麦秋至"。

此时的丰收，是大自然对旺盛成长中的生命最好的安排。

走过萧瑟的冬季，走过生命苏醒萌动的春天，一路走来，感受过花开，感受过果熟，感受过草蔬青青，但唯有小麦——粮食，是生命成长能量最基本的供给。在激扬振奋的夏日，生命得到了第一场最及时最切实的补给。

麦田之美，丰收之乐，激发出人们讴歌此情此景的无限冲动，使得"麦秋至"成为整个夏天最富诗情的时节。

元代诗人元淮写《小满》："映水黄梅多半老，邻家蚕熟麦秋天。"明代诗人何吾驺的《落第南还晚泊黄牛村》写道："新凉牛犊归桑薄，小满人家割麦田。"

麦田，麦香，麦收，让古往今来的文人念念不忘。

其实，小满时节的成熟之景，并不只是风吹麦浪。

看那南国枝头的枇杷，早已熟透了。五月枇杷黄似橘，年年新果第一枝。作为初夏第一果的枇杷是很奇特的，秋日养蕾，冬季开花，春来结实，夏初果熟，承四时之雨露，为"果中独备四时之气者"。明代诗人李昌祺观察到了这一点，他写道："长是江南逢此日，满林烟雨熟枇杷。"

满林烟雨熟枇杷，多么活色生香又诗意盎然的情景啊。

还有杨梅。

在炎炎夏日里走进江南，一树树的红果累累，搅动着人们的味蕾。杨梅未熟时颜色青绿，极酸，熟后发红，越红越甜，红到发紫发黑，便甜极。小满三候"麦秋至"就是这样的甜极时光。选一处农家，摘一颗杨梅果放进口中，多汁的甜蜜立刻在嘴里迸裂开来，再来一点自制的杨梅露、杨梅酒，夏日时光竟是如此清爽悠长。

宋代大文豪欧阳修也不免感叹。他在《归田园四时乐春夏二首(其二)》中盛赞这小满夏日的美好："田家此乐知者谁？我独知之归不早。乞身当及强健时，顾我蹉跎已衰老。"

千年以后，画家徐冬冬也体会到了这种"独知之"的怡然自得。

他对夏之绿有着一种"独知之"的钟情。夏天的颜色是缤纷的，进入小满三候"麦秋至"，蔷薇虽谢，月季依然盛开，紫薇花又露出了俏丽的容颜，但他以为，绿荫密集里才藏有夏的真正秘密。夜莺在皓月当空的枝头轻啼，微风吹动芭蕉，金银花暗香浮动，晨光越来越早地照耀在庭院里，在一片葱郁的绿色中，就是生命孕育生长的私语。

夏绿是生长，金黄是丰收。在小满"麦秋至"的时节，同时收获生命成长与成熟的喜悦，同时拥有生命之夏的热烈与生命之秋的丰满，这是多么圆满啊！就让生命暂停在这样圆满的时刻，不要贪念更多了。

"小满"之后，毋求"大满"。

二十四节气中其他带"小"字的节气，后面总跟着"大"，小暑之后是大暑，小雪之后是大雪，小寒之后是大寒，小满之后却无"大满"，而是芒种，我想这恰好体现了中国传统文化的智慧。月满则亏，水满则溢，一切达到极值后必然走下坡路，"大满"并非人们应当追求的完美境界。小得盈满，还有向上的空间，这样才可以继长增高，才符合中国文化的理想。

守望麦田，守望中国文化的智慧，守望幸福。

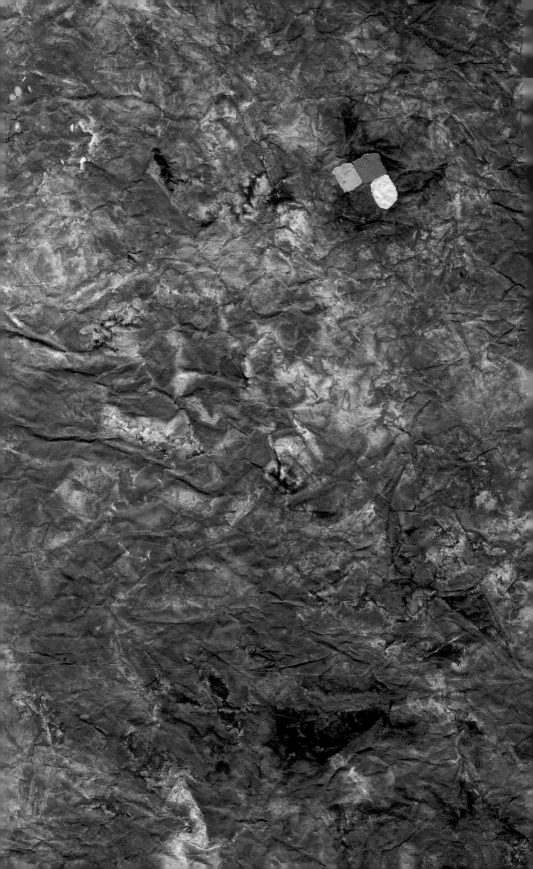

乙未年四月初五（局部）
丙烯纸本 176cm×97cm，2015
小满初候苦菜秀

丙申年五月初二

丙烯纸本 176cm×97cm，2016

芒种初候螳螂生

菖蒲修剪
莫蹉跎

每年6月5日至7日之间，当太阳到达黄经75度时，芒种节气到来。

这是夏季的第三个节气，仲夏时节开始了。

在民间，一些地方流传着芒种日"送花神"的习俗。绚丽的夏花此时渐渐零落了，层层叠叠浓淡不一的绿色，成为芒种的主色调。人们依依不舍地饯送花神归位，表达对花神的感激之情，盼望来年的相会。

这时，大部分地区的稻田进入返青阶段，秧苗嫩绿，一派生机。"东风染尽三千顷，折鹭飞来无处停"的诗句，生动描绘了芒种时节田野的秀丽景色。

喜悦与忙碌，是芒种节气的主旋律。

夏季的节气大多与农事有关，而芒种达到了"三夏"的农忙高潮。

何谓"三夏"？夏收、夏种、夏培，缺一不可。在这个时节，雨量明显增加，气温显著升高，常常伴随着台风、暴雨、冰雹，农人在田间挥汗如雨，紧张劳作。夏熟的麦子要抢收，秋收的稻子要赶紧播种，春天种下的作物要管培。无一事能误，无一时不忙。

芒种芒种，字面的意思是："有芒的麦子收，有芒的稻子种。"《月令七十二候集解》说："五月节，谓有芒之种谷可稼种矣。"而实际的意思呢，正是"忙种"。长江流域"栽秧割麦两头忙"，华北地区"收麦种豆不让晌"，我国从南到北都在"忙种"，可以说，这是一年中农人们最忙的时节。

宋代大诗人陆游在《时雨》中生动地描写了此番繁忙情景："时雨及芒种，四野皆插秧。家家麦饭美，处处菱歌长……即今幸无事，际海皆农桑；野老固不穷，击壤歌虞唐。"

119

这个"忙",带着一种与时间争分夺秒的紧迫感。

"春争日,夏争时",这时间的紧迫,是以"小时"为单位的。"收麦如救火,龙口把粮夺","芒种不种,再种无用",这些农谚形象地说明了夏收夏种的紧张气氛。

为什么?因为到了芒种时节,天地之气的变化已经来到一个即将迎来重大转折的时段。

芒种节气三候为:初候"螳螂生",二候"鹏始鸣",三候"反舌无声"。

在这一节气中,螳螂在上一年深秋产的卵,因感受到阴气初生而破壳生出小螳螂;喜阴的伯劳鸟开始在枝头出现,并且感阴而鸣;与此相反,能够模仿其他鸟鸣叫的反舌鸟,却因感应到阴气的出现而停止了鸣叫。

很明显,这三个物候的出现都和阴气的初生有关。

还记得小满时节的"靡草死"吗?其时,在阳气最为充沛、振奋、覆盖天地之时,喜阴的靡草承受不住而凋亡。而到了芒种,阴气开始悄悄地缓缓地萌生,螳螂、伯劳这些喜阴的虫鸟便非常灵敏地活动起来了。

依托阳气生长的谷类,必然要赶在天地之气变化的关键点之前赶紧播种下去,这样才能保证秋之收获,保证生命成长所需的给养与储备。

阴阳二气随着太阳运动轨迹而发生变化,是古人认识宇宙世界的角度和基本逻辑,也是理解二十四节气七十二候的脉络和核心。《四季》组画正是在表达对天地之气变化的感受与思考。

《月令七十二候集解》对芒种初候"螳螂生"的释义是:"螳螂,草虫也,饮风食露,感一阴之气而生,能捕蝉而食,故又名杀虫;日天马,言其飞捷如马也;日斧虫,以前二足如斧也,尚名不一,各随其地而称之。深秋生子于林木闲,一壳百子,至此时则破壳而出,药中桑螵蛸是也。"

"感一阴之气而生",在这"一阴之气"里,螳螂找到了自己的舞台。

草间螳螂初生,枝上蝉鸣,小池蜻蜓飞……在仲夏夜的星光中,虫儿们的快乐季节开始了。

芒种节气充满夏之阳气的博大，而古人早已见微知著，从小小螳螂的出现观察到了一阴之气萌发的细微变化，并深刻地懂得盛极而衰、阴阳互相转换的道理。

我喜欢吴藕汀写的这首《芒种》诗："熟梅天气豆生蛾，一见榴花感慨多。芒种积阴凝雨润，菖蒲修剪莫蹉跎。"

盛极的时光转瞬即逝，菖蒲修剪莫蹉跎。记住芒种初候"螳螂生"对生命这一最好的提示与警醒。

丁酉年五月十七

丙烯纸本 176cm×97cm，2017

芒种二候鵙始鸣

"最夏天"里
一抹感伤

"鵙始鸣"？

陌生的字眼，陌生的感觉。

但它所代表的时节，是人们熟悉的：炎热的仲夏，阳光像火焰一样，炙烤着大地。

"仲夏日中时，草木看欲燋。"唐代田园诗人储光羲寥寥几句，写出了芒种节气二候"鵙始鸣"的火一般的气息。

再过些时日，便是夏至。夏至，是太阳直射北回归线的日子。也就是说，在芒种期间，每一天太阳都在向离我们头顶最近的点移动着，每一天空气里的热力都在增加。

天地迎接着那个不断向北逼近的直射点，就像一个不断加温的大烤箱，直至火力的最高点。难怪，仲夏又被称为盛夏，这是一段"最夏天"的时光。

"草木看欲燋"的灼热，流动在空气中，流动在《四季》的画作里，似乎要让画纸也燃烧起来了。

燃烧，是这个时节生命的状态。生长，生长，生命壮大的第一轮果实纷纷成熟了。荔枝，百果之王，在这时大面积地上市。妃子笑，白糖罂，南国红，玫瑰金妃，桂味，每过一两天就有新的品种冒出来。何止在岭南？大江南北，早桃、杏子、李子，带着清香的脆甜，被采摘下来；很多的瓜类，蕴藉着饱满的甜汁，愉悦着人们的味蕾，更愉悦着人们的心灵。那个青黄不接，靠储粮和苦菜度过的漫长的冬春与初夏，终于一去不复返了！

一批批果实瓜熟蒂落，还有更多的果实在茁壮生长，"最夏天"的气息，是多么的火热，多么的甜美！

纵情之中，且慢张狂。

还有一种气息，在芒种二候"鵙始鸣"这个时节生长出来。

鵙，就是今人所知的伯劳鸟，一种小型猛禽，喜食虫类，对农业有益。伯劳鸟喜阴，感阴而鸣。它开始在枝头出现，鸣叫着，成为芒种二候的物候特征。

这意味着在火一般的盛夏阳气中，有阴气在悄悄地滋生。太阳将逐日靠近它在北半球运行轨迹的最北端，北半球白昼时间最长的日子就要到了。长其夏至，短其冬至，当太阳接近夏至这个顶点时，转折就要到来。芒种，正是一个孕育着转折的时节。

阳极而阴生，是天地之气运动的规律。画家创作《四季》芒种组画所选用的色彩，除了展现仲夏阳气之盛的大块大块的红色、橙色、棕色，也不乏蓝色、绿色、灰色的大胆运用，将天地气韵的变化巧妙地呈现出来。静心观其《芒种·二候鵙始鸣》，你能感受到一种独特的气韵在流动，它不是一种简单的盛夏之气的炙热，而是仿佛有许多的天地语言在述说。

而芒种二候"鵙始鸣"的人文意义，同样是耐人寻味的。在这幸福而甜美的"最夏天"里，有一种文化传说的感伤。

伯劳鸟的得名来自一个古老传说。西周宣王时，贤臣尹吉甫听信继室的谗言，误杀前妻留下的爱子伯奇，之后十分后悔。一天，尹吉甫在郊外看见一只从未见过的鸟，停在桑树上对他啾啾而鸣，声音甚是哀凄，他内心一动，于是说："伯奇劳乎，如果你是我儿子伯奇，就飞来停在我的马车上。"话音刚落，这只鸟就飞过来停在马车上，跟着他回家了。伯劳鸟之名便由"伯奇劳乎"一语而得。

更有一种哀伤是"劳燕分飞"。《乐府诗集·东飞伯劳歌》云："东飞伯劳西飞燕，黄姑织女时相见。"伯劳是留鸟，燕子是候鸟，当伯劳遇见燕子，瞬间的相遇无法改变彼此飞行的姿态，伯劳匆匆东去，燕子急急西飞，因此，相遇总是太晚，离别总是太急。东飞的伯劳和西飞的燕子，合在一起成为诀别的象征。

这样的别离不是传说！它在人间一幕幕地上演着。还记得那首哀婉欲绝的《钗头凤》吗？诗人陆游八十有五时，迈着蹒跚的步履，再一次来到绍兴沈园，望着曾经熟悉的景物，想着早已作古的唐婉，禁不住老泪纵横："沈家园里花如锦，半是当年识放翁。也信美人终作土，不堪幽梦太匆匆！"一年后，他带着纠缠一生的遗憾，溘然长逝。

不堪幽梦太匆匆，这是诗人的灵魂在四季时空里的悸动。

天地四时，既有气韵之变，更有情思之系。四季不仅是春夏秋冬季节的嬗替，更是人类灵魂在宇宙间跳动的轨迹。观其变，悟其道，体会灵魂跳动轨迹背后的文化之美，才能真正走进四季之中。

丁酉年五月廿二

丙烯纸本　176cm×97cm，2017

芒种三候反舌无声

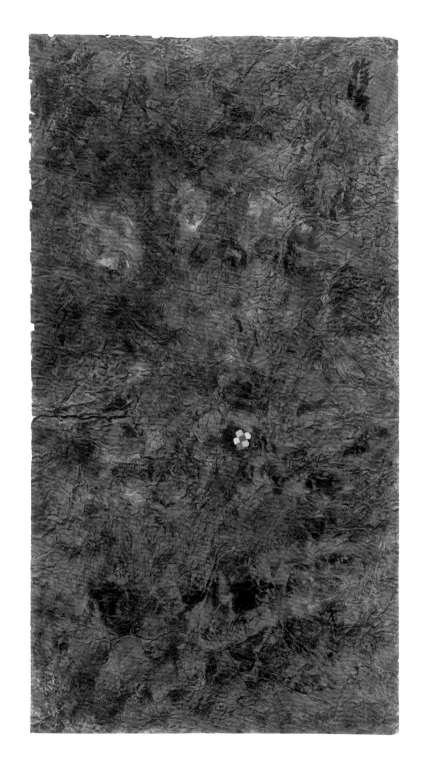

丙申年五月十二

丙烯纸本　176cm×97cm，2016

芒种三候反舌无声

夏木多好鸟

　　仲夏，草木葱茏，幽谧的树林里，栖息着很多美好的鸟儿。共宿共飞的反舌鸟，却不再像春天那样鸣叫，而是变得沉默了。

　　"反舌无声"，正是芒种三候。

　　反舌鸟长得不是那么漂亮，却是吟唱的高手。在春天，它既能自得其乐地鸣唱，又擅长仿效别的鸟叫，仿佛一位口技专家，画眉、黄鹂、柳莺乃至雏鸡鸣声，无一不学得惟妙惟肖，且叽叽喳喳叫个不停，有时像笛声，有时像箫韵，叫声婉转，韵律多变，如浑身是舌，故得百舌之名。

　　这个特点是如此鲜明，又是如此少见，所以在百鸟之中，貌不惊人的反舌鸟，反倒引来众多文人吟诗写赋，歌之赞之。

　　宋代诗人文同写道："就中百舌最无谓，满口学尽众鸟声。"唐代大诗人刘禹锡赞它："笙簧百啭音韵多，黄鹂吞声燕无语。""诗圣"杜甫有诗道："百舌来何处，重重只报春。知音兼众语，整翮岂多身。花密藏难见，枝高听转新。"

　　但是，反舌鸟作为芒种三候的物候特征，恰恰不在于它的善鸣，而是在于它的不鸣！

　　在火热的夏日里，春天里"学尽众鸟声"的反舌鸟为什么静默了？《月令七十二候集解》曰："反舌感阳而发，遇微阴而无声也。"也就是说，到了这个时候，阴气微生，感阳而鸣的反舌鸟便不再发声鸣叫了。

　　此时，人们目之所及的一切，其实还都是阳气盛极的现象。天空的太阳是那么灼热，阳光明晃晃地灼烤着大地，空气里充满了燥热的气息，似乎只有一层胜过一层的热浪，哪里还能察觉到那一丝丝悄然滋生的阴气？

　　而且，阳气最旺的端午，往往就在芒种时节之中。

端午节的习俗很多，除了吃粽子、划龙舟，还要挂蒲艾、浴兰汤、戴香包、佩五色线、点雄黄。这些风俗带有强烈的时令特点，几乎都指向盛夏时节祛毒除瘟驱邪的需要。《荆楚岁时记》说："五月五日，竞采杂药，可治百病。"

仲夏高温高湿，百毒丛生，端午节因此又被叫作"五毒节"，所谓"端午节，天气热，五毒醒，不安宁"。古人甚至认为五月是"毒月"，是"恶月"，要用各种方法来预防五毒之害。

上天对生命的呵护在此时又一次显现。毒月之时，也正是药草成熟之际。端午前后，艾草、菖蒲等草药的茎叶最壮，药性最足，功效最好，装袋悬门挂之，煮水入酒饮之，与谷米同烹食之，制汤洗之浴之，人间的男女老幼在药草香中安然度过炎炎盛夏，免受五毒侵害之苦。

正是在这炎烈之气中，内藏一阴之生。午者，阴阳转换也，此时阳气达到最旺，其后阳渐息，阴渐长。

在被炎热所灼烤的一切表象之下，蕴含着虽然细微却是本质性的变化。这就是将"反舌无声"作为芒种三候的大智慧。

画家徐冬冬曾反复说，他自少时临摹古画，研习古诗，便从中明了古人观察宇宙的方法——融于自然，感天地之气，而达天人合一之境。这也是为什么读诗词歌赋会发现那么多文人墨客对自然之变的观察、描摹到了精细准确如科学家的程度！

唐代张仲素《反舌无声赋》就是这样的绝佳之作："彼众禽兮，终岁嘤嘤；此反舌兮，语默有程。盖时止而则止，故能鸣而不鸣。青春始分，则关关而爱语；朱夏将半，乃寂寂而无声。有以见天地之候，有以知禽鸟之情。"

好一个"盖时止而则止，故能鸣而不鸣"，这便是反舌鸟的与众不同了。而我们的祖先灵敏地捕捉到这夏木好鸟"其鸣""其默"的变化，并从中深刻认识到"天地之候"，古人见微知著的能力着实令人惊叹！

如此再来观《芒种·三候反舌无声》的画作，不由感到，那看似难以捉摸的色彩，流淌的正是"阴阳交而止声"的宇宙之变，"随时之智，从宜之义"的中国智慧，"静观其妙""取以候时"的天地之境。

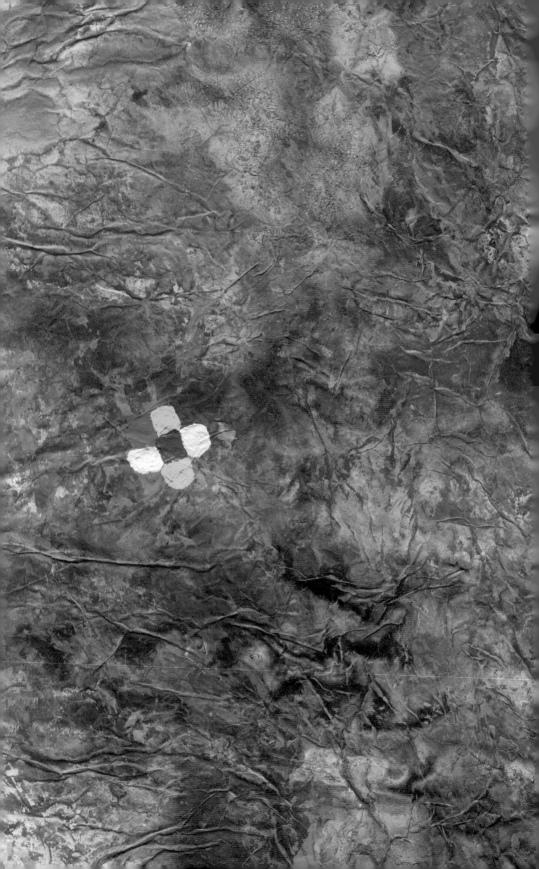

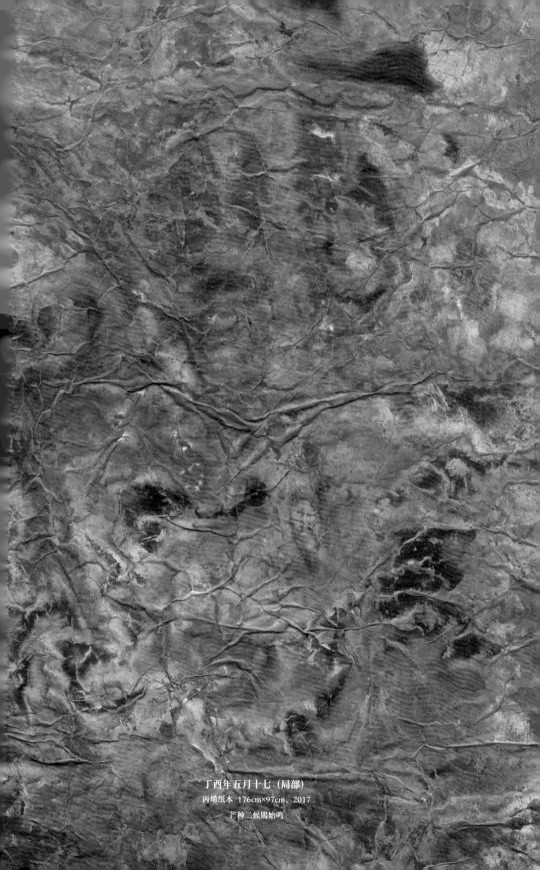

丁酉年五月十七（局部）

丙烯纸本 176cm×97cm，2017

芒种二候鵙始鸣

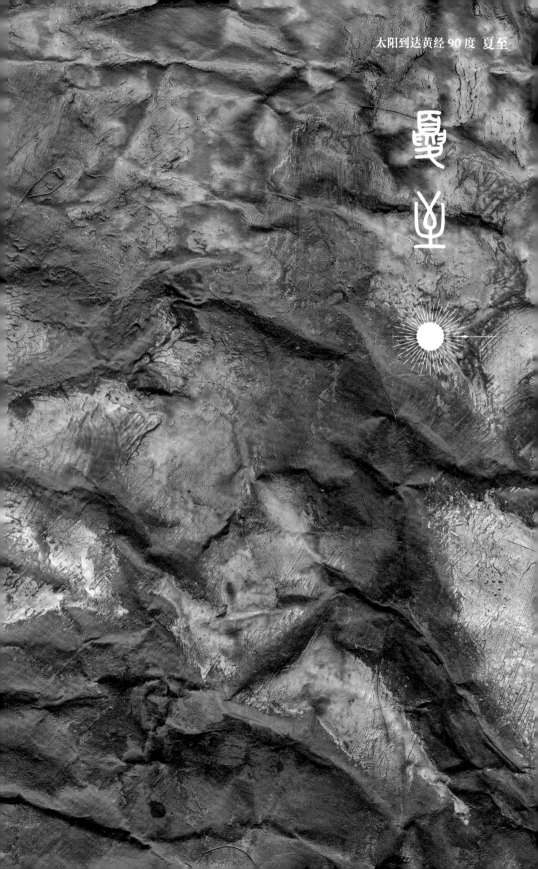

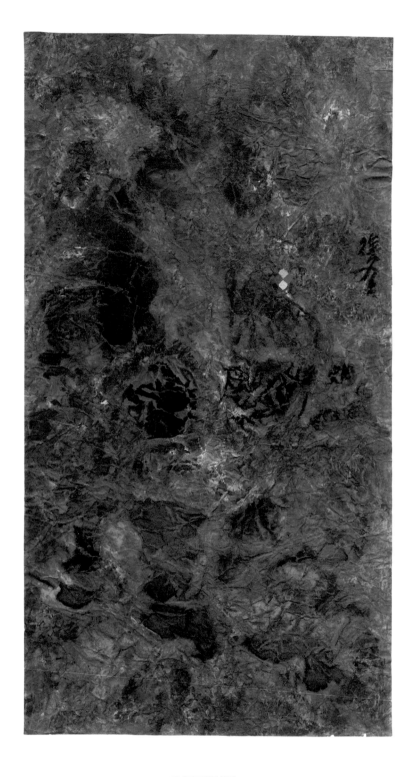

乙未年五月初八

丙烯纸本 176cm×97cm，2015

夏至初候鹿角解

生命需要
这样的燃烧

夏至的到来，意味着高温的洗礼真正开始。

有这么几个突出的特点，决定了在二十四节气中，出场次序位居第十的夏至是一个很重要的分界线。

每年公历 6 月 20 日至 22 日之间，当太阳运行至黄经 90 度，就到达了夏至点，这个点是一年之中太阳直射点抵达最北端的点，此时太阳几乎直射北回归线。

夏至日，北半球各地的白昼时间达到全年最长。

夏至日，是北回归线及以北地区在一年中，正午太阳高度最高的一天。

夏至日，是北半球得到太阳辐射最多的一天，比南半球多了将近一倍。

夏至日，也是太阳运动轨迹的转折点，这天以后，它将折返。伴随着太阳直射点向南移动，北半球的白昼时间将逐日减短，北回归线及以北地区的正午太阳高度也将逐日降低。

烈日，酷暑，闷热，这样的字眼现在才登场。

以夏至日为起点，气温持续升高，一年中最热的时段将要到来，故有"夏至不过不热"的说法。查阅 1951 年至 2006 年的数据资料，会发现北方许多城市的历史温度极值都出现在夏至以后。

中国的传统绘画作品，多以时令风物来表现时节变化。夏至前后，成熟的北国的樱桃，江南的梅子、枇杷，南国的荔枝，往往成为文人画家表现这一时节的佳物。

这样的表现方式极其直观地反映了时令特点，却也有很大的局限。我以为至少有两点需要艺界思考：一是"学我者众"，千画一面，创新不足；二是不管画什么时节的风物，基本上反映的都是中国传统文化的淡泊天真、潇洒从容的气质，这固然体现了传统文化的意境之美，却少了每个时节独有的气息。

从传统意象绘画中走来的徐冬冬，也经历过这样的表现方式。他画枇杷，画蕉叶，画荷花，但他并不满足这样来描摹夏天。视创新为生命的他，最终找到了中国抽象绘画的道与技，落到了对四季之夏独有气息的悟与绘上。

夏至的气息，是阳气盛极的狂放外露。"至者，极也。"据《恪遵宪度抄本》记载："日北至，日长之至，日影短至，故曰夏至。"夏之阳气由芒种而日趋增强，在夏至达到极点，似乎每一个角落都弥漫着炎热的气息，恰如诗人徐书信的描述："夏日熏风暑坐台，蛙鸣蝉噪袭尘埃。"世间万物笼罩在夏日熏风之中。

夏至的气息，也是自内而外的"心火"燃烧。走过立夏、小满、芒种，大地的内部蓄积了满满的热量，夏之热力不断地向外辐射着、散发着。高悬的太阳向下投射着热能，地面向上蒸腾着热气，大地的"心火"，生命的"心火"，汇聚在一起而成为炙热的火之潮。

夏至的气息，同样是壮怀激烈的碰撞。风是热烈的，雨是热烈的，春天的柔软、初夏的明媚，被骤来疾去的风雷暴雨取代了。唐代诗人刘禹锡据此写出了"东边日出西边雨，道是无晴却有晴"的著名诗句。

夏至的气息，绝不甘于平淡，不甘于绵软。它是猛烈的，炽热的，犹如生命的状态，总有一个时刻需要燃烧。

观《夏至·初候鹿角解》，俨然不见画纸、笔墨，只见到浓烈火热的气息在涌动，越过千山万水，布满天地之间。奔放的笔墨间，却有极细腻的落笔。在大块的色彩堆叠与流动之间，隐隐约约呈现出的冷色纹理，透露着夏至气息微妙的变化。

"人间漫未知，微阴生九原。"当夏至阳气到达极致之时，就是阳气始衰之日，阴阳之气在寻求新的平衡。阳性的鹿角脱落，标志着阳性生物的生命力开始衰退，阴气开始产生，一些喜阴的生物出现了。古人以"鹿角解"作为夏至节气的初候，就是在提醒人们：盛极必衰，否极泰来。

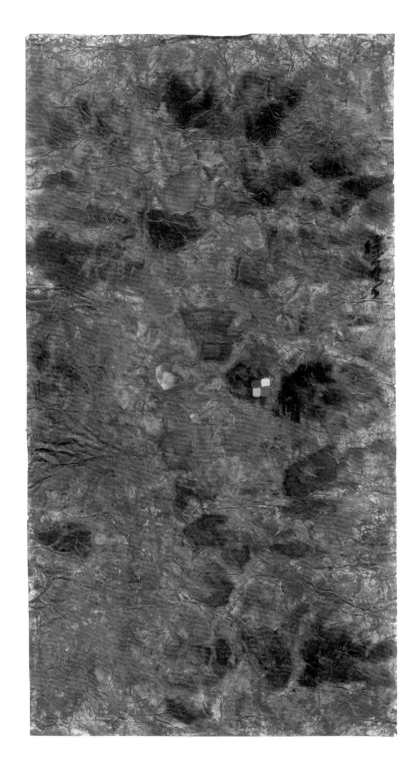

丁酉年六月初三

丙烯纸本 176cm×97cm，2017

夏至二候蝉始鸣

荷影蝉声
意无穷

无蝉不夏天。

骄阳酷暑里的声声蝉鸣，仿佛在告诉人们：知了知了，热啊热啊。伏天的暑热开始进入高潮。

这，却不是"蝉始鸣"的本意。

《月令七十二候集解》注疏曰："蜩，蝉之大而黑色者，蜣螂脱壳而成，雄者能鸣，雌者无声，今俗称知了是也。按蝉乃总名，鸣于夏者曰蜩……然此物生于盛阳，感阴而鸣。"

好一个"生于盛阳，感阴而鸣"！夏至二候，正是阳气盛极之时。天气不断趋向极致的热，考验着生命的承受力，也催进着生命的孕育。雄性的知了在夏至后因感阴气之生便鼓翼而鸣，蝉鸣不是在宣告暑盛伏天的到来，恰恰相反，它是在提醒人们：在弥漫的暑热里，已有阴气发生。

唐朝权德舆的《夏至日作》写道："寄言赫曦景，今日一阴生。"明代刘基的《夏日杂兴》诗云："夏至阴生景渐催，百年已半亦堪哀……雨砌蝉花黏碧草，风檐萤火出苍苔。"

"一阴生""微阴生"——古人以"蝉始鸣"作为此时的物候特征，不是否定夏之阳在这个时节无可抵挡的支配作用，而是意在提示人们，要注意到已经出现的将要成为趋势的细微变化。"见微知著"的智慧在此又一次被强调。

生命的意蕴却又更为丰富。

从生命的本能来说，雄蝉鸣叫是为了吸引雌蝉，获得交配的机会。生命孕育的过程有时是极为壮烈甚至惨烈的。许多蝉种的雄蝉交配后即死去，雌蝉亦于产卵后死亡，蝉卵孵化若虫后要在土中生活几年到十几年，更要经历多次脱壳，羽化后方能飞到树上快乐地鸣叫，而此时离其生命的结束已经不远。

走进盛夏的密林，热辣辣的阳光透过树叶的缝隙，将夏之浓绿变得深浅不一，斑斓无比。这看不尽看不透的绿色里，隐藏着多少生命孕育的欢欣与悲伤？那无言的渴望与挣扎，欲望满足的快乐与快乐之后的惆怅——生命的盛夏，是热烈的、严肃的、残酷的成长！

夏至里，不只有蝉，还有荷。赏荷听蝉，是千百年来中国文人的雅兴。

夏至二候，已是荷花初绽的时节。宋代词人周邦彦写过一首《鹤冲天》，描写得美极了："梅雨霁，暑风和，高柳乱蝉多。小园台榭远池波，鱼戏动新荷。薄纱厨，轻羽扇，枕冷簟凉深院。此时情绪此时天，无事小神仙。"想象一下，深深院落里，梅雨暑风，高柳乱蝉，池上新荷，水中鱼戏，羽扇拂去烟尘气、烦心事，不是神仙，胜似神仙，这是何等洒脱、快意！

关于荷与蝉的诗画，不胜枚举。我不禁想，这小小的蝉、这一朵朵荷，怎么会引来文人如此之多的感思与寄托？同处盛夏的蝉与荷，有什么相通之处呢？

赤日炎炎，许多植物在酷暑的灼烤下无精打采，只有池塘中的荷花亭亭玉立，精神抖擞。

《史记·屈原贾生列传》中说："蝉蜕于浊秽，以浮游尘埃之外。"蝉在成虫之前，一直生活在污泥浊水之中，待脱壳化为蝉，便飞到高高的树上，饮露水而生，故古人认为蝉品性高洁，对其十分推崇。而蝉既能入土生活，又能出土羽化，故从汉代以来，皆以蝉的羽化比喻人的重生。

出淤泥而不染，于浊秽而羽化，荷与蝉被视为纯洁、清高、重生的象征，在我看来，这是生命成长过程中对向上与超越的追求，是生命本质的善与美。

画家笔下丰富的色彩所要表达的，正是这生命过程中的真善美。观此画，可以清晰地看到色彩间无声的对话。色彩的暖与冷，色块的大与小，色度的浓与淡，不同的形状，不同的肌理，都是一种述说。画中有荷而不见荷，见到的是生命渴望向上的精神；画中有蝉而不见蝉，见到的是生命企盼超越的力量。这些抽象绘画语言带给我们的，不只是传统绘画里蝉与荷的意趣意境，更是追问生命本质的现代意识。

在蝉声荷影中，你如果感受到了心灵深处涌动的冲动与激情，感受到了对生命善与美的渴望与共鸣，那么，你就感受到了这个时节中生命最美好的状态。

乙未年五月二十

丙烯纸本 176cm×97cm，2015

夏至三候半夏生

最美的星空

夏至三候"半夏生"。

《月令七十二候集解》写道："半夏，药名，居夏之半而生，故名。"

到夏至三候，夏天已过了一半还多。半夏是一种喜阴的药草，在这个时节从沼泽地或水田中生长了出来。喜阴的植物开始出现，说明此时的阴气已经比"鹿角解""蝉始鸣"所代表的那个时段，更多几分了。

仲夏里的主角当然还是阳气。走在骄阳下，会感到地面被晒得滚烫，人像煎饼一样被天空向下和地面向上的双重热浪煎烤着，恨不能立即躲进阴凉处。而与此同时，阴气也在缓缓地聚集着，增加着。

阴阳之气的交汇产生强烈的对流，因此这个时节的雨总是来得突然，来得猛烈。狂风暴雨之后，人们会享受到暑天里短暂的却是极为惬意的凉爽。而在清晨和夜晚，与中午前后的酷热相反，空气中已有了丝丝的清凉。

这样的状况让暑天变得不是那么难过了，生命在暑热炙烤中获得了喘息的机会。更令人喜悦的是，这让仲夏的风景变得十分美丽。

仲夏的绿格外富有韵味。深深浅浅的叶子，都是油亮油亮的，浓密的绿荫在最为充分的阳光与雨水的洗礼下，显得那么透亮，又带有几许深沉，挡不住的生命力蕴藏在那看不到底的绿色里。

仲夏的花在热烈中不乏娇嫩。栀子花绽放在绿叶里，一簇一簇的金银花从院子边爬出来，清爽沁人，颇有"晚风来去吹香远，簌簌冬青几树花"的意境。

仲夏的天空和云朵有着最为丰富的美。碧空万里会忽然变成乌云密布，一阵疾风骤雨后，如洗的蓝天和一朵朵姿态万千的白云，把一个极其奇妙的"云世界"展现在人们眼前。更别提雨后彩虹和落日云霞了，那灿烂无比、变幻多姿的色彩，会让一颗平素沉稳的心也激动起来。

最美的当然是仲夏之夜！莎士比亚的经典剧作《仲夏夜之梦》讲述了一个动人的故事，这样动人的故事只适合发生在如梦如幻的仲夏之夜。只有这个时节的夜晚，才会有那么明亮纯净的蓝色的夜空，才会有那么晶莹闪耀的月亮和繁星。仲夏的夜空，没有春的朦胧，没有秋的忧郁，没有冬的清冷。仲夏的夜空，热烈，明朗，纯净。仲夏的星空，是最美的星空，一如生命最美的状态！

谁也没有追问过凡·高，他的《星空》画的是哪个季节？我总觉得，他笔下的星空，一定是属于仲夏之夜的。

我以为，凡·高的星空，其实在他的心里。那旋转的线条和粗犷有力的色彩，带给观者强烈的视觉冲击和情感冲击。这是一颗燃烧的心灵，凡·高所画的，是他的内心。

色彩的奥秘在于内心。《四季》组画画面的奇特、色彩的热烈以及所表现情感的强烈，也来自画家的内心。

徐冬冬深以为然的是，宇宙之大难以想象，而内心之大超越宇宙。他说，人的内心是无极限的，故色彩也是无极限的。

大胆，洒脱，自由自在，任意挥洒。宣纸上的色彩居然能呈现出这般效果，几乎令人难以置信。这是一种超越，一种突破，一种前所未有的尝试和审美感受，视觉和思维定式被打破、被刷新。

观《四季》，无论你懂或不懂，画者的心，就在那里。

最美的仲夏夜，最美的星空，就在内心。以艺术的眼光探寻《夏至·三候半夏生》，也在帮助我们去发现自己内心最美的星空。

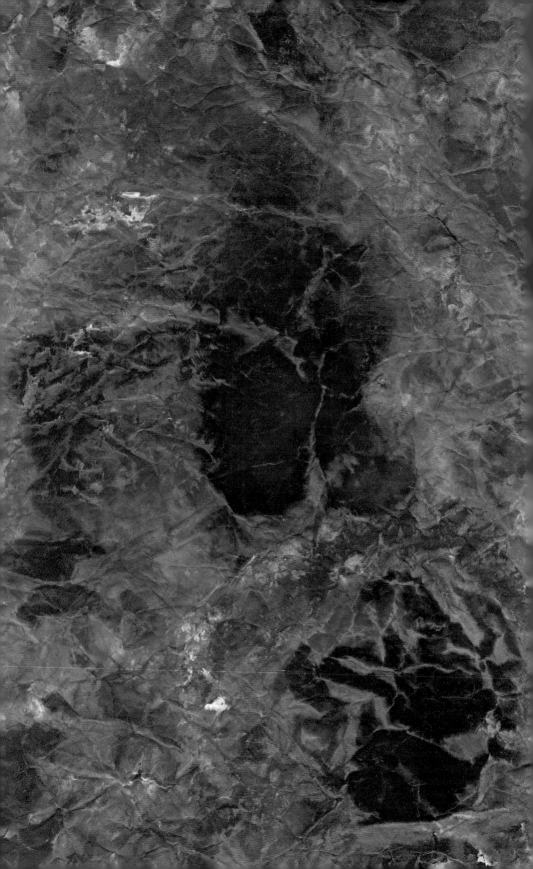

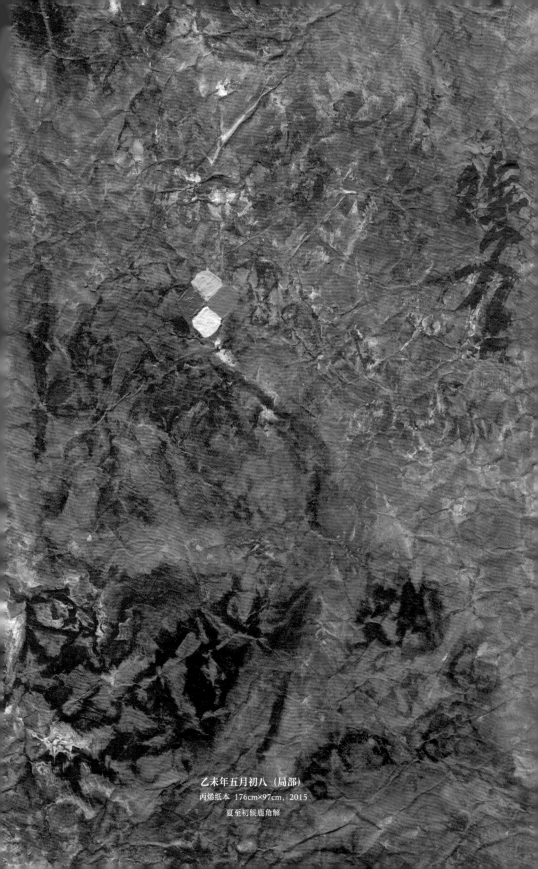

乙未年五月初八（局部）

丙烯纸本 176cm×97cm，2015

夏至初候鹿角解

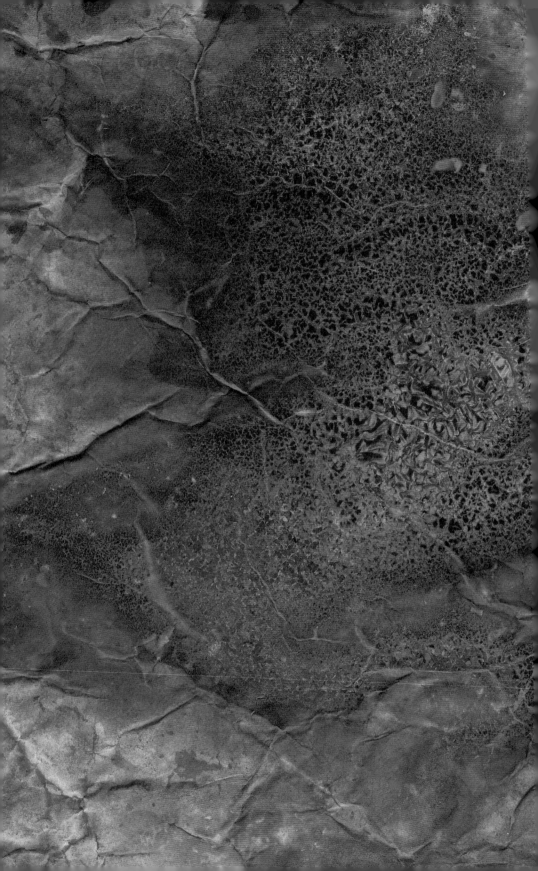

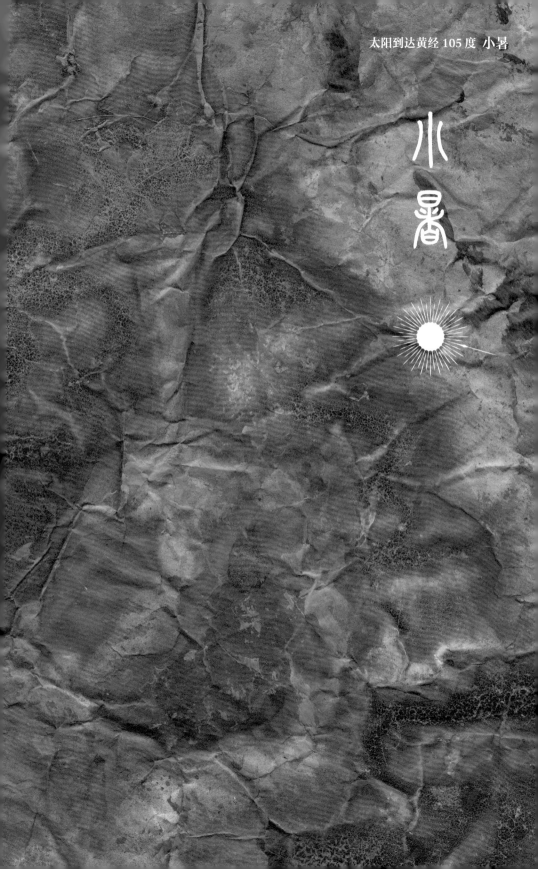

丙申年六月初六

丙烯纸本 176cm×97cm，2016

小暑初候温风至

密植
心灵的绿荫

当太阳到达黄经 105 度，小暑节气到来，夏天只剩最后一个月了。

《说文解字》曰："暑，热也。"就热之中，分为大小，月初为小，月中为大，今则热气犹小也。

小暑，顾名思义，意味着暑气最浓的时节到来，但又不是最热的时候，因为后面还有大暑在等着。

哪怕一个"小"字，只要跟"暑"沾边，就意味着躲不开的炎热。

"我与烤肉之间，只差一撮孜然。"这句网络语，调侃的正是小暑节气那难耐的热。树叶被晒得打蔫，高粱、玉米也耷拉着头，动物懒洋洋地蜷伏在树下的阴凉里。自然万物经受着高温极致的考验。

炙热潮闷的空气，布满天地之间，让人无处可逃，吹在身上，闷在心里，如同火燎。

这就是"温风至"，小暑初候的特征。

看《月令七十二候集解》的注释："温风至。至，极也，温热之风至此而极矣。"

这句话里至少有两层含义：一是风温，从小暑节气开始，进入一年中最炎热的阶段，要么无风，即便有风，也是裹挟着热浪的温风；二是至极，不是一般的温风，而是到达极致的温风，天地仿佛变成了大蒸笼、大烤箱，风吹在身上又燥又黏。民间的俗语说，小暑大暑，上蒸下煮。

酷暑里最惬意之事，似乎就是寻得一处阴凉。古往今来的文人描绘小暑时节的诗词，多有雨后、荷间、夜风中、明月下偶得清凉的快意。

最美的小暑时节之花，自然是荷花。百花之中，能被冠以"仙子"之名的，除了牡丹、水仙，似乎就只有荷花了。因此，农历六月又被称为荷月。

盛夏赏荷，是古今文人的一大快事。画家喜荷，不独是因为荷花代表了中国文化崇尚的出淤泥而不染的高洁，还因为他从荷花身上悟出了一种重要的中国智慧：心之静。

古人说，心静自然凉，这是古人在艰苦环境下应对酷暑最朴素的办法，是生活的智慧，也有着通今达古的哲学含义。小暑是人体阳气最旺盛的时候，夏季为心所主，顾护心阳，平心静气，确保心脏机能的旺盛，才符合"春夏养阳"的养生原则，故夏季养生重在"心静"。

越是酷热，荷花开得越是娇艳，亭亭玉立在滚滚热浪之间，显得那么娇美，那么安静，那么享受。作为盛开的生命，荷花是不是代表着一种"心之静"的很高的境界呢？我以为是的。

夏日里的阴凉，不在密林深处，而在心灵深处。问道四季，问道生命，正是内心的修行。

心造境，是徐冬冬从天地万物和中国传统文化里体会到的"道"，也成为他的艺术思想。这一艺术思想在他的《四季》里，达到了一个新的境界。

十五六岁时，他开始去故宫绘画馆临摹古画。他常常在兜里揣上几个馒头，一画就是一整天，画得入迷时，总喜走近画作，工作人员就会善意地提醒他"小画家离远些"。时至今日，回想起当时的情景，他都会感到人生的快乐，觉得那是与古人的一次次雅集。由此，他懂得了"心摹"二字，以及绘画从技入道而达"无知之知"的道理。

徐渭的画让他迷恋，他深深体会到一位天才"半生落魄已成翁"的人生苦楚。在那狂放不羁的笔墨中，艺术家与青藤的灵魂交融。宋代理学也对他的思想产生了启迪和影响，这为他形成"心造境"的艺术思想奠定了基础。

中国画讲究淡雅空灵的意境，西方印象绘画讲究色彩与光的体验。在他走出国门去探寻东西方文化交融之道时，他从未离开过这"心造境"的真善美的追求。

如今，"心造境"这一艺术思想，已陪伴了艺术家四十多年，每日笔墨耕耘"问道"，使他体会到了内心的坦然与愉快。

观《小暑·初候温风至》，大开大合的色块撞击，如同那不断奔涌却又似乎浓烈得化不开、流不动的充斥天地的暑热之气，沉静的蓝绿色则让我想到了理学家朱熹的《夏日》："季夏园木暗，窗户贮清阴。长风一掩苒，众绿何萧掺。玩此消永昼，泠然涤幽襟。俯仰无所为，聊复得此心。"

"俯仰无所为，聊复得此心"这一句，让我沉思无穷。走进四季，对"心"、对"心之静"的理解，当有新的体悟。

丁酉年六月十九

丙烯纸本 176cm×97cm，2017

小暑二候蟋蟀居壁

晚霞满天
有闲雅

蟋蟀，这个宇宙间的小小生命看似微不足道，却有着极为灵敏的知觉。

《诗经·七月》中描述蟋蟀说，"七月在野，八月在宇，九月在户"。诗中所谓八月是夏历的六月，即小暑时节，此时由于炎热，蟋蟀离开了田野，到庭院的墙角下以避暑热。

鸣叫着，歌唱着，躲避着热浪的小小蟋蟀和我们人类一样，看到了四季里最美的浓荫，最美的晚霞。

在炎热之气最为浓烈的时节，上天给了我们最为浓密的绿荫。

暑热深入，湿气蒸腾，炎光折地，热不可耐，在热与湿的猛烈作用下，密林呈现出前所未有厚重、饱满的绿意，树叶颜色变深了，墨绿、灰绿，像孕妇脸上的孕斑。树枝低垂着，坠着快要成熟的果实，重重的样子，像怀胎已近十月的孕妇，坐在那里捧着肚子喘着气，走不动路了，沉浸在生命孕育丰硕期的说不出话的喜悦里。

这时候的夏之叶、夏之绿，就是生命孕育即将成熟的象征。要经过极致的灼烤，生命才会走向最为壮丽的成熟，这是生命的不易，也是生命的可贵。

在夜晚最为短暂的时节，上天给了我们最为绚丽的晚霞。

湿气上升，溽露飞甘，舒云结庆，这是暑天的明朗。当溽气凝为云山，呼风唤雨，这是暑天的激烈。待雨弹光鞭过后，红霞满天，落日熔金，暮云合璧，一年之中最为美丽的黄昏和晚霞就这样到来了！

黄昏是昼与夜的过渡。三毛说，黄昏是一天中最美丽的时刻。而我觉得，季夏的黄昏，是一年中最美丽的黄昏；季夏的晚霞，是一年中最美丽的晚霞。

红日尚在天边，黑夜还未完全降临，白天肆虐的暑热已收敛许多，燥热的盛夏在黄昏之时逐渐平静下来。余晖晕染了云彩，深深浅浅，形成了最迷人的渐变色。不同于朝霞的喷薄之势，不同于正午不敢直视的耀眼阳光，此时的霞光，美得灿烂又温柔，一丝丝、一抹抹、一块块，像被打翻的颜料般随意点染、泼洒，无穷无尽的变化，画成了千姿百态的迷人霞景。

此时的天空，就是一幅幅绝妙的抽象绘画！天空始终在永不倦怠地挥洒光与影，组合出一幕幕迷人的景象，诉说着谜一样的语言，吸引着人们去驻足，去仰望，去感受其间所蕴含的美妙与奥妙。

面对暑热阵阵，有人以为苦，有人以为喜。

南宋陆游受不了一动就出汗、被"桑拿"、被"汗蒸"的感觉，写下了《苦热》诗："万瓦鳞鳞若火龙，日车不动汗珠融。无因羽翮氛埃外，坐觉蒸炊釜甑中。"

金代的庞铸上了一个层次，作《喜夏》一首："小暑不足畏，深居如退藏。青奴初荐枕，黄妳亦升堂。鸟语竹阴密，雨声荷叶香。晚凉无一事，步屧到西厢。"他意识到，"烦夏莫如赏夏"，用上消暑的器具"青奴"，白日里处理公务，听竹林鸟鸣，雨打荷叶，待傍晚凉爽，闲暇无事，便穿上木屐到西厢去也。暑中得乐，好不潇洒！

二者一苦一喜，其诗所绘却都是"具象画"。宋代才子苏舜钦的《夏意》，就是"意象画"的诗境了。"别院深深夏簟清，石榴开遍透帘明。树阴满地日卓午，梦觉流莺时一声。"七月盛夏，诗人闲居于幽深的别院，枕着诗书卧在凉席上纳凉消暑，树荫流泻满地。庭院凉风，来自时光深处。石榴花红，是因为被女子的胭脂染过。草木氤氲的夏日深院景致里，一派幽凉的美景让人心旷神怡，俗虑全消。

春来踏青赏花，入夏柳下纳凉，秋日读书听雨，冬天围炉煮茶。在寻常、平淡的生活中，心境像流水一样闲适自在，像云彩那般悠然自得。这种仙人一般的超然和物我两忘之境，是中国传统文化包括意象绘画的特点和精髓所在。对此，从传统意象绘画走来的画家徐冬冬是深有体会并得其三昧的。

画作《小暑·二候蟋蟀居壁》，有天地阴阳之气的变化，有最美的绿荫和晚霞，有传统意象绘画的闲雅之境，有西方印象绘画对自然光与色的捕捉，更有生命的浓烈、横绝，以及灵魂跳动的深邃、绚烂。

暑热有良辰，吾心吟锦时。寻一处浓荫，坐望阳气蒸腾，霞光满天，静听生命的鸣唱。

丁酉年六月廿七

丙烯纸本　176cm×97cm，2017

小暑三候鹰始鸷

看生命
蒸腾的状态

在小暑时节里，有一个特别的节点，就是入伏。

从小暑至立秋的这段时间，被称为"伏夏"。"三伏天"是一年中气温最高且潮湿、闷热的日子。

热到了什么程度？

"鹰始鸷"。

雄鹰开始远离地面，翱翔在清凉的高空中，以躲避蒸烤大地的滚滚热浪。故而在季夏的傍晚，很容易见到鹰击长空的壮观景象。

"鹰始鸷"又作"鹰始击"。《月令七十二候集解》注曰："击，搏击也。应氏曰：杀气未肃，鸷猛之鸟始习于击，迎杀气也。"

阳气如此强盛，却并不意味着阴气不生。

还记得夏至物候"鹿角解""蝉始鸣""半夏生"吗？在炎热的仲夏，一些喜阴的生物出现，阳性生物的生命力开始衰退，阴气始生而阳气始衰。照理阴气越来越足，怎么到了小暑三候，却完全是阳气分外强劲的物候特征呢？

要理解此时的天地变化，关键在一个"伏"字。

"伏"的意思，首先是"覆"，即自上而下地笼罩遮盖。以它解释"三伏"，可理解为暑气铺天盖地笼罩，人如同泡在热水中。

唐代成书的《初学记》认为，"伏"是"何"，是"金气伏藏之日"。这个"何"应是负荷的"荷"，是承受，"金气"乃"秋气"，意为秋气在躲避着还在肆虐的炎气。

因而，"伏"也就是秋天到来前，阴气为阳气所迫而藏伏的结果——一个企求上升，一个步步下压，才构成湿气蒸腾、闷热难耐、雷雨频发的气候特征。

席卷天地的高热，频繁出现的大雨，造就这个时节鲜果特殊的味道。芒果、龙眼、水蜜桃，带着只有暑气才能熏出来的香甜和饱满的汁液，给人们以酷暑难耐里的享受与犒劳。

一个"伏"字，异常贴切地描述了小暑大暑时节天地变化的特征。想象鹰击长空的姿态，是多么形象地反映了阴阳之气存在的状态啊！

阴阳之气的相生相薄，带来了春夏秋冬的更替，带来了四季八时的丰富多彩、无穷变化。天地间任何一片叶、一朵花、一只虫子、一群鸟雀，所有的生命，无不在气的变化中展现出多姿的状态。在纷繁芜杂的表象中，抓住"气"，抓住阴阳之气的变化，就抓住了体会四季、二十四节气、七十二候的脉络和本质。

气无处不在，但又没有一个具象的存在。我们可以感知，却无法看到、嗅到、触到一个叫"气"的具体的事物。于是，我们的古人选取了一系列具有代表性的具象事物，来反映气之变化，七十二候就是这样被总结出来的。

中国文化同理同源。传统意象绘画和七十二候观察宇宙的视角是相通的。古人想表现春天，画桃红画柳绿；想表现夏季，画蝉影画荷碧，这些具体的事物又融合了人们对之或喜或悲或浓或淡的情感与态度，画意交融诗情。当我们接触中国传统意象绘画的时候，便会有意无意获得古人观察宇宙的方法，以及蕴含其间的对世界的情感与态度。

徐冬冬认为中国传统意象绘画在哲学和审美上都达到了相当高级的程度，疏影梅花，扁舟野渡，淡淡几笔，余味悠然，这种意境的高妙远远超过了西方写实绘画。三十多年前，李可染先生曾寄语徐冬冬，只要沿着传统意象绘画的路子，定成大家。但他叛逆了，他勇敢地学习西方绘画艺术的各种流派，探索中西艺术的兼容并包。其中，西方印象绘画的色彩与抽象绘画的思维对他影响最深。

在他创作大型国际性行为艺术作品《阳光与和谐的梦想》，将自己的画集放置在欧美1700多家图书馆、艺术馆，足迹遍及30多个国家和地区以后，他仍然坚持并更加深刻地认识到中国传统意象绘画的境界是西画所不及的，同时他也更加坚定了自己的初衷：会通东西方文化，融合创新，为中国新时代文化的构建尽一己之力。歌者为时而吟，画者为时而绘。传统意象绘画是古人为中国文化创造的高峰，今人应为这个时代的中国创造新的文化高峰。

他的中国抽象绘画就是在这样的初衷下产生的，其绘画语言融合了意象绘画的意境、印象绘画的色彩与抽象绘画的思维。

《四季》组画是这种探索的集大成者。"气"是中国哲学里极为抽象的概念，也是最为核心的一个概念。徐冬冬的理解是，万物因气相连，气韵的和谐产生了宇宙的神韵。他要用画笔表现出这样的气韵、神韵以及生命的瞬间。

作为《四季》组画的一个主干，他对二十四节气七十二候的探讨，紧紧围绕着阴阳之气的变化展开，探讨的是哲学层面上现代人的宇宙观、生命观。从农耕社会走来的古老的二十四节气七十二候，在这里具有了现代的哲学意义。

画纸上的色彩没有线条，没有造型，没有结构，看似随意，却由内在的"气"连在了一起，聚合成一幅画作，实现了色彩自由流动中的形散神不散，将中国文化骨子里的意境与西画抽象的逻辑思考同时呈现出来。

以此来观《四季》之《小暑·三候鹰始鸷》，画家用浓烈而丰富的色彩撞击，表现出了这一时节天地之间阴气要向上生长、阳气要猛烈下压，阴气被铺天盖地的阳气遮蔽却又强韧地要去突破，以至于暑气蒸腾、灼烧天地的那种状态。

观者不必再像看传统绘画一样，把视线聚焦在画面上的"物"，去看画了什么东西、像不像，而是直接被色彩带入天地之变，视线、感官、思维全部被打开，身、心、灵自由了，进入暑气弥漫、生命蒸腾的宇宙之中。

丁酉年六月十九（局部）

丙烯纸本 176cm×97cm，2017

小暑二候蟋蟀居壁

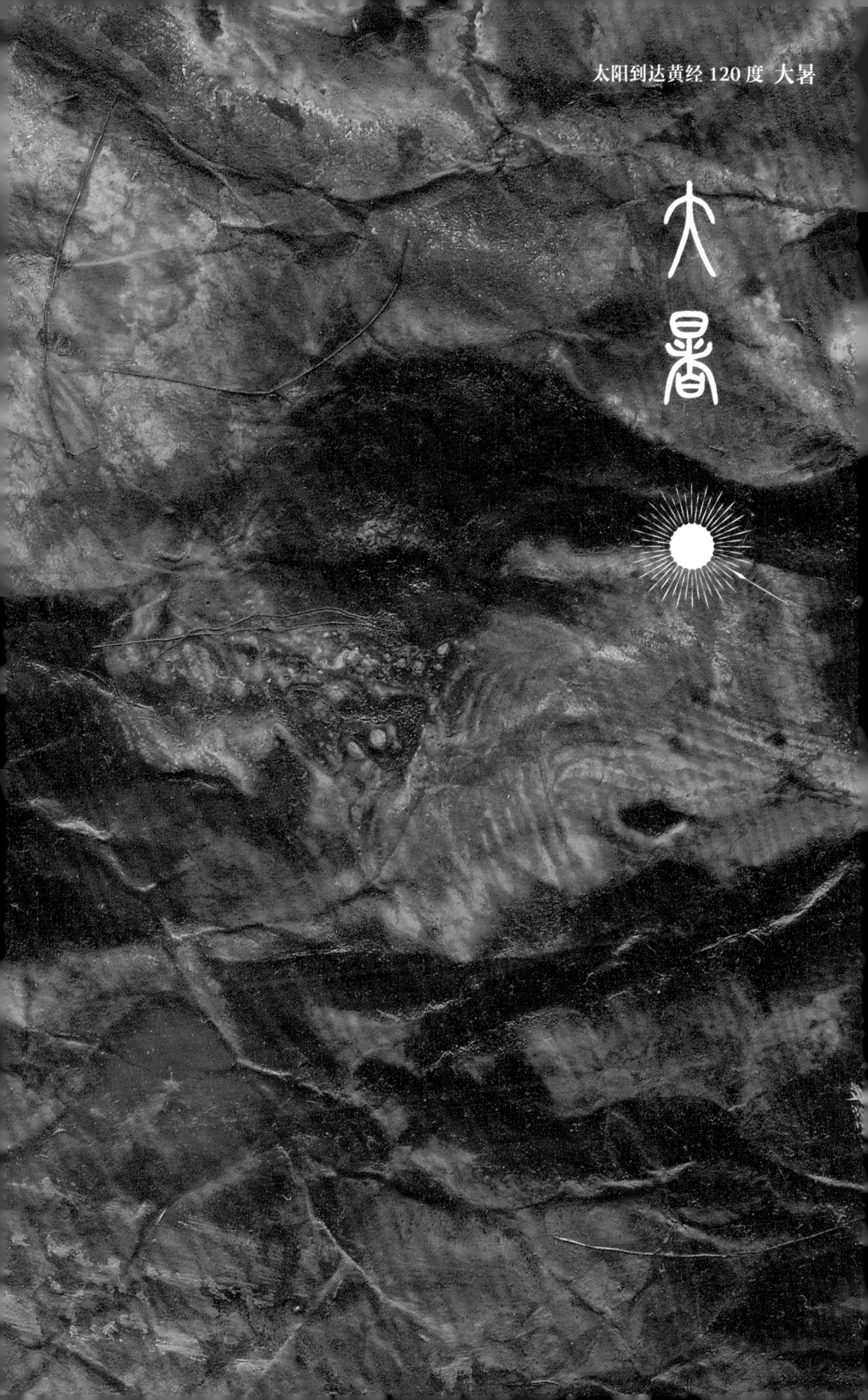
太阳到达黄经 120 度 大暑
大暑

己亥年六月廿二

丙烯纸本 176cm×97cm，2019

大暑初候腐草为萤

感受生命
孕育之喜

在最热的大暑里，有着怎样令人感动的丰富啊！

当太阳位于黄经 120 度时，大暑来临。古人说"大暑乃炎热之极也"。一个"极"字，道出了大暑之热最为显著的特点。根据数据记载，我国 31 个省会城市中，一年中的极端高温纪录有 12 个出自大暑这一天，在全年中是出现频率最高的。进入大暑，全国从南到北都处于早晚温差最小、全天气温最高的状态，很多城市的体感温度达到 40 摄氏度以上。

在大暑的炎热之极中，美丽的萤火虫出现了。

《月令七十二候集解》说："腐草为萤。曰丹良，曰丹鸟，曰夜光，曰宵烛，皆萤之别也。离明之极，则幽阴至微之物亦化而为明也。《毛诗》曰：熠耀宵行。另一种也，形如米虫，尾亦有火，不言化者，不复原形，解见前。"

大暑之时，炎热到达极致，阳气到达极致，连"幽阴至微"的事物也化为明亮了。此乃这一时节天地阴阳之气变化最大的特征。小小萤火虫的产生，正是这种变化的一个典型体现。

世上萤火虫有两千多种，分水生与陆生，陆生的萤火虫产卵于枯草上，大暑时卵化而出，所以古人认为萤火虫是腐草变成的。萤火虫堪称大暑时节的标志性动物。"轻罗小扇扑流萤"的诗句，描绘了此时少女们扑虫嬉戏的情形。

不管是本名，还是夜光、宵烛、景天、熠耀、夜照、流萤、耀夜这样的别名，萤火虫的得名都源于其夜间发光的特性。萤火虫飞舞，给夏末之夜带来了浪漫的微光与诗情。尤其在没有发明电灯的漫漫古时，这点点萤火带给人们多少美妙的遐想啊。

萤火虫的出现，是上天对生命的护佑。别看它小，却是害虫的捕食者。大暑之后便是立秋，农作物收成在即，萤火虫就在这关键的时候卵化而出。恰逢其时的安排，正是上天对生命精心的呵护。

雷电交加，大雨频仍，至极之阳气和生长之阴气的天地之薄，同样是上天对生命的护佑。

大暑有大雨。

"六月宜热，于田有益"，"夏末一阵雨，赛过万斛珠"。此时是一年中最热的时期，气温最高，农作物生长最快，最怕旱、涝等气象灾害。大雨倾盆而至，看似对出行不便，其实是对生命最好的呵护，是在为生命的孕育准备最丰盛的养分。

大暑之雨是生命之喜。它荡涤了天地燥热之气，给了被炙烤的生命所急需的雨露。夏末听雨，一阵急似一阵，轰轰烈烈，痛痛快快，不似春雨细无声的娇柔，没有秋雨含悲的忧郁，而是如鼓声激越，似生命雄浑的交响，令人惊喜，令人震撼，甚至令人敬畏。

我觉得荷花是最懂得大暑之美的，所以，大暑时节，荷花展露出最美的容颜，这是赏荷最好的时节。

此时的荷之美，美在"接天莲叶无穷碧"。荷叶茂盛到了极致，碧绿到了极致，一张张荷叶紧挨着，团团簇簇，层层叠叠，遮住了水面，错落着簇拥出一支支莲蓬、一朵朵荷花。站在田田荷叶前，仿佛天地之间什么也没有了，只有这无边无际的荷，这无穷无尽的绿，沁人心脾，让人忘却了暑气，而感到愉快的清凉。荷花在明亮至极的阳光下舒展着，粉红的花瓣柔嫩得像少女的脸庞，哪里看得出它刚刚经历过夏日暴雨的击打？

这样的荷之绿，这样的花之红，分明是在享受着大暑的极热和大雨！弥漫天地的暑气、湿气，全天候的熏蒸、炙烤，没有让荷花低垂了脑袋，反而使它愈加生气勃勃，娇艳无比！因为，它懂得这高温高湿里的深情厚谊，这是上天对生命的呵护，是孕育中的生命即将成熟的洗礼。

《四季》系列之《大暑·初候腐草为萤》，表现的就是生命即将孕育成熟之际那多姿多态的美。

我们不妨走出空调屋子，打开房门，走进大暑时节那无处不在的热气与湿气中，深深地呼吸，让全身的每一个细胞都浸淫在极热极湿的洗礼中，像荷花一样娇嫩开放，体会生命即将成熟的喜悦。

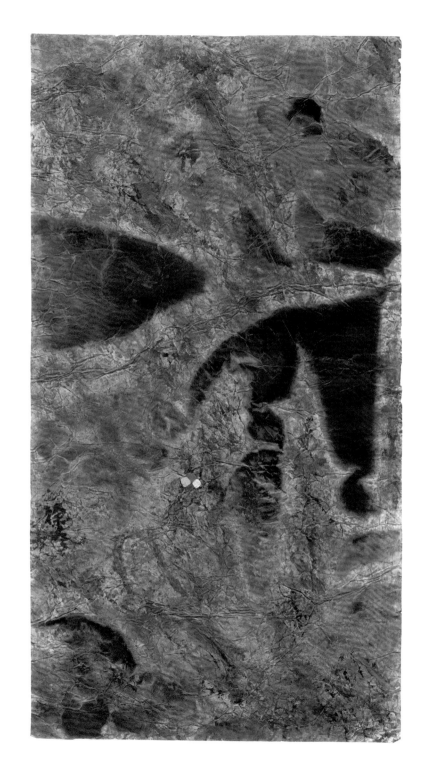

丁酉年闰六月初五

丙烯纸本　176cm×97cm，2017

大暑二候土润溽暑

土厚水深
存恩泽

　　颇有些神秘感。

　　这些由色彩铺满的大块大块的几何图形，有一种不容置疑的美，奇特的美，不需要任何语言解释就能直观感受到的美。

　　时间来到 2017 年的大暑节气，画家的笔下出现了这些神秘的几何图形。

　　从何而来？似乎不得而知。好像就是特别自然又特别偶然地从画家脑子里冒了出来，出现在他的笔下，连他自己也感叹这是"神来之笔"。

　　当这些几何图形如"神授"一般跑到他的画纸上时，他激动，大喜：这，不正是对大暑二候"土润溽暑"最好的描绘吗？

　　《月令七十二候集解》如此解释"土润溽暑"："溽，湿也，土之气润，故蒸郁而为湿；暑，俗称暍溽，热是也。"

　　古人用"蒸郁"一词来形容这时的闷热潮湿，真是妙极。

　　此时，阳气下降，氤氲熏蒸，阴气上腾，湿气充盈，温高而气湿，天地间的温度和湿度都达到了极致。来自空中和地面的热力对万物形成了双重的炙烤，云层几乎随时会落下雨来。空气中集结着大团大团炎热的水汽，仿佛变成了一个大蒸笼，人行其中，会感到连五脏六腑都被无所不在的热气、水汽蒸烤着，逃不掉，躲不开。但这样的蒸烤似乎又被压迫着，空气里的水分太多，让热气变得向下沉，好像郁积在空中动弹不得了。

　　这样的暑气湿气"蒸郁"到了什么程度？连土地都潮湿了。是谓"土润溽暑"。

　　"诗仙"李白不耐这闷热熏蒸，恨不能躲到山中赤身取凉，作《夏日山中》诗曰："懒摇白羽扇，裸袒青林中。脱巾挂石壁，露顶洒松风。"

"诗仙"狂态可掬,殊不知"土润溽暑",正是天地对生命深沉的恩泽。

土地湿润,天气炎热,最适合草木生长。这是上天提供水热养分最慷慨最充分的时节,万物可以毫无忌惮地汲取养分而不担心其枯竭,从作物到花草都进入一个迅猛乃至疯狂生长的状态。

万物得其时,草木葱葱郁郁,蚱蜢、蜻蜓、蟋蟀,各色昆虫活蹦乱跳,蝉鸣一声急似一声。尤其是喜热的稻谷,所有的生命力都在田间尽情展现,蛙鸣声中,稻谷飘香、丰收在望的日子即将到来!

古人云:"土厚水深,居之不疾。"意思是在土厚水深的地方,可以健康快乐地生活、居住。

大暑二候,就是一个土厚水深的时节。经此时节,大地蓄积了满满的水分,厚土软溽,像生命依附的温软潮润的子宫。

"生气所生,土厚水深,草木畅茂"。这个时节,充满土厚水深的生命感,充满积极、健康、阳光、向上的生命能量。

"厚"与"深",正是大暑二候的本质。

从《大暑·二候土润溽暑》的画作中,我们仿佛看到了天地之气蒸郁的状态,看到了蒸郁之中万物生长的迅猛。《四季》组画,没有哪一幅是可以一眼看尽的。画家笔下的色彩流动,如苍天厚土一般,有着苍茫厚重之感,又如大河奔流,有着跳跃的灵动,色彩里蕴含着天地,蕴含着四季,蕴含着生命。自由流淌的色彩看似率性,实则一丝不苟。画出这样的画,技法固然重要,但更重要的在于情感。画家说,他是在用生命画《四季》。

大象无形。龚自珍有诗:"土厚水深词气重,烦君他日定吾文。"我以为,用此诗形容《大暑·二候土润溽暑》,亦是恰如其分的。

戊戌年六月廿五

丙烯纸本 176cm×97cm，2018

大暑三候大雨时行

丙申年七月初二

丙烯纸本 176cm×97cm，2016

大暑三候大雨时行

暑中含秋
秋将至

　　夺人的色彩，生动的气韵，漂亮得让人一见就情不自禁地喜欢，忍不住要多看几眼。总觉得那色彩里面，隐藏着很多。

　　隐藏着什么呢？隐藏着夏天最后的秘密。

　　走过立夏、小满、芒种、夏至、小暑，此时，夏天最后一个节气大暑的最后一候"大雨时行"也即将结束，立秋节气即将到来。这将是一个重要的转变。

　　炎热还将继续，但夏天已然准备作别。《月令七十二候集解》如此解释大暑三候"大雨时行"："前候湿暑之气蒸郁，今候则大雨时行，以退暑也。"

　　我体悟到，这里面包含着至少三层意思。

　　一是在此时节，时常大雨倾盆。"时行"，有运行、流行之意，意味着一种普遍性。此时下雨是普遍的，常见的。而且不是一般的雨，是大雨；不是一般的大雨，是雷雨，倏忽而来，倏忽而去，变幻莫测。

　　二是在此时节，适时而来的大雨是喜雨。"时行"亦有正当其时之意，甚至可以说这是更重要的意蕴。杜甫的经典诗句说"好雨知时节"，其实这句诗用来形容大暑时节的大雨也是再合适不过。此时的大雨是"好雨"，它和难耐的极热一样，为即将成熟的生命、即将到来的收获季节提供了充足的急需的养分。

　　许多农谚极其准确、深刻地揭示了这一点——"小暑雨如银，大暑雨如金""伏天雨丰，粮丰棉丰""大暑无酷热，五谷多不结；大暑连天阴，遍地出黄金"。农人最怕此时无雨，因为极热的大暑如果无雨，干旱便会到来，这对农人来说是灾难，即使对于今天生活在城市里的人们，也不是什么好事情。想想被酷暑炙烤的动植物如果缺少了雨水的滋润，那会是怎样的一种生命的困境？

　　三是在此时节的大雨，和原来的大雨不一样了。此前的雨，是增加暑气的雨；此时及此后的雨，则是减少暑气的雨。小暑节气和大暑初候、二候时的大雨，伴随着炎热而来并加剧了炎热，逐步形成"蒸郁"之势；到了三候则开始发生变化，从此时起，随着大雨的一场场降落，酷暑的感受将慢慢减弱，气温由此降低，渐次向秋天的凉爽过渡，天气不再郁闷难挨了，是谓"退暑"。

这一点，对于理解夏末阴阳之气的变化至关重要。

夏天是阳气最为旺盛的季节，到了夏天的最后时刻，阳气已位至极点，再无更高的位置可占，孤高在上，犹如一条乘云升高的龙，升到了最高亢、最极致的地方，这时候，就到了该谦抑的时刻了。过犹不及，盛极而衰，这是天地之道，阴阳之气的变化同出一理。

《雪心赋》曰："孤阴不生，独阳不长。"阴阳总是相伴而生，故而阴阳轮转，寒暑交替。《道德经》里讲："天之道，损有余而补不足。"一阴一阳，此消彼长，万物循环往复，是以生生不息。

大暑将过，立秋在望，阳气由盛转衰，阴气渐次生长，酷热将转向清凉。

阳气挥手作别舞台中央，甘居配角，它知道，即便三伏天的热仍有威力，但阴气终将当仁不让地成为舞台的主角。

画家徐冬冬深知此理，他说，宇宙处在一种动态的平衡之中，他的《四季》所要表现的一条主线，就是阴阳之气的平衡不断被打破又不断重建的过程。在这个过程中，处处有真善美存在。

《大暑·三候大雨时行》的笔墨散发着生命感：有旺盛的阳气在翻滚，有滋生的阴气在律动，有滂沱的大雨在冲刷大地，有茂盛的生命在勃然生长，也有即将到来的生命的成熟和丰收……

告别夏天，我想到了王维那首百吟不厌的《竹里馆》："独坐幽篁里，弹琴复长啸。深林人不知，明月来相照。"诗人在夏日深山密林里悠然独坐，获得了禅意。而我们走过被大雨大热蒸烤的夏季，在四季嬗变的进程中，又会获得什么样的感悟呢？

夏热尤在，秋凉将至。阴阳交替，生生不息。阳气中包含着阴气，大暑中蕴含着秋天。从中感悟宇宙变化的轨迹，灵魂深为生命的多样性和神秘感而惊叹。

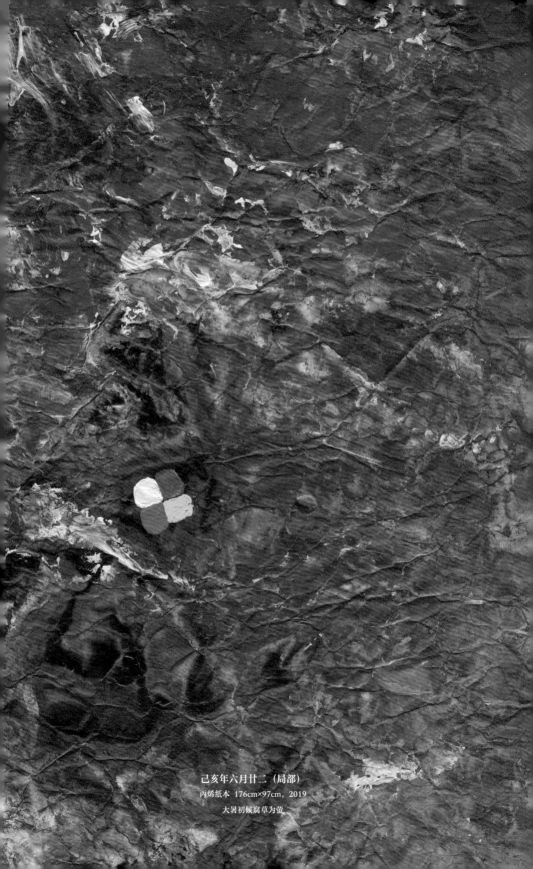

己亥年六月廿二（局部）

丙烯纸本 176cm×97cm，2019

大暑初候腐草为萤

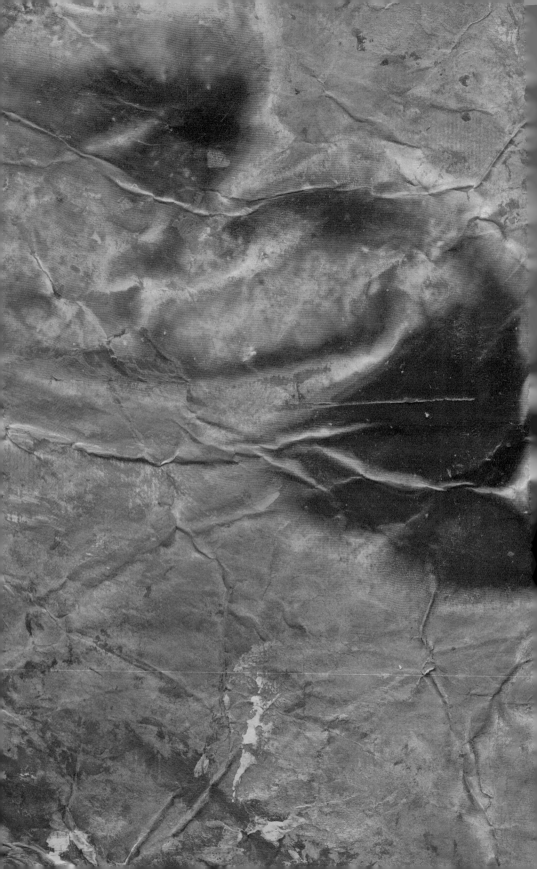

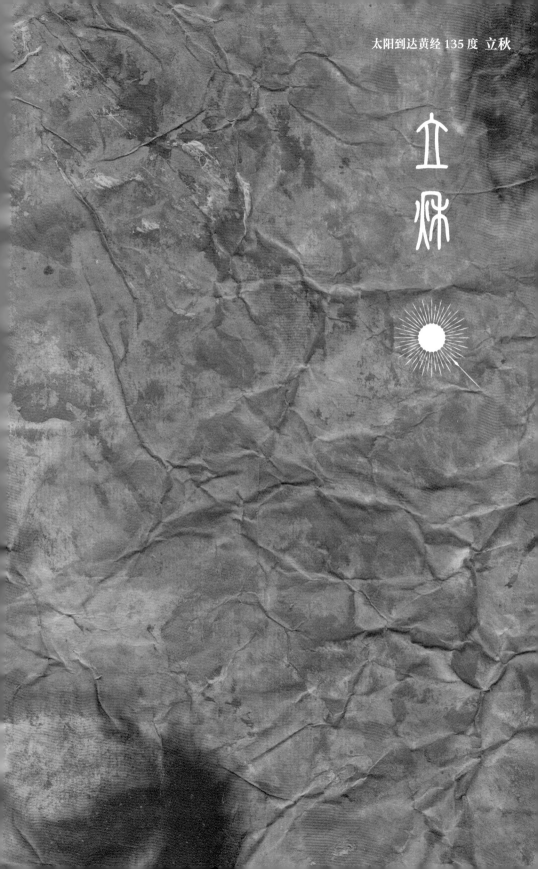

丙申年七月初八

丙烯纸本 176cm×97cm，2016

立秋初候凉风至

一叶梧桐
月明中

有的画是"人"画的，有的画是"天"画的。

"天"画出来的《立秋·初候凉风至》，是怎样一幅图景呢？

一个"立"字不简单，标志着一个季节的确立和开始。《月令七十二候集解》说："立，建始也。五行之气往者过来者续此。"

这个解释对于理解二十四节气的"四立"至关重要。"气"是贯穿二十四节气的概念，当五行之气的"往者""来者"在此时交接时，新的季节为之建始。立春，春木之气始至；立夏，夏暑之气始至；立秋，秋凉之气始至；立冬，冬肃之气始至。而其根本，乃阴阳二气的过往交续。

春夏阳气逐生，秋冬阴气渐长。《素问·四气调神大论》指出："夫四时阴阳者，万物之根本也，所以圣人春夏养阳，秋冬养阴，以从其根，故与万物沉浮于生长之门，逆其根则伐其本，坏其真矣。"

立秋是秋季的初始。在立秋这一天，太阳到达黄经135度。《管子》记载："秋者阴气始下，故万物收。"立秋是阳气渐收、阴气渐长、由阳盛逐渐转变为阴盛的过渡时期，是暑去凉来、由热转凉的交接节气，生命也随之呈现阳消阴长的状态。

《月令七十二候集解》如此描述立秋初候"凉风至"："西方凄清之风曰凉风。温变而凉气始肃也。《周语》曰火见而清风戒寒是也。"

一种擎敛的气息，几许真切的凉意，从这些字眼间直穿心底。

但天地还是那般炎热。

走在秋阳之下，依然炎热逼人，暑气难消。民间有说"秋后一伏热死人"。节气意义上的秋天到了，气象学意义上的秋天尚未到来。气象资料表明，往往要到九月中下旬，天气才能真正凉爽起来。尤其是中国南方，由于台风雨季节渐去，气温更为酷热，因而，中医将立秋起至秋分前的这段日子称为"长夏"。

热虽热矣，切不可被这种表象迷惑。节气的高妙，先人的智慧，就在这"一叶知秋"里。

《淮南子·说山训》曰："见一叶落而知岁之将暮。"

宋代唐庚《文录》引唐人诗："山僧不解数甲子，一叶落知天下秋。"

什么叶呢？梧桐。

什么时候落呢？立秋初候"凉风至"。

就在大暑三候"大雨时行"结束、立秋初候"凉风至"到来的短短几天里，高高的梧桐树开始落叶了。

据传，宋时立秋这天，宫内要把栽在盆里的梧桐移入殿内，等到"立秋"时辰一到，太史官便高声奏道："秋来了。"奏毕，梧桐应声落下一两片叶子，以寓报秋之意。

宋人刘翰的《立秋日》诗曰："乳鸦啼散玉屏空，一枕新凉一扇风。睡起秋风无觅处，满阶梧叶月明中。"

你看，枕着新生的凉意入睡了，醒来却找不到秋天的声息，蓦然抬头，但见月色澄澈中，梧桐落叶铺满了台阶，这，不就是秋天的身影吗？

在延续的暑热中，从一片梧桐落叶，知道了秋的到来。一个细微的迹象，代表了事物的本质和发展的趋势。

热，还是那样热；风，却不再是那阵风了。

立秋初候"凉风至"，风开始带来凉爽，已不同于暑天的热风。

其实，热，也不再是那个热了。

正午的阳光虽然烤人，早晚已有了些许清凉，热力将开始一天天消退。天地的阴阳之气，发生了本质的变化。

理解了天地这种本质变化和万物发展新的趋势，再来看《四季》系列之《立秋·初候凉风至》，不得不赞同画家本人的感触：这些画虽为人作，却似天成！

那一簇簇跳跃飘动的黄色、红色，那温和流动着的蓝色、绿色，着墨之奇异、大胆，宛如"天语"，而越是体味，越能感到其对立秋初候时节天地阴阳气息变化的感受和表现，太准确了。

画者说，《四季》画的是宇宙变化的轨迹，以及生命的本质。诚哉斯言。

戊戌年七月初四

丙烯纸本　176cm×97cm，2018

立秋二候白露降

有一种惬意
叫秋金之白

古往今来，人们赋予秋天两大类色彩。

金色的秋天，红色的秋天，橙色的秋天，黄色的秋天，代表着丰收，代表着成熟，代表着喜悦。而白色的秋天，灰色的秋天，代表着凋落，代表着离别，代表着悲凄。

这两大类色彩融合了自然与感情，反差极大，使秋天充满了张力和魅力，激发出数不胜数的艺术创作。

《四季》的立秋系列，同样具有对秋天的这种感知。浓烈的色系，强烈的感情色彩，大反差所形成的大张力，蕴含其中。但是，画面呈现却是与传统艺术作品完全不一样的，结构和造型似有似无，色调迥异。这不只是技法的改变，而是画背后隐含的思维的改变。

徐冬冬常说，他的中国抽象绘画，不是玄而又玄，而是"想得到，画得出，讲得清"。贯穿《四季》系列的，是他对天地阴阳之气变化以及在此变化之下生命状态的理解与思考。简而言之，就是四个字："气与生命"。每一幅《四季》，看似横空出世，突如其来，不知其运笔用色之规律，其实背后的思维都是贯通可循的。

那么，立秋二候"白露降"的"气与生命"又是怎样的呢？

阳气仍盛，阴气渐强，阳消阴长的趋势日益明显。

还是炎热天气继续逞威的时节。晌午的阳光依然热辣，人们还躲在空调屋里贪图凉快。到海边冲浪畅泳，仍是最受欢迎的活动，孩子们在冷热适宜的海水里快乐地嬉戏。来几块爽口的西瓜，让甜甜的果汁祛除世间的暑气和心头的火气。这种立秋之后的短期回热天气，我国民间称之为"秋老虎"，欧洲称之为"老妇夏"，北美人称之为"印第安夏"。

尽管仍是高温，雨水却是大不相同了。一阵阵雷雨像大暑时一样倏忽而至，却变得多情起来，一下就下个半天整夜，性子也不那么急了，不再是狂风暴雨，而是绵绵软软地下着。一场秋雨后，凉爽就增添几分，忽然一阵风来，身上竟会打个激灵。别看雨水犹多，空气里的水分却显而易见地少了，那种闷热熏蒸的感觉已大大地减轻。

变化最大的是一早一晚。晚间走路仍会有微汗上身，却不会大汗淋漓。桃、枣、葡萄、桂圆的果香，还有金银花、菊花的清香，使空气里带有秋天香甜的味道。在初秋之夜闻香漫步，感受空气中滋生的凉爽，生命在经受长时间的猛烈炙烤之后，终于得到了喘息，真是惬意。

最美妙的是在清晨。由于白天日照仍很强烈，夜晚的凉风刮来，形成一定的昼夜温差，到了早晨，空气中的水蒸气就在植物上凝结成了蒙蒙的水雾。茂密的草木尽管还满是夏意，但浓密的林荫里已经有了淡淡的黄色、红色。梧桐，银杏，枫树，有的是叶子的一个边角，有的是半片叶子，开始显现出隐隐约约的黄色、红色和葱郁的绿色，一起朦朦胧胧地俏立在秋晨的雾气之中，美极了。

如此美景，谓之"白露降"。

《月令七十二候集解》如此解释"白露降"："大雨之后，清凉风来，而天气下降，茫茫而白者，尚未凝珠，故曰白露降，示秋金之白色也。"

好一个"秋金之白"！

立秋十天遍地黄。立秋初候"凉风至"和二候"白露降"，虽然只有短短十天，天地之气却在此时发生了极大的变化。

"白露降"，标志着"秋金之白"的出现；"秋金之白"的出现，意味着一个金色的秋天就要到来。

生命的成熟，需要极热的炙烤，也需要清凉的喘息。经过小暑、大暑的极热之后，生命在初至的凉风与初生的白露所带来的清凉里得到了休整，带着满满的能量，以最昂扬的状态、最精彩的姿态，向成熟的至高点冲刺。

因而，在这个时节，融合了夏将消退和秋将盛放的大美，生命充满了即将迎来成熟"临盆一刻"的蓬勃与丰满。这时的感情色彩，这时的生命旋律，是喜悦的，是激昂的，是从容的。

这样的生命的惬意，就叫"秋金之白"。

丁酉年闰六月廿九

丙烯纸本 176cm×97cm，2017

立秋三候寒蝉鸣

天人合一
显从容

走在户外树林间，蝉鸣声声，不绝于耳。这样的鸣唱，已经陪伴我们走过了长长的夏天。

蝉儿虽小，却不止一次在二十四节气七十二候中作为物候特征出现。第一次出现，是在夏至二候——"蝉始鸣"。

小时候不懂，听见蝉儿是在盛夏开始鸣叫的，便以为它是耐不住夏热，"知了知了"，仿佛在说"热啊热啊"。哪里知道，蝉虽生于盛夏，其实却是在阳气强振之中感觉到了阴气的发生，故而"始鸣"。以此作为夏至二候的物候特征，是老祖宗提醒我们见微知著，明白世间盛极而衰的道理，在阳气极盛之时，阴气已开始生长了。

当时光的指针在蝉鸣声中从盛夏走到了初秋，经过了四五十个日夜阴阳之气的此消彼长，到立秋三候时，小小蝉儿又一次成为二十四节气七十二候的物候特征，谓之"寒蝉鸣"。

一个"始"字，一个"寒"字，蝉从仲夏鸣叫到初秋，皆为"感阴而鸣"，意味却是大不相同。夏蝉之鸣意味着阴气始发，秋蝉之鸣，则意味着阴气渐浓，天气寒凉由此而始。

《月令七十二候集解》说："寒蝉，《尔雅》曰寒螀，蝉小而青紫者。马氏曰：物生于暑者，其声变之矣。"

蝉还是夏日那只蝉，到了立秋三候，它的声音变了。"寒蝉"不是指此时已寒，而是预示着寒凉将会到来。一种悲秋的情绪从这时开始出现。

宋玉曰："悲哉，秋之为气也。"秋气乃阴盛阳衰之气，人感秋气而哀，是人的精神、思绪随着自然的变化而生成的本能反应。

"心上有秋"即为"愁"。悲秋之作，古往今来不胜枚举。马致远的经典之句道尽了秋思的寒凉："枯藤老树昏鸦，小桥流水人家，古道西风瘦马，夕阳西下，断肠人在天涯。"女中豪杰秋瑾也留下了悲秋的名句："秋风秋雨愁煞人。"

事实上，在立秋三候"寒蝉鸣"的时节，俯仰天地之间，还是一派热气蒸腾、万物葱茏的景象，离那枯藤老树、秋风秋雨的断肠愁煞之景差得实在太远太远。而这时枝头的蝉儿，食物充足，温度适宜，在微风中舒服地鸣叫着，哪里有半点悲戚的样子？

但诗人的感受却是：寒蝉凄切，对长亭晚，骤雨初歇。这种悲情，是人的本能反应，也是一种敏感的忧患意识，对生命、对社会、对人生的忧思。

如果说蝉是自然界敏感的造物，在阳气强盛不可一世时就察觉到了阴气的微妙发生，那么，这些悲情的文人们，就如同人世间敏感的蝉类，在立秋时节仍处于夏秋交替过渡之时，就预见到岁之将暮、天地将肃的重大变化了。

但中国传统文化里还有一支重要的源流，便是达观、顺应自然。有悲寒蝉凄切者，亦有悟蝉之禅意者。

唐代虞世南的《蝉》堪称后者之代表："垂緌饮清露，流响出疏桐。居高声自远，非是藉秋风。"宋代理学家朱熹的《南安道中》写道："高蝉多远韵，茂树有余音。"

这样的雍容和从容，是中国传统文化里一种宝贵的精神气度。唐代诗人刘禹锡说："自古逢秋悲寂寥，我言秋日胜春朝。"宋代词人辛弃疾说："而今识尽愁滋味，欲说还休。欲说还休，却道天凉好个秋。"这些诗词，都是这种风度气韵的体现。

整个《四季》组画，都选择和延续了这样的传统文化源流：达观，从容，雍容。《立秋·三候寒蝉鸣》的画作，在表现夏之余威的热烈中隐含着思想的旷达，在描画秋气逐渐聚集之中显现出生命的健旺，充满了顺应四时之变的丰富，却又始终有着生命内在的张力与从容不迫的人生态度。

不管是面对春花逝还是秋叶落，都会因为感悟宇宙天地四时之变而表现出一种顺应自然的豁达，同时也敏锐地去捕捉、展现生命在不同时节所内蕴的活力。自然的表征可以不同，生命的状态可以不同，但人的灵魂要顺应着天地之变，而融入宇宙间本来存在的大美大爱之中。此谓"天人合一"。

这是我对"天人合一"的新释。

丙申年七月初八（局部）

丙烯纸本 176cm×97cm，2016

立秋初候凉风至

甲午年七月廿九

丙烯纸本 176cm×97cm，2014

处暑初候鹰乃祭鸟

秋色入心
两苍茫

画面上的热力迎面而来。如果你此时走在南方的午后，就能体会到，画里透出的炎热的气息是多么生动而确切。

太阳到达黄经 150 度时，处暑节气来临。

《月令七十二候集解》说："处，止也，暑气至此而止矣。""处"含有躲藏、终止的意思，处暑表示暑气的终结，炎热开始向寒冷过渡。

这是阳气消退、阴气开始走向台前的时节，但阴阳二气的此消彼长远不是那么泾渭分明，冷热之间的转换也没有那样简单。

南国正午的阳光，热辣似火，让人不禁心生疑惑，这哪里是处暑啊？分明是盛夏的感觉啊！确实，处暑时的南方，还处在气象学意义上的夏天。这种似在夏天的感觉，真实，却不准确。

突然一阵雷雨袭来、骤雨初歇、晚来风急之后，即使是在南方，也能感到明显的凉爽。这时，我们便会体味到"处暑"节气的奇妙，处暑的雨后，还真是和大暑小暑不一样，那强烈的炎热怎么一下子就减退了呢？没错，正是在处暑时节，最热的三伏天结束，"出伏"了。

最能体现处暑节气转换之妙的，当然是在北方。

太阳直射点南移，正午太阳高度降低，白昼长度缩短，气温逐渐下降，黄河以北逐步进入气象学意义上的秋天，秋高气爽的美妙感觉渐渐有了！

宋人苏泂《长江二首》诗曰："处暑无三日，新凉直万金。"这沁人的"新凉"所带来的神清气爽，是其他任何季节都不会有的。天空湛蓝，云朵飘逸，阳光透亮，秋水如镜，天地之气舒适宜人，秋日的大美景色率先在北方大地悄然出现。

古人确立的处暑三候为初候"鹰乃祭鸟"、二候"天地始肃"、三候"禾乃登"。一个"祭"、一个"肃"，覆盖天地，猛然间给人苍茫沉郁之感，而一个"登"，又潜藏着多少成熟的庆幸与欣喜呢？

阳气下降，却还迟迟不愿退去；阴气跃升，急于崭露锋芒。在夏秋交替、冷热转换的处暑时节中，正在消退的夏之热，日渐浓厚的秋之凉，乃至终将到来的冬之寒，都交织在一起，万物的成熟与万物的凋零并存，怎能不让人喜之、悲之、思之、怅之？

细思处暑初候"鹰乃祭鸟"，更让人感慨。鹰作为物候特征，在二十四节气七十二候中出现了三次，这是很少见的。第一次出现是小暑三候"鹰始鸷"，意即地面气温太高，鹰飞高空以寻清凉；第三次出现是大寒二候"征鸟厉疾"，是说鹰隼这样的猛厉之鸟在这时处于捕食能力极强的状态；而鹰的第二次出现，正是在我们当下所处的处暑初候"鹰乃祭鸟"。

《月令七十二候集解》说："鹰，义禽也。秋令属金，五行为义，金气肃杀，鹰感其气始捕击诸鸟，然必先祭之，犹人饮食祭先代为之者也。不击有胎之禽，故谓之义。"

当鹰感受到秋气渐起时，便开始大量捕杀鸟类，但必先把鸟排列开来祭天，就像人饮食前要祭祀一样，而且不捕杀怀胎之鸟，所以鹰是义鸟。

想象朗朗秋空之下，雄鹰飞翔俯冲，捕杀众鸟又把它们一字排开，向天而望。面对这样的情形，一种苍茫、悲肃而又雄浑之感，怎能不油然而起？

鹰为什么要在这个时节大量捕杀鸟呢？是秋气之清凉给了它纵横天地的更多的力量？还是秋气之肃杀给了它为迎接冬天储备更多生命能量的紧迫感？鹰又为什么要祭天而不击有胎之禽呢？是对天地的敬畏？或是对生命生生不息的敬畏？

吾非鹰，不得而知，但人们视鹰为神鸟、天鸟，当源于鹰所具有的敏感、刚强与灵性。

秋色入心两苍茫。这样层层叠叠、色彩纷繁、悲欣交集的韵味，在四个季节中，是只有秋天才有的。观《四季》之《处暑·初候鹰乃祭鸟》，不禁迷失在这种秋的韵味里。

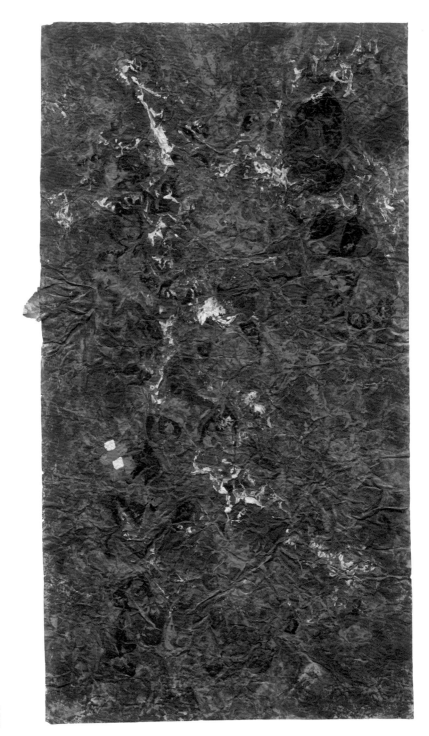

丙申年七月廿七

丙烯纸本　176cm×97cm，2016

处暑二候天地始肃

走进
秋阴深处

正是暖热适宜的时候。

北方的凉意已很明显，南国的炎热也越来越多地混合着偶至的清凉，变得不再那么难以忍受。

此时也正是色彩鲜妍的时候。

夏天的灼热，夏天的暴雨，初秋的朗日，初秋的阵雨，在贯通夏秋的光热与雨水的连续作用之下，大地的绿到了一种极致。已经出现的代表着秋天的黄色和这种浓到极致的深绿相互映衬，展现出动人心魄的美。放眼大江南北，入目皆是生动美丽的自然景象，人们的身心随之变得轻快起来。

这样一个看上去活泼而舒朗的时节，古人却定义为处暑二候"天地始肃"。

一股萧瑟肃杀之气仿佛透过字面直扑过来。直接以天地而非具体的花鸟鱼虫表征物候，更是罕见。

许多人根本不在意的这短短的五天，竟是相当特别的！

为什么呢？

《月令七十二候集解》如此解释："秋者，阴之始，故曰天地始肃。"

寥寥数语，意味深长，至少包含这么几层意思：

一是秋为阴。古人的宇宙观认为，气是宇宙本原，天人同出于气；气分阴阳，春夏为阳，秋冬为阴。

二是秋为少阴。阴阳之气各有力量微弱与旺盛之分，微弱者为"少"，旺盛者为"太"，所以春为少阳，夏为太阳，秋为少阴，冬为太阴。

三是秋气清严。董仲舒《春秋繁露》曰"喜气为暖而当春，怒气为清而当秋"，"春气爱，秋气严，夏气乐，冬气哀"。秋气的清严体现为万物的凋零，天地的肃杀。

懂得了上述几层意思，就明白了"秋者，阴之始"的含义。这和阴气的生发之始是两个概念。

还记得吗？当我们随着时光的脚步走到芒种二候"鵙始鸣"时，阳极而生阴，阴气就开始悄悄滋长了。到了夏至二候"蝉始鸣"，蝉儿感阴而鸣，已经有一阴生。随着阳气的渐渐消退，阴气的逐步生长，到了处暑二候，终于发生了天地四时的一个大转变！

这是以四时为刻度，从秋开始，天地进入了以"阴"为本质属性的阶段。这个阶段，将贯穿漫漫的秋天和冬天。

这样本质性的大转变，一年之中只会发生两次：由夏入秋为阴之始，由冬入春为阳之始。天地万物随之发散出截然不同的气息。

在经过立秋和处暑初候从夏入秋的过渡之后，真正的秋天开始了。

此时，满目的浓绿即便再醉人，也抵挡不过那将要覆盖天地的肃杀之气；弥漫的暖热即便再宜人，或许还有点烦人，也该考虑为即将到来的寒凉准备秋衣和冬衣了。

"天地始肃"，意味着万物开始进入新的生命状态：凋零，沉寂，收敛。

《吕氏春秋》说："天地始肃，不可以赢。"即是告诫人们，秋天是要收敛的季节，不可以骄盈。

这种天地由阳入阴的本质大转变，以及万物新的生命状态，在画家徐冬冬的笔下，得到了充分的丰富的表现。

浓烈的秋之绿，在生动之中，开始染上点点沧桑。是成熟？是凋零？浓荫之间，隐藏着生命必然的轨迹和低沉的私语。

热烈的秋之红，变得含蓄、厚重，不再像夏之红那么无拘无束地奔放、肆无忌惮地张扬了。成熟的秋之黄舒展着，灿烂着，挟秋风之势，好像要席卷天地。清严的秋之蓝出现了。天空之蓝，水波之蓝，带着秋天特有的明净和沉郁。

色彩之变的本质是气韵之变。观《四季》之《处暑·二候天地始肃》，不言之中，已经让人感受到秋阴伊始万物开始走向凋零、走向沉寂、走向收敛的气韵。天、地、人都将从这里逐渐步入秋阴深处，生命新的历程展开了。

丙申年八月初五
丙稀纸本
97cm×176cm，2016
处暑三候禾乃登

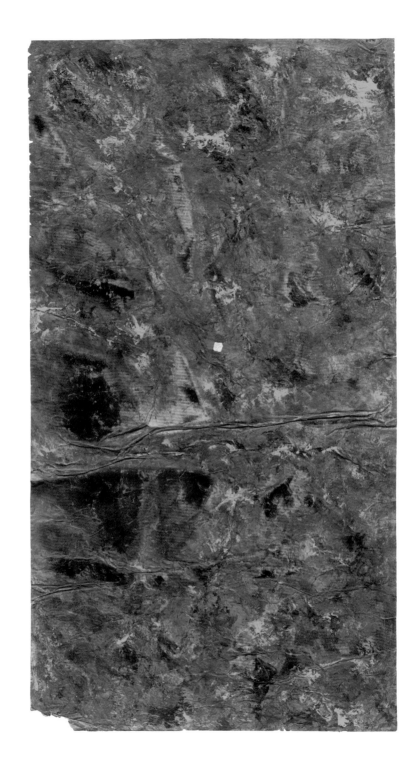

戊戌年七月廿七

丙烯纸本　176cm×97cm，2018

处暑三候禾乃登

秋情如歌
知君意

看这幅画，跳动、绚丽、优美，让人一见就进入一种喜悦之中。不是轻飘飘的喜悦，而是从心底里淌出来的，带着重重的分量，似乎载也载不动的那种喜悦。

"禾乃登"的气息，就是这种沉甸甸的喜悦的气息。不管秋天有多少美丽的时刻，处暑三候"禾乃登"都一定是那最美丽的时刻之一。

《月令七十二候集解》如此解释"禾乃登"："禾者，谷连藁秸之总名。又，稻秫苽粱之属皆禾也。成熟曰登。""禾"，不单指水稻，而是黍、稷、稻、粱类农作物的总称。一言以蔽之，这是五谷丰登的时节。

我想起了那首动听的歌曲《垄上行》："我从垄上走过，垄上一片秋色，枝头树叶金黄，风来声瑟瑟，仿佛为季节讴歌。我从乡间走过，总有不少收获，田里稻穗飘香，农夫忙收割，微笑在脸上闪烁，蓝天多辽阔，点缀着白云几朵，青山不寂寞，有小河潺潺流过……"

秋天最喜人的美丽，最迷人的特征，莫过于五谷的成熟。处暑是与农事密切相关的节气，最重要的体现也在于此。

家家户户忙收割是多么欢乐的景象啊！许多农谚生动地总结和描绘了这样的情形——"处暑高粱遍地红""处暑三日割黄谷""处暑好晴天，家家摘新棉""处暑拔麻摘老瓜""处暑见红枣，秋分打净了""处暑满地黄，家家修廪仓"等等，信手可拈。

这是何其盛大的丰收！田野里高粱羞红了脸，棉花笑咧了嘴，冬枣、石榴熟透了，稻谷随风翻起金色的波浪。进入秋收季节，农户忙着修建粮仓，海边的渔民也迎来了渔业收获的大好时节。我最喜这句农谚的巧妙："收秋一马虎，鸟雀撑破肚。"万物尽情享受着丰收的盛宴，不只是人们心里乐开了花，小小雀儿们也欢喜得紧，趁机大快朵颐哪！

浓墨重彩的欢乐，充盈在天地万物之间，渲染出让人兴奋激动的强烈气息。当我体悟这非同寻常的欢乐之时，不禁数度落泪。从春到夏，由夏入秋，一路走来，总有不断到来的成熟在伴随着生命的成长，但最丰硕最厚重的成熟，是属于秋天的！

《易经》云："岁云秋矣，我落其实，而取其材。"人们忙活了一季甚至一年，不就是为了秋天的收获吗？谷物带给生命最基本的能量，棉织带给人们最基本的温暖，秋天的收获，提供了生命最基本的生存所需，护佑着生命度过漫漫冬季，度过春夏又一个轮回。

天地对生命的护佑，岂止赋予了累累的果实？初秋，碧空万里，淡云舒卷，特别是进入处暑三候以后，雨量减少，雨季结束，天气晴好，这为晒谷、摘棉、秋收、秋种提供了最适宜的天气。从这个意义上说，此时的秋燥恰恰是对生命最好的爱护！一切的安排都是必需的。宋代诗人张耒诗曰："秋高孤月静，天末巧云长。"这样的良辰美景中隐含着多少对生命的仁爱啊，怎能不让人庆幸而感恩？

董仲舒《春秋繁露》中有这样一句话："天虽不言，其欲赡足之意可见也。"每读及此，我都会感到有深意存焉。上天虽然无言，但博爱万物的意图是能揣摩出来的。数年间，当我每一天都在仔细感受天地的细微变化时，我深切体会到了天地不言中的大爱。

天地四时，春夏秋冬。中国传统文化讲"春气爱，秋气严，夏气乐，冬气哀""秋气清者，天之所以严而成"。"禾乃登"是从"天地始肃"走来的，先有万物凋落之开始，后有五谷丰登之硕大，这是天之道，是秋之成熟的厚重所在。"严而成之"，肃杀的秋气成就了秋收的欢乐。天生育万物，仁爱博大，人当循时而动，效法天道而行。

人们的共识是，二十四节气七十二候是中国农耕社会的古老智慧，当代也有人解读说这里有中国人的时间哲学。但当我们领悟到"天之道"与"天地人相贯通"的深意时，就会明白，二十四节气七十二候不只是季节变化的表象，不只是时间的哲学，也是生命的哲学。

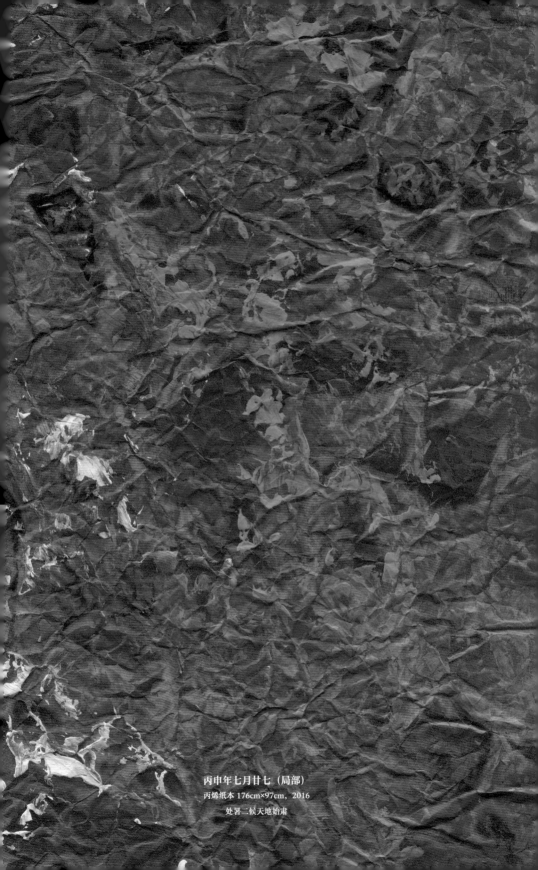

丙申年七月廿七（局部）
丙烯纸本 176cm×97cm，2016
处暑二候天地始肃

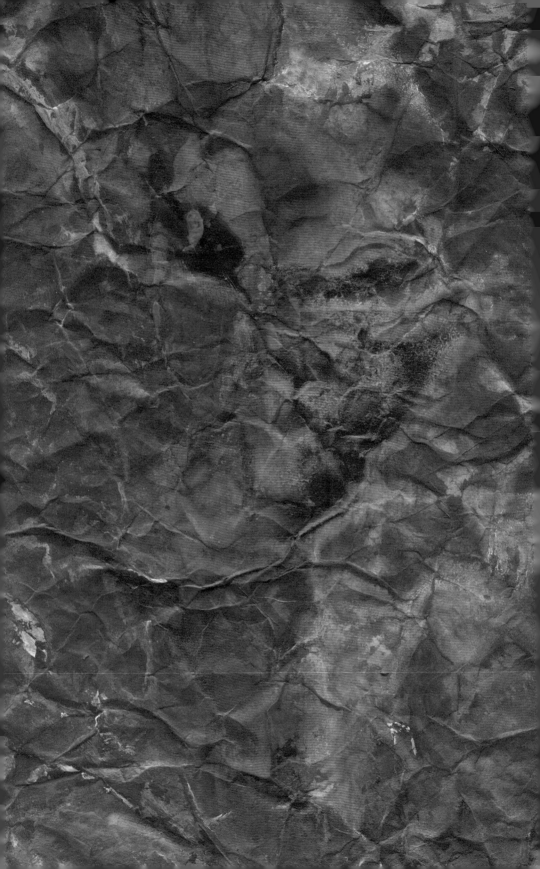

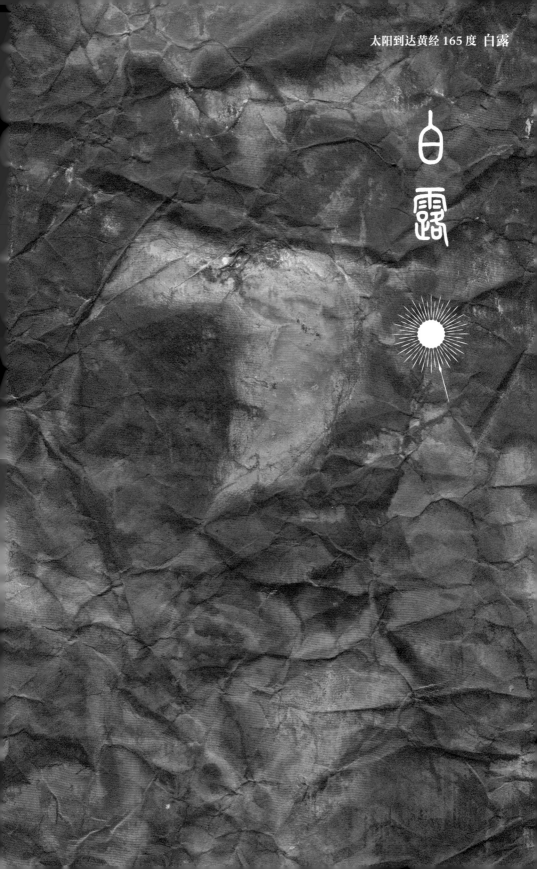

白露

乙未年七月廿七

丙烯纸本　176cm×97cm，2015

白露初候鸿雁来

仰望
亘古秋空

　　最典型的秋天，我想，恐怕就是白露时节的秋天了。因为，"秋高气爽"这四个字，无论在大江南北，都在这个时节得到最为淋漓尽致的表现。

　　就是这么奇特，当太阳到达黄经 165 度，进入白露时节，似乎所有的潮热都不见了，空气是令人舒适的干爽，南国的艳阳明显少了热辣的感觉，早晚开始变得凉爽起来。至于北方，阳光灿烂而温润，秋风吹在身上，是浑身的惬意，晨曦日暮中更是带上了一丝凉意。凉意微微，温而不寒，让人完全消除了夏日存留的热之苦，又不用担心受寒凉的侵袭，身心彻底放松下来，进入平和、舒朗的状态。

　　而白露时节最典型的秋之色，在人们的眼里，莫过于蓝色了。

　　这是多么明净、多么高远、多么辽阔的蓝色啊！蓝色的天空，是这时最美的秋色；这时的蓝天，是一年四季中最美的天空。明净之极而达艳丽，高远之极而显苍茫，辽阔之极而至无限。蓝天的影子投在山峦，就是黛青层叠的秋山了；蓝天的影子投在水面，就是碧波粼粼的秋水了……

　　在画家徐冬冬艺术生涯的印象绘画时期，他描画秋天的很多作品，用的正是这样明丽的蓝色！那么，抽象绘画的《四季》白露系列为什么不用蓝色抑或白色来表达呢？因为白露之白，不在色之白，而在气之阴。

　　《月令七十二候集解》写道："白露，八月节。秋属金，金色白，阴气渐重，露凝而白也。"

　　此时，天气渐渐转凉，清晨时分，人们会发现地面和叶子上有许多露珠，这是因为昼夜温差变大，夜晚水汽凝结其上而为晨露。古人以四时配五行，秋属金，金色白，故以白形容秋露，称之为白露。

进入白露节气，秋天也就进入了仲秋，阳气急速地减弱，阴气急速地加重。夏季风逐步被冬季风所代替，冷空气转守为攻，分批南下，暖空气逐渐退避三舍。人们会格外明显地感到早晚温差加大，气温一天比一天降低。这时的变化，确乎以"天"为单位，俗语云"处暑十八盆，白露勿露身""白露秋风夜，一夜凉一夜"，意思是说，处暑时节天气还热，每天须用一盆水洗澡，过了十八天，到了白露，可就不要赤膊裸体了，因为气温下降速度加快，一晚更比一晚凉。

需要注意的是此时阴阳之气的变化，阴气虽呈上升之势，阳气却仍然占据着大半江山，要等到秋分节气阴阳平、寒暑均之后，阴气才会成为当仁不让的主角。这，才是白露时节的本质。

所以，在《四季》白露节气系列作品中，人们看到大量夏之色彩的延续，红、绿、黄仍是画面的主色，但气息已然不同，红色变得厚重，绿色变得安静，黄色犹显温婉却又不失力量。这样的色彩处理，把白露时节天地气息变化的特点表现得恰到好处。

非常有意思的是，白露时节作为最典型的秋天，其表现最典型的区域是在黄河以北，但其物候特征却几乎都是以南方为视角的：初候"鸿雁来"，二候"元鸟归"，三候"群鸟养羞"。鸿雁开始从北方飞回来，元鸟也飞归南方，各类鸟儿都开始储食御冬。如此具有时空穿越感的节气，恐怕也只有白露了。

古往今来，我认为"一诗一歌"是吟咏白露初候时节的经典。"一诗"为《诗经》之《蒹葭》，"一歌"为草原之《鸿雁》。

《蒹葭》写道："蒹葭苍苍，白露为霜。所谓伊人，在水一方。溯洄从之，道阻且长。溯游从之，宛在水中央……"

《鸿雁》唱道：

江水长 秋草黄 草原上琴声忧伤

鸿雁 向南方 飞过芦苇荡

天苍茫 雁何往 心中是北方家乡

《蒹葭》之幽远诗意，《鸿雁》之苍茫情怀，道出了特有的意境之美。而《四季》的尝试是，在以抽象绘画方式表达这一时节天地变化的本质时，也要把中国传统文化和意象绘画的意境之美融合进去，以此充分体现中国人的情感世界和文化审美。这不是一件容易的事，但这样的创新追求，已经结出了秋之硕果。

甲午年八月廿一
丙烯纸本
97cm×176cm，2014
白露二候元鸟归

很美很特别

白露，很美，很特别。

美在哪里？特别在何处？

美在天空高远的蓝，美在秋水幽幽的碧，美在露珠莹莹的透，美在秋风惬意的爽。阳气虽减而热力犹存，阴气渐重而寒意未至。"一夏无病三分虚"，白露的秋凉最适宜人们在苦夏之后放松身心，增补进益，补足夏日里的消耗，并为将要到来的寒冬蓄积能量。

还有一种美，就是这样的画面：初候"鸿雁来"，二候"元鸟归"，三候"群鸟养羞"。

仰望蓝天，眺望群山，极目原野，环顾湖畔，凝视枝头，人们看到这样的画面：白露初始，鸿雁南飞，肃肃其羽；过了五天，小燕子也飞回了南方；再过五天，各种各样大大小小的鸟儿们就要忙着准备过冬的食物了。

二十四节气七十二候里，白露是唯一的三个物候特征全部为鸟类的节气。

再没有比候鸟的迁徙更能体现季节的大转换了。冬去春来，天地由阴入阳；夏去秋来，天地由阳入阴。这是四季中阴阳之气发生本质变化的两个最重要的转换时刻。对于这样的大转换，自然是随着时空变化一起穿越的候鸟最能代表！

这是一幅何其别样的秋日百鸟图！在华美的仲秋里，雁燕双飞，从北向南展翅千里，追寻着离阳光更近的地方。雀鸟们悠然享受着秋果的丰盛，又紧张地为冬寒将至做准备。

生动，怡然，苍远，八月之秋阴阳之气的大转换，那浓厚的生命气息与诗情画意，尽在《四季》系列之白露的抽象笔墨之中。

白露的另一个特别之处，便是确定这些物候特征的视角。

据《月令七十二候集解》的诠释，"鸿雁来"是指"鸿大雁小，自北而来南也，不谓南乡，非其居耳"；"元鸟归"是说"此时自北而往南迁也，燕乃南方之鸟，故曰归"。

鸿雁不是南方的鸟，由北方飞来，所以称之为"来"；而元鸟即燕子是南方的鸟，此时同样由北方飞来，却不是"来"，而是"归"了。

很明显，这是站在南方的视角来定义雁燕南飞的同与不同。这样的视角，在二十四节气七十二候中是十分罕见的。

二十四节气起源于黄河流域，是以黄河流域的天文物候为依据的。如果站在黄河来看雁燕的南飞，是不是该叫"鸿雁往、元鸟离"才更为准确？为什么要穿越南北，将其命名为"鸿雁来、元鸟归"呢？

这肯定不是岁月经久流传中的"语误""文误"，而是有深意存焉。二十四节气七十二候萌芽于夏商，发展于西周至春秋，定型于战国至西汉，经历了漫长的不断趋向完整完善的过程，一时一节一文一字的定义，皆久经论证，费尽思量。

对于这个看似奇怪、令人百思而不得其解的问题，我从古人的宇宙观里找到了答案。古人用阴阳二气的运动变化来理解时间的流转，定义季节的变化，这里面自然而然蕴含了空间，蕴含了局部与整体，蕴含了天时与人时、天道与人道。

阴阳之气乃天地之气，阴阳之气的变化席卷天地，包裹万物，古人观四季之变，其实是在观天地之变、宇宙之变，其视野怎会局限在某一个区域、某一个物种、某一个局部呢？二十四节气所确定的时序流转，哪里会拘泥于某一条河流、某一方土地呢？南来北往，寒来暑去，二十四节气的时空里，哪一个不是融汇了整个宇宙的视野和气息呢？

明了此意的画家在画《四季》时，给自己提了一个别人或以为"狂妄"，他却认为是必须的要求：要画"大画"！

徐冬冬说，有的画尺幅很大，但不一定是"大画"；有的画价格很高，也不一定是"大画"。他要画的"大画"，是能融于宇宙又能容纳宇宙的"大画"。

画面的气息，和天地的气息相融；天地阴阳之气的变化，容纳在画面色彩的流动之中。这才是《四季》。

《白露·二候元鸟归》，正是这样的"大画"。因其"大"，而成其"美"，成其"特别"。

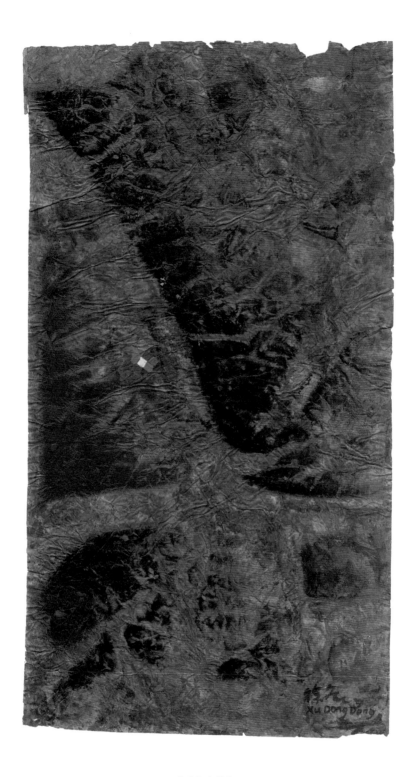

戊戌年八月十三

丙烯纸本 176cm×97cm，2018

白露三候群鸟养羞

百果香，
百鸟忙

奇特的美，仿佛一阵风，把人吹到了奇异的梦境里。看着眼前的美景，被惊得站立不住，身子和心情都懵懂起来。

风里，带着馥郁的香味，让人好奇而沉醉。

这是白露三候"群鸟养羞"。

《月令七十二候集解》如此诠释白露三候"群鸟养羞"："三兽以上为群，群者，众也，《礼记》注曰：羞者，所羞之食。养羞者，藏之以备冬月之养也。"

"羞"是"馐"的本字，古代"羞""馐"通用。"养羞"是指储藏食物，蓄食备冬，如藏珍馐。在白露三候的时节，鸟儿们都开始忙着为将要到来的冬天储备食物了。

这是一幅忙碌的百鸟图！

这时的忙碌是喜悦的，轻松的，鸟儿们尽可以一边大快朵颐，一边从容备食，因为，白露三候正是秋果最为丰盛的时节！那醉人的风里飘散着的，正是百果的香味……

如果说春天的味道，是百花盛开的繁香，那么秋天的味道，一定就是百果成熟的浓香了。

秋天的果实多得数也数不过来，这是一幅盛大的秋日百果图：苹果、橘子、山楂、甘蔗、梨、柠檬、葡萄、橙子、柚子、柿子、芒果、猕猴桃、枣、石榴……

最能代表白露时节的秋果，除了枣和梨，一定就是葡萄了吧？绿如明珠，紫如水晶，一口吃下去，酸酸甜甜的汁液浸透了所有的味蕾，晶莹、圆润、饱满、清爽，一如这白露之秋的味道。翻飞在累累硕果之间，鸟雀们开心地忙碌着，忙着享受一年之中这个最不为饱腹发愁、最让味蕾愉悦的时节，也忙着趁大好时光多多备下冬之珍馐。

天高气爽，秋日明亮，鸟儿喜滋滋忙着往巢里储备各种各样飘香的果实，这是多么美妙的秋景图啊！

古人以"群鸟养羞"作为白露三候的物候特征，不单是准确地抓住了这一时节最欢乐、最生动、最美丽的情景，也是借鸟儿的敏感来提醒人们，该珍惜白露之秋，抓紧为冬之寒凉做好准备了。

白露之水当惜。"白露白迷迷，秋分稻秀齐。"白露时节若是有露，晚稻就会有好收成。而《本草纲目》曰："秋露繁时，以盘收取，煎如饴，令人延年不饥，能愈百疾。"李时珍认为，秋露美容养颜又治百病，是不可多得之水。不仅秋露珍贵，白露之雨也要趁机蓄积以备农需，特别是在华南东部，白露是继小满、夏至之后又一个雨量较多的节气，再往后的雨水就少了。

白露之晴当惜。爽朗的秋阳是秋天最好的礼物，但不可避免地，随着太阳直射点的南移，日照递减的趋势是越来越明显了，对比上一个节气处暑，竟然已经骤减了一半左右！如果再伴有绵绵秋雨，对晚稻的抽穗扬花、棉桃的爆桃和中稻的收割与翻晒都是不利的。故而，农谚有"白露天气晴，谷米白如银"的说法。

白露之白当惜。这里说的不是露之白，而是棉之白。仲秋之时，棉花成熟，田野里恰如开出簇簇云朵，与蓝天上飘着的洁白的秋云相映衬，如此良辰美景让人们打心眼里绽放出开怀的笑容。趁着秋日晴好采摘棉花，收获绵软的云絮，编织温暖的衣服，谁还会担心冬天的寒凉呢？

白露之凉当惜。秋风送爽，白露时节是真正的凉爽之秋的开始。昼热夜凉，无论是白天的热，还是夜晚的凉，都在人们体感的舒适范围内。风从广袤的大地吹来，从高远的天空吹来，凉爽中带着百果之香，似乎也裹挟着百鸟叽叽喳喳的鸣唱，怎能不让人心胸宽广透亮，心生热爱与欢喜？

百果之香、百鸟之忙的热爱与欢喜，是从容的，也是厚重的。八月之秋的热爱与欢喜，是度过盛夏酷暑之后的放松，是身心调息的惬意，是笑看谷满仓、百果香的底气，是应天之道、由疏泄转向收敛的警觉。

《四季》系列之《白露·三候群鸟养羞》，正是用抽象的笔墨，表现这个时节的从容与厚重，热爱与欢喜。

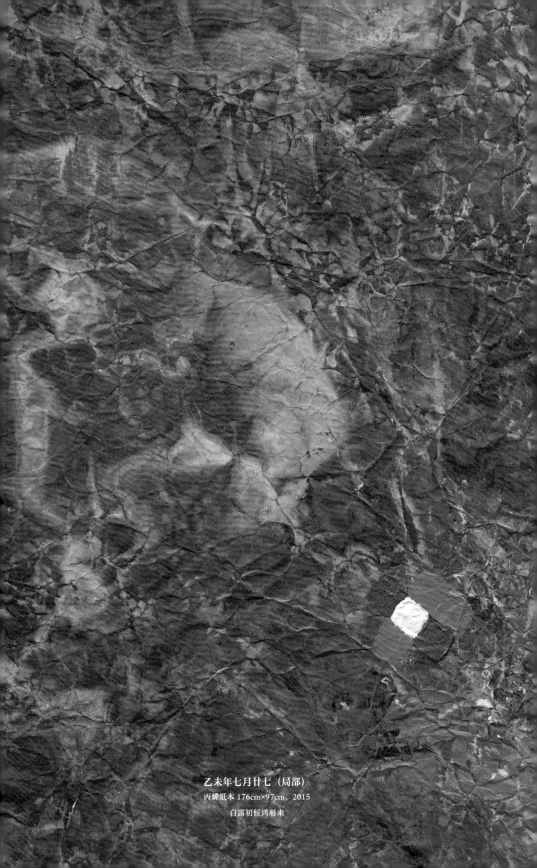

乙未年七月廿七（局部）

丙烯纸本 176cm×97cm，2015

白露初候鸿雁来

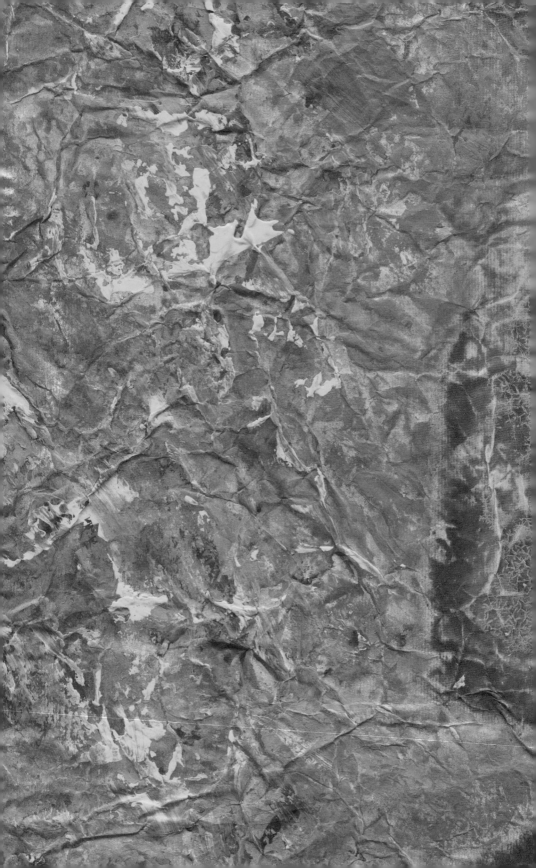

秋分

丁酉年八月初五

丙烯纸本 176cm×97cm，2017

秋分初候雷始收声

绮丽的秋，
绮丽的心

一种绮丽之感，就这般生动地出现在我们的眼前。

这样的红，这样的蓝，这样的绿，这样的形状，这样的状态，多么奇妙，带着一种近乎妖艳的美丽，却又有一种神奇的优雅和自在，显得高贵而温润。

这样的美，只能用绮丽来形容。绮丽，是难以用语言来诉说的美丽。

我不禁想感谢这天才般的画笔，能把秋分时节难以想象的绮丽描画出来，让我们落入这非凡之美的世界里，久久地沉醉。

每年 9 月 23 日前后，当太阳到达黄经 180 度、直射赤道时，进入秋分节气。在二十四节气中，秋分与春分这"二分"，是最早确立的、最重要的节气，同样，也是最神奇的。

神奇在什么地方？

汉代大儒董仲舒所著《春秋繁露·阴阳出入上下篇》说："秋分者，阴阳相半也，故昼夜均而寒暑平。"

和春分一样，在秋分这一天，昼与夜、寒与暑、阴与阳，都是平分而处于均衡的状态。不同的是，春分平分了春天，从春分开始，北半球昼长夜短而白天越来越长，阳气转盛而越来越盛，天气由凉入热而越来越热；秋分正相反，它平分了秋天，由此，昼短夜长而白昼越来越短，阴气转浓而越来越浓，天气转凉而越来越凉。

一年之中，唯有这"二分"处于昼夜、寒暑、阴阳的平分之中，对称，均衡，协调，包含着人类追求的真善美的境界。这是多么难得而珍贵的时刻！

对于这样的时刻，我们的祖先是敬畏的。秋分祭月之礼，就是敬畏的表达。古代帝王有"春分祭日、夏至祭地、秋分祭月、冬至祭天"的习俗，京城的月坛就是清帝祭月的地方。这种习俗不仅是宫廷的专属，也影响到民间。比如《北京岁华记》记载了老北京祭月的习俗，书中说："中秋夜，人家各置月宫符象，符上兔如人立，陈瓜果于庭，饼面绘月宫蟾兔，男女肃拜烧香，旦而焚之。"

不能不说，古人的敬畏之心是可贵的，表明其深知天地之道的奥妙，深知人类当循天地之道而不可妄为。

而一年之中最美的月亮，最美的月光，也正是在秋分时节出现。秋月澄澈，月光晶莹如水，洒在江河湖海，照着高山平原，给世间万物披上最皎洁的清辉，让"吾心"和"宇宙的心"都在这样的月华中得到了净化。

但这种对称、均衡、协调的时刻与境界，是可遇不可求的，是转瞬就会变化甚至消失的！古人用阴阳转换来解释气候的寒暑变化，秋分正是一年中阴阳转换的关键节点，阴阳各半的平衡几乎在形成的同时就被打破了——秋分初候"雷始收声"，古人认为雷代表着阳气，"雷始收声"意味着阳气的衰退已经到了被阴气取代主导地位的程度。阴阳二气这种本质性的转换，体现在外在的气候变化上，是秋意渐浓，气温一天比一天下降，而体现在人们的内心，又会是怎样呢？

《四季》系列之《秋分·初候雷始收声》，以绮丽的画面，准确表达了秋分所蕴含的对称、均衡、协调，这是一种审美的至高境界，也是天地之道的至高境界。对此种境界的感悟和描绘，使得艺术家笔下的色彩展现出一种特别的优雅、和谐与自在。

他笔下色彩的流动是"有情""有心"的。在《秋分·初候雷始收声》的笔墨里，人们能看到秋色之美，看到天地阴阳变化之道，更能看到一个灵魂在秋色里的徜徉。这个灵魂，爱这个时节的丰盛，也爱这个时节的悲凉，欣赏这个时节色彩的绚烂，也参透了绚烂之后终将到来的如秋叶一般的静美，而强烈的"爱"，永远是这个灵魂的感情底色。

绮丽的画里，是绮丽的秋；绮丽的秋里，是悟者绮丽的心。

戊戌年八月二十

丙烯纸本　176cm×97cm，2018

秋分二候蛰虫坯户

天凉好个秋

　　一想到秋天，人们几乎都会下意识地想到那萧萧秋风。再没有比秋风更能代表秋天的了——那送爽的秋风，带给人们无边的惬意和舒朗；那金色的秋风，染黄了原野山川，吹来了一年之中最盛大的丰收；那凄清的秋风，搅动着人们满腹的思乡悲秋之情；那瑟瑟的秋风，卷走了绿意，让天地笼罩着肃杀之气……

　　有道是"稻花香里说丰年"，也有言"秋风秋雨愁煞人"，秋风吹过，让我们欢喜，让我们愁苦。秋的色彩，永远是斑斓多姿，而绝不会归于平淡。

　　令神州大地普遍感受到秋风瑟瑟的时节，就在秋分二候前后。

　　此时，站在南海之滨，晨曦日暮之中，明显的凉意完全覆盖了往昔尚存的热感。风吹过，身上裸露的肌肤瞬间被秋凉掠过，禁不住打个激灵，暗问一声，真是奇怪啊，明明前些天还热得要吹空调，怎么一下子就凉了下来呢？

　　时节的转换就是这么奇怪，秋之风好像踏着节气的鼓点疾步走来，一走到秋分这个节点，风里顿时就多了寒凉的力道！即使是在离太阳最近的南国，也能感觉到挡不住的凉意了。

　　"白露秋分夜，一夜冷一夜"。秋分以后，太阳直射点移至南半球，北半球得到的太阳辐射越来越少，地面的热量一天天散失却不再得到有力的"补给"，南下的冷空气与逐渐衰减的暖湿空气相遇，产生一次次的降水，气温随之一次次地下降。

　　当"一场秋雨一场寒"的变化累积到一定程度，一个重要的物候特征出现了：秋分二候"蛰虫坯户"。

　　《礼记》注曰："坯，益其蛰之户，使通明处稍小，至寒甚，乃墐塞之。"意思是说，由于天气变冷，蛰居的小虫开始藏入穴中，并且用细土将洞口封起来，以防寒气侵入。

从初春惊蛰时节在长久的蛰居之后开始爬出洞穴活动，到此时复归洞穴"潜伏"，虫儿们的生命状态经历了一个轮回。以此作为物候特征，细致而准确地揭示出到秋分二候时，阴气开始明显旺盛的趋势。

此时，天南海北都在秋风的裹挟下进入浓郁的秋意里，但又各有不同。南国的海滨，凉风习习，碧空万里，风和日丽，终于开始享受到秋高气爽的惬意；而在北国的高原，日最低气温甚至已降到0℃以下，漫天晴雪飞舞、大地银装素裹的壮丽雪景或可出现。

这多彩的秋意总是带给画家无限的灵感，激发出不息的创作激情。在徐冬冬看来，秋之风既是秋意多姿最好的表现者，又是实质的造就者。风之动，实为气之动。画出了秋之风的状态，也就画出了阴阳之气变化的状态。

他认为，无论是意象绘画、印象绘画还是抽象绘画，都是绘画的一种方式和手段，本身并没有高下之分，用哪一种绘画方式更适合更高妙，取决于画者要表现的对象是什么。他所画的秋分，不是人们眼中所见的丹桂飘香、蟹肥菊黄，而是这些秋景背后的天地之气的变化，万物生命的状态，以及他的灵魂融会在天地变化之中的轨迹。"气""灵魂""生命的状态"，这些都是很抽象的概念，用抽象绘画的手段来表达，当然是最合适的。

用心沉浸在四季变化之中就可以观察到，每一天的日出日落都是不一样的，没有一朵春花、没有一片秋叶是相同的，天地无言，却有大爱存焉，大自然处处都孕育着抽象的语言。看那天空中被落日余晖染红的秋云，看那日出时浪花翻卷的波光，不就是最美的抽象绘画吗？

中国文化的传统讲究道法自然，中国抽象绘画同出此理，是创新中的传承，传承中的创新。面对文化传承与创新的时代责任，去发现去感悟天地自然无声的语言，是中国抽象绘画不竭的源泉。

丙申年九月初五

丙烯纸本　176cm×97cm，2016

秋分三候水始涸

丙申年九月初七

丙烯纸本 176cm×97cm，2016

秋分三候水始涸

秋色争艳
别有一番从容

四季之中，能和春天百花争艳媲美的，恐怕唯有秋色迷人了。而迷人的秋色，恐怕唯有"绚烂"二字才可以形容一二。

秋色的绚烂，正是从秋分三候"水始涸"这个时节开始明显呈现。

早在秋季之初，北方地区的降水就已大为减少，但南方很多地区仍处于多雨模式，只有到了秋分特别是秋分三候时，南方地区才开始进入少雨的时期，天气变得日趋干燥，水汽蒸发加快，湖泊与河流中的水量变少，一些沼泽及水洼便处于干涸之中。此时大江南北降雨量普遍减少，此谓秋分三候"水始涸"。

《礼记》注曰："水本气之所为，春夏气至故长，秋冬气返故涸也。"天地阴阳之气的变化发展到此时，阴盛阳弱已经到了开始令水干涸的程度。

水是万物生命的源泉，秋风四起，秋凉加重，秋水始涸，快速推动着秋色的浓度逐日递增。

秋天的千色万彩，浓缩在一黄一红之中。

黄有千姿百态，那高高银杏树如瀑的叶子黄得多么灿烂，那凌霜绽放的菊花黄得多么清雅，那田野里成熟得低下头的稻穗黄得多么饱满……

红有千变万化，那枫叶之红，如红雾迷天，如朝霞流丹；那秋果之红，如少妇脸上的红晕般媚人，如星光红宝石般亮丽……

当时节进入秋分三候"水始涸"，也便进入了仲秋之末，转眼季秋将至，寒露将临，秋之黄、秋之红将逐渐加深，终成层林尽染之势。

用"活色生香"来描绘此时的秋色，再恰当不过。丹桂飘香、菊黄蟹肥这充满了"色香味"的全息式秋景图，正是从秋分三候"水始涸"开始的。

秋天里，有什么样的秋之红是像丹桂之红这样香盈天地的呢？有什么样的秋之黄是像蟹肥之黄这样齿龈留香的呢？

　　伴着秋风赏菊，来一两老酒品蟹，在月光下循丹桂之香漫步，是文人墨客在深秋里的雅好。凝眸画稿，笔触轻点，墨透色现，芳华犹存。

　　激情难抑，披衣出户，看着园子里摇曳的枫影，闻着浓郁却又淡雅的桂香，画家的灵魂已经消融在无边无际的宇宙里。他虔诚地捧起一枚落叶，深吸一口清香的气息，感受到了秋色里的灵魂。不仅要画出秋之色彩，更要画出秋之色彩的灵魂！他的灵魂和那似在诉说万语千言的秋之黄、秋之红的灵魂相遇了，交融了，产生了一幅幅精彩的画作。

　　此刻此景，人们仿佛看到无数的生命正怀着无限的爱恋和赤诚，在秋风秋凉中坚韧地存在着，快乐地奉献着，在四季的嬗替中为天地留下最后一片动人的绚丽！

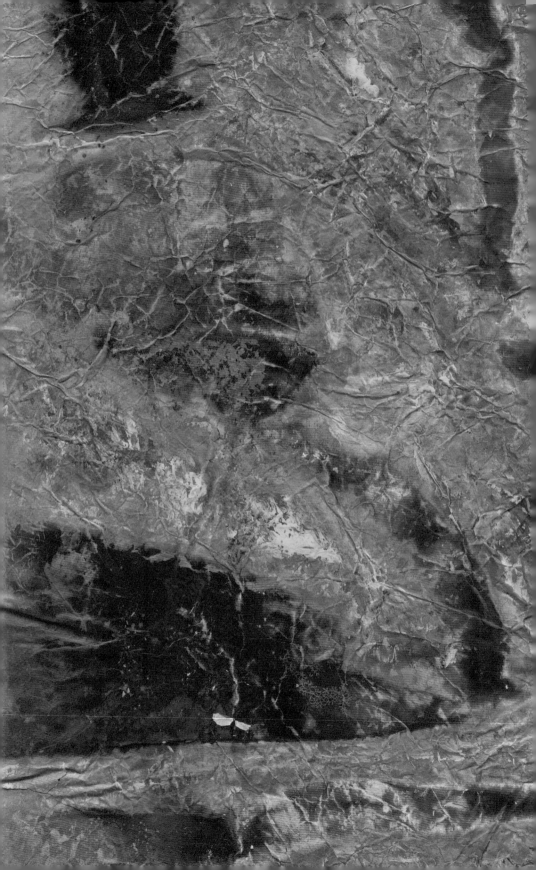

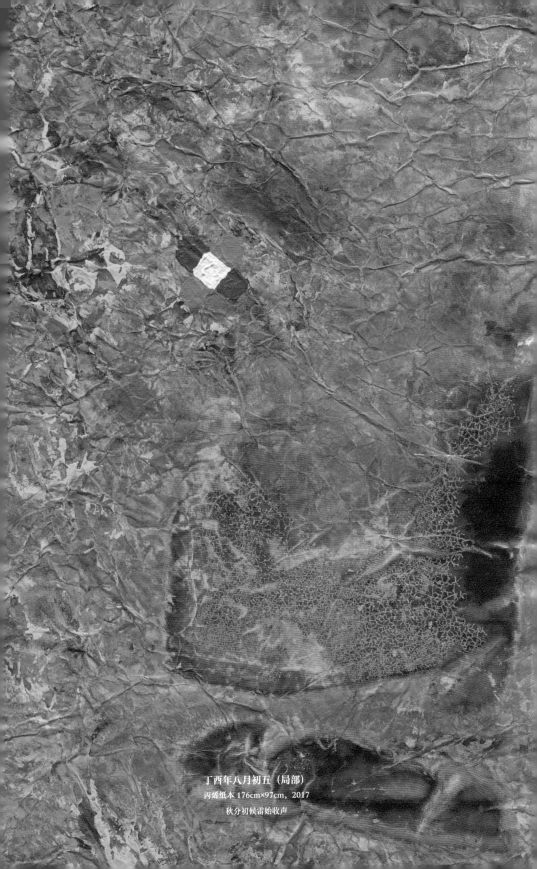

丁酉年八月初五（局部）
丙烯纸本 176cm×97cm，2017
秋分初候雷始收声

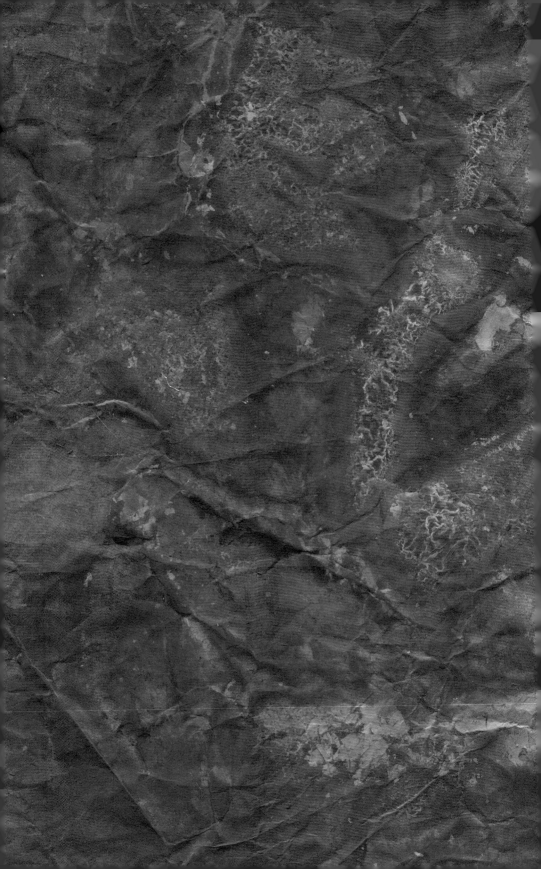

丙申年九月初十

丙烯纸本　176cm×97cm，2016

寒露初候鸿雁来宾

秋色斑斓
总相宜

"袅袅凉风动，凄凄寒露零。兰衰花始白，荷破叶犹青。"

这句描绘寒露节气的经典诗句，是唐代大诗人白居易所作。

"凄"从何来？从由凉转寒的风里？从黄叶飘零的景里？还是从悲叹天地的萧瑟的心里？

每年公历10月8日或9日，当太阳到达黄经195度时，即为寒露。这是二十四节气中第一个带"寒"字的节气。《月令七十二候集解》说："九月节，露气寒冷，将凝结也。"

在此前仲秋的白露节气，晨露初现，"露凝而白"。到了此时季秋的寒露节气，露水已寒，快要凝结为霜了。

天地间的阳气持续衰退，阴气不断加强，演变到露寒而将凝时，阴气的强盛就到了一个重要的节点——进入寒露时节，进入天气由凉变冷的时段。

这时，首先出现了具有"画句号"性质的物候特征：寒露初候"鸿雁来宾"。

鸿雁是随着季节变换而南北迁徙的候鸟，古人观察到鸿雁候时而飞、随阳而动、行为有序的特点，便将其作为气候变化的一个标志，在二十四节气中多次以鸿雁之飞作为时间信号和物候特征。初春雨水节气时鸿雁北飞，白露初候秋凉起时鸿雁南来。

民谚曰："八月雁门开，雁儿脚下带霜来。"从八月节的白露到九月节的寒露，鸿雁已向南飞了一个月，《月令七十二候集解》说"雁以仲秋先至者为主，季秋后至者为宾"，最先南飞的鸿雁宛如率先回家迎客的主人，到了深秋寒露时分南飞的鸿雁，已是最后一批了，仿佛姗姗来迟的客人。

同为南飞雁，却有主宾之别，古人在遣词用句上的细心拿捏，准确表达了气候变化上一个时段的开始与结束。随着鸿雁南飞的终结，四季的时光进入露寒风冷的秋末，冬天的脚步隐隐约约逼近了。

在四季的变化中，天地总是以不同的方式呵护着万物。

初临的秋寒，好像最神奇的画手，使秋色变得越发浓艳起来。极致的灿烂，极致的多彩，秋之红、秋之黄幻化出千百种色彩，展现出千姿百态。一幅绝妙的秋色百景图呈现在人们眼前。

如果人能变成一只南飞的鸿雁，飞翔在高空中俯瞰大地，就会惊诧于这东西南北秋色的巨大差异。

同是秋之红，北方的枫叶已是红透了，色彩之重胜过二月之花，京城的香山层林尽染，漫山红叶如霞似锦、如诗如画、雄浑有力；在南国，红色才刚刚爬上枫林的树梢，那一抹抹红色显得柔和而妩媚，如淡淡的粉彩画，俏丽多姿；再看东北和新疆北部，红色已被洁白的雪意凝结，像女孩子雪天里被冻红的脸蛋，将清冷和清新、沧桑和纯洁奇妙地融合起来；而在西南高原，绵绵秋雨冲刷着秋红，秋意渐浓，蝉噤荷残，与华北秋色迥然不同。

从北到南，由西至东，秋色深深浅浅，浓淡不一，呈现出百般变化，斑斓多姿。

苏东坡写春之西湖的名句曰："欲把西湖比西子，淡妆浓抹总相宜。"看这广袤大地的变幻秋色，不由让人感叹：同为秋色绚烂时，斑斓多姿总相宜。

色也斑斓，心也斑斓。

寒露时节的秋色引来截然不同的感受。白居易叹其凄凄："独立栖沙鹤，双飞照水萤。若为寥落境，仍值酒初醒。"（《池上》）孟郊勾起思归之情："秋桐故叶下，寒露新雁飞。远游起重恨，送人念先归。"（《与韩愈、李翱、张籍话别》）柳永想起了故人，为情神伤："念双燕、难凭远信，指暮天、空识归航。黯相望。断鸿声里，立尽斜阳。"（《玉蝴蝶》）而王安石虽感"空庭得秋长漫漫，寒露入幕愁衣单"，却是异常洒脱达观："逆知后应不复隔，谈笑明月相与闲。"（《八月十九日试院梦冲卿》）

是故，唯有画出寒露之秋的色之斑斓，心之斑斓，方不辜负这淡妆浓抹总相宜的大美秋色！

丙申年九月十四

丙烯纸本 176cm×97cm，2016

寒露二候雀入大水为蛤

贵在
一个 "趣" 字

好像一位古板严肃的先生，忽然变得轻松幽默起来，讲了一个有趣的故事。

这就是寒露二候"雀入大水为蛤"的故事。

故事说，当深秋的寒风吹进了大海，天空飞翔的雀鸟就变作海里的蛤蜊。这个物候特征像不像一个天真的童话？抑或一个逗趣的玩笑？

《月令七十二候集解》一板一眼地描述"雀入大水为蛤"："雀，小鸟也，其类不一，此为黄雀。大水，海也，《国语》云：雀入大海为蛤。盖寒风严肃，多入于海。变之为蛤，此飞物化为潜物也。蛤，蚌属，此小者也。"

用如此看似客观、理性、朴素的文字来解释小鸟因何变成蛤蜊，像不像一位高手在讲故事时高明地掌控着冷幽默的火候？

古人观察到，在寒露二候的深秋时节，秋风阵阵，寒凉日甚，自北向南的海面也一天冷过一天，空中再也见不到原来那些飞舞鸣叫的雀鸟了，海里的蛤蜊却一日日多了起来——哦，原来是小鸟变成了蛤蜊，跑到了海里，空中翻飞之物变为水中潜藏之物了。

在海边生活过的人都知道，到了寒露二候，加重的秋寒已经使得小小的鸟儿不敢再四处乱飞，而是寻找那相对温暖的地方藏了起来。然而，这寒凉却是海洋生物最好的催生剂和增鲜剂，各式各样的海洋生物开始迎来一年之中最肥美的时节。蛤蜊的品种繁多，历来受饕餮者喜爱。古人对这种现象的观察是精微的，但结论肯定是不对的，大海里的蛤蜊当然不是空中的黄雀变的。

对古人的这个"谬误"，我们不妨从艺术的角度来欣赏。我倒觉得，这个"错误"使得寒露二候"雀入大水为蛤"在二十四节气七十二候中显得格外特别，因为其他物候特征的观察总结都像学术研究一样经得起推敲，唯有"雀入大水为蛤"充满了想象力，带着天真的童趣。

这种想象力和童趣背后，其实是古人的一种生命观。古人相信天地间的生命是循环往复、生生不息的，一段生命结束之后，会以另外一种形态重新开始。深秋时节，人们发现天上的雀鸟都不见了，同时呢，又发现海边多了很多蛤蜊，于是就把这两种生命现象、生命形态联系了起来。

其实今人不应简单地嘲笑这种联系的无稽，不妨深思这种生命观里，是不是透露出古人对生命浪漫的想象和对一切生命的敬畏呢？这种浪漫和敬畏是不是很可爱呢？

《四季》正是以抽象的笔墨来表达四季轮回之中，对生命浪漫的想象和对一切生命的敬畏。从这点来说，画家觉得古人的灵魂和自己是相通的。二十四节气七十二候在科学上是一回事，在艺术上又是另一回事，艺术的本质还是对生命的探究。他最赞赏并竭力在寒露二候画作中表达的，最终便是一个"趣"字。

"雀入大水为蛤"的想象妙在有趣，而讲究趣味是中国传统艺术所追求的一个高级境界。无论水墨还是彩墨，"趣墨"都是上上之境。而在寒露深秋里，这个"趣"字尤显可贵。

看宋代婉约派词人柳永写寒露的这几句词："水风轻、蘋花渐老，月露冷、梧叶飘黄。""几孤风月，屡变星霜。""黯相望。断鸿声里，立尽斜阳。"不是文人更易伤感，而是时至寒秋，天气渐冷，日照减少，风起叶落，不可避免地在人们心中引起凄凉之感，容易使人生出伤感、忧郁乃至积郁之情。

这时，一个"趣"字是多么重要、多么难得啊！以"雀入大水为蛤"的童趣之心，乐在其中，在"月露冷"中赏秋寒之趣，在"梧叶飘黄"中赏秋色之趣，在"屡变星霜"中赏秋菊秋华之趣，在"立尽斜阳"中赏秋蟹秋蛤之趣。发现四时之趣，并以趣味之心创造出生活中更多的情趣，这难道不是很高级的浪漫，不是对生命充满烟火气的敬畏吗？

没有趣味之心，是很难真正发现深秋之美的。如果人们能从《寒露·二候雀入大水为蛤》中，感受到秋寒之趣、秋色之趣，那么，画者的心也就欣慰了。

丙申年九月十九

丙烯纸本 176cm×97cm，2016

寒露三候菊有黄华

丙申年九月二十

丙烯纸本 176cm×97cm，2016

寒露三候菊有黄华

此花开尽
更无花

春赏牡丹秋赏菊。

寒露三候，"菊有黄华"。当秋寒渐深，秋风把银杏吹得越来越黄、枫叶越来越红，万物日显寥落时，菊花盛开了。

世人皆云牡丹雍容华美，如入世的富者贵者；菊花清雅脱俗，如出世的高士君子。但在我的心里，它们却有很多相通之处。同样的丰富多彩，同样的绚丽多姿。牡丹有千色万彩，菊花亦然。

牡丹在我国有三百多个品种，以及红、白、黄、黑、粉、紫、蓝、绿和复色等九大色系。每一色系都有着众多的色调，比如红有珊瑚台、丛中笑、晨红、火炼金丹、娇红、锦帐芙蓉、飞燕红装、银红巧对、胡红、红珠女、璎珞宝珠等；黄有玉玺映月、姚黄、金玉交章、金桂飘香、黄花魁等；绿有绿玉、绿香球、豆绿、春水绿波等。

菊花更甚，品种达到了七千种之多！菊花颜色变化之多，可以用不计其数来形容！有一朵花两种颜色的，如红黄各半的"二乔"、红黄二色的"鸳鸯荷"；有背腹两种颜色的，如背面为黄、腹面为红的"金背大红"；有花瓣以一色为底色，其上有别的颜色或斑点的，如以粉紫为底色、其上有白色斑点的"梅花鹿"；有以花瓣基部为一色，先端为另一色的，如管瓣为红、先端为黄的"赤线金珠"；有心花为一色，边花为另一色的，如"初凤""绿水"等等。

进入菊花园，仿佛掉入了色彩的海洋，若想把这斑斓的颜色搞清楚，就先去把天上的星星数清楚吧。

同样的傲视群芳，同样的文脉留香。牡丹要等到春天百花争艳之后才傲然登场，而秋菊则要留待寒露深深、叶落花谢之时才开始灿然开放，这样强大的气场和底气，俨然都是花中翘楚，不屑于与百花同行，而要独行于天地之间！

但牡丹和菊花岂止是自然之花呢？古往今来，多少的文人，多少的笔墨，造就了它们与众不同的地位。最为脍炙人口的，当数唐朝刘禹锡的《赏牡丹》和晋朝陶渊明的《饮酒·其五》。"庭前芍药妖无格，池上芙蕖净少情。唯有牡丹真国色，花开时节动京城。"这首诗确立了牡丹国色天香"花中之王"的地位，而"采菊东篱下，悠然见南山"这样的隐士情怀则使菊花成为象征高风亮节的"花中君子"。

相通处虽多，牡丹与菊花却有大不同。在我看来，最大的不同，乃源于花开时令的不同。

《月令七十二候集解》曰："草木皆华于阳，独菊华于阴，故言有桃桐之华皆不言色，而独菊言者，其色正应季秋土旺之时也。"

百花百草百木都是在阳气盛的时节繁盛开花，只有菊花是在阴气强的时节吐露芳华，所以，说到"桃桐之华"都不会以色言之，独有菊花占尽华色，菊色灿烂正应了秋末阴盛土旺的时节特点。

春末盛放的牡丹正值阳气渐升渐旺之时，充满了阳气上升的热烈与朝气，人们在朵朵牡丹之中寄托了蓬勃的希望、繁华的希望。

而秋末绽放的菊花处在阴气渐深渐浓之时，或黄而淡雅，或白而素洁，或红而浑厚，或紫而沉稳，飘若浮云，灿若晚霞。此时已是草木凄凄，唯有菊花分外芬芳。唐诗人元稹堪称菊花在陶渊明之外的又一隔世知音，他的七绝《菊花》咏道："秋丛绕舍似陶家，遍绕篱边日渐斜。不是花中偏爱菊，此花开尽更无花。"

好一个"此花开尽更无花"！那迎着秋寒秋霜而妍然多姿的品性，带着一种强大的凛然英气，带着一种遗世独立、慨然高歌的高士之风，使菊花成为花中的君子、花中的侠客，在这世人容易悲秋的时节，令人为之一振。

时令决定了花的本性、花的本质，并随之赋予其不同的气质与品格，这便是春阳之牡丹与秋阴之菊花的根本的巨大的不同。要真正懂得二十四节气七十二候，便要读懂时令变化对生命品格的影响。

画家便是要画出菊花作为一个物候特征在时序轮回中所具有的精神品格。用这无拘无束、大胆创新的抽象色彩，展现出寒露之菊自由、坚定、特立独行的生命力量。

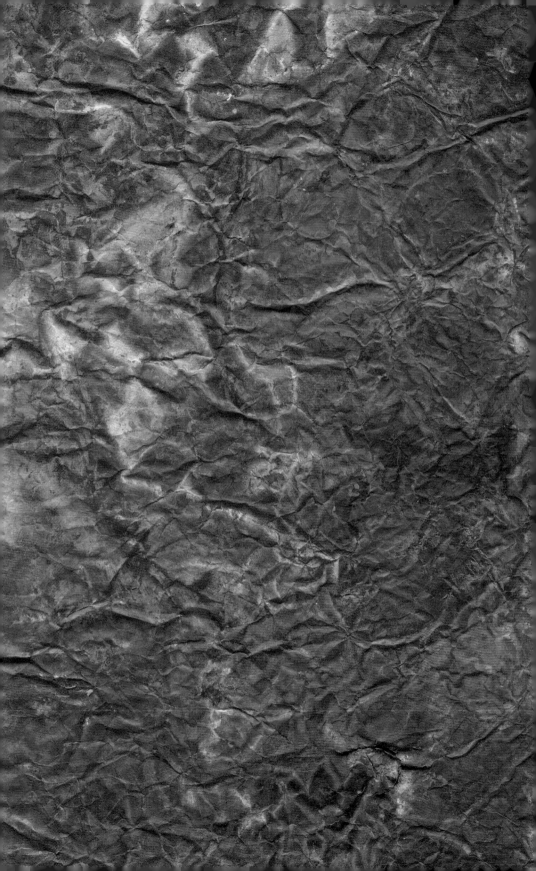

丙申年九月初十（局部）
丙烯纸本 176cm×97cm，2016
寒露初候鸿雁来宾

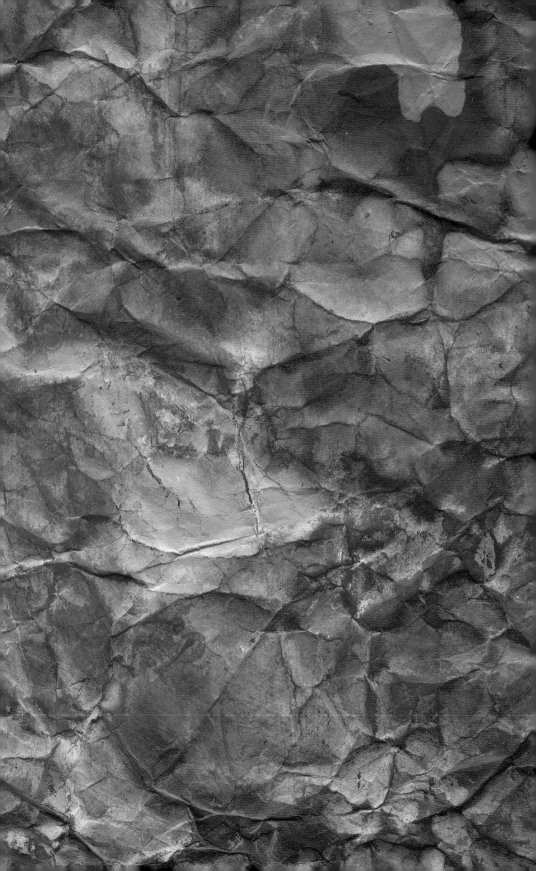

霜

降

丙申年九月廿五

丙烯纸本 176cm×97cm，2016

霜降初候豺乃祭兽

奇美，凄美，归复本原

气肃而霜降，阴始凝也。

当太阳到达黄经 210 度，天地间阴气的形态由露而结为霜，节气便由寒露而至霜降。

此时，北方的风，南方的雨，带来大幅的降温，天气的寒凉明显加重了。

寒意在身，却挡不住深秋时节那满眼特别的美。

"露"和"霜"，都有着特殊的美感。

闭目想象，在秋凉凄凄中，一片嫩黄的银杏，一朵纯白的菊花，一枚火红的枫叶，上面或是凝结着晶莹的露珠，像一位美妇人落下的泪珠；或是轻轻抹上了一层淡淡的白霜，如同一位绝色女子蒙上了面纱，凄冷，艳丽，散发着不可抗拒的吸引力，却又有着不容靠近的距离，这种美感是多么动人心魄！

这样的秋寒艳绝之美，当然不是想象，它就存在于深秋时节人们举目可见的街头巷尾、平原山川。

而从"露"到"霜"，秋色惊艳之感是越发地强烈了。世间有千黄万红，唯有秋黄秋红独爱霜寒。

经历风霜而愈加灿烂，这是秋之黄、秋之红独具的生命魅力。甚至，经霜的红叶比那早春的红花还要艳丽，"停车坐爱枫林晚，霜叶红于二月花"，这是赞叹秋红之美的传世佳作。

霜降时节，枫树、黄栌等树木经过秋霜的点染，一抹抹、一片片的红黄色变得格外浓郁、鲜亮，漫山遍野，在明艳秋阳的照耀下，像燃烧的红霞，在夜晚清冷的月光下，又仿佛带霜的玛瑙。"秋深山有骨，霜降水无痕。天地供吟思，烟霞入醉魂。"这首古诗描述的就是霜降时节深秋的山色美景。饱满的色彩和艳绝的美景令人流连忘返，沉醉其中。

在醉人的秋意中，霜降为这成熟丰美、色彩斑斓的秋天画上绝美的休止符。

画家说，画霜降，就要画出这绝美之中那特别的张力。张力存于秋寒之"清冷"与秋色之"热烈"那巨大的反差之中。

秋之火红、秋之热烈与夏之火红、夏之热烈截然不同。夏天的红、夏天的热烈处在一个阳气激荡的世界里，如火球一般燃烧，肆意，张扬。秋天则不一样了，被浓厚的阴气包裹着，火红绚烂之极，热烈浑厚之极，却又透着凝重和内敛。

秋寒越是"清冷"，秋色便越是"热烈"。或者说，没有秋寒的"清冷"，也就没有秋色的"热烈"。在霜降的深秋时节，"清冷"与"热烈"如正负两极，绝不类同，却相互成就。

这种张力之美是秋天独有的。

这是四季八时中生命最后的绚烂。

因而，此时的秋色艳绝，奇美至极，也凄美至极。

你看，霜降初候"豺乃祭兽"，凶猛的豺狼为过冬储食而大肆猎杀动物，将捕获的猎物先陈列后食用。还记得孟秋处暑初候"鹰乃祭鸟"吗？古人曰：飞者形小而杀气方萌，季秋豺祭兽，走者形大而杀气乃盛也。

"豺乃祭兽"，浓烈的肃杀之气使得人们的心情不可避免地走向沉郁。

不只是人们的心情，整个宇宙都变得沉郁起来。随着落叶飘零、万物萧落，当秋天逝去、冬天来临时，生命终将归于沉寂。

霜降，是秋的即将结束，冬的即将开始，秋去冬来中，生命在凋零之际迎来最后的绚烂，也将在沉寂里孕育新的轮回。因而，画《四季》系列之《霜降·初候豺乃祭兽》，必须把其中生命轮回的哲思表达出来。正如白居易《岁晚》所咏：霜降水返壑，风落木归山。冉冉岁将晏，物皆复本源。

戊戌年九月廿一

丙烯纸本 176cm×97cm，2018

霜降二候草木黄落

霜红霜黄
踏歌行

有一种霜很美，叫菊花霜。

这就是深秋时节的早霜。

霜，是从天气逐渐变冷的霜降节气开始出现的。气象学把秋天出现的第一次霜叫作"早霜"或"初霜"，把春天出现的最后一次霜称为"晚霜"或"终霜"。

霜，伴随着天地万物从深秋走向冬天，从冬天走到春季，经历了三个季节。一年之中有霜的时间，不可谓不长。

古人富有诗意地把早霜叫作"菊花霜"，因为此时菊花盛开。北宋大文学家苏轼有诗曰："千林扫作一番黄，只有芙蓉独自芳。"他所咏的芙蓉，便是秋菊。

同理，我们也可以很有美感地把早霜叫作"枫叶霜""红叶霜""秋柿霜"。因为，也是在早霜初起的时候，漫山遍野的秋红秋黄将秋天带入了尾声前的高潮，而柿子也到了红透甜透的时节。

赏秋的人，进入了一个最为沉醉的时节。典型的秋色正是出现在霜降二候"草木黄落"。无边无尽的秋黄秋红，让人们的眼醉了，心也醉了。

这时的秋色，浓郁艳丽的色彩铺满了天地这个大得无垠的画布。

此时来看抽象绘画《四季》系列之《霜降·二候草木黄落》，是很容易进入画作里去的。笔墨间那浓艳的红色，那灿烂的黄色，那深沉的绿色，那清冷的蓝色，使深秋山林原野那寥廓苍茫的秋色呼之欲出。特别是画面上那飘动的气韵，宛如清冽的秋风，急急扫过秋林山野，吹落秋叶遍地。

霜降草木黄落时节的秋红秋黄，浓得特别，美得特别。这种红，这种黄，不经历秋霜的淬炼，到不了这样浓极艳极美极的境界。我们不妨称之为"霜红霜黄"。

眼前的霜红霜黄美不胜收，却不免令人悲从中来。切莫忘了这是草木黄落时。

"霜降杀百草"，霜是无情的、残酷的，虽然只是秋霜乍起，枝头还有绿色，但树叶的枯黄飞落已成群舞之势。

静观一片片霜红霜黄，萧瑟之意弥漫开来。无论看上去多么绚烂的霜红霜黄，走近观之，那种带霜的干枯都让人心疼。

春天的红、春天的黄，是柔嫩的，如生命的初度；夏天的红、夏天的黄，是饱满的，充盈着生命的湿润；秋天的红、秋天的黄，则是凝滞的，浓缩的，留下生命最后的美丽。

当生命之水化作秋霜，即将干枯凋零的生命用尽全力，为世间奉献出永恒的绚丽。这便是"死如秋叶之静美"。

霜红霜黄的美丽，不似春花的柔美，没有夏花的热烈，而似冷峻的岩石、清冽的月光，凸显出生命的硬度和力度。生命有此质感，又何必叹息？

还是那位苏轼，在《后赤壁赋》中歌之咏之："霜露既降，木叶尽脱，人影在地，仰见明月。顾而乐之，行歌相答。"

千年之后的二十一世纪，画家在《四季》之《霜降·二候草木黄落》中，以丹青回应他所喜爱的苏轼：月白风清良夜何，霜红霜黄踏歌行！

乙未年九月廿五
丙烯纸本
97cm×176cm，2015
霜降三候蛰虫咸俯

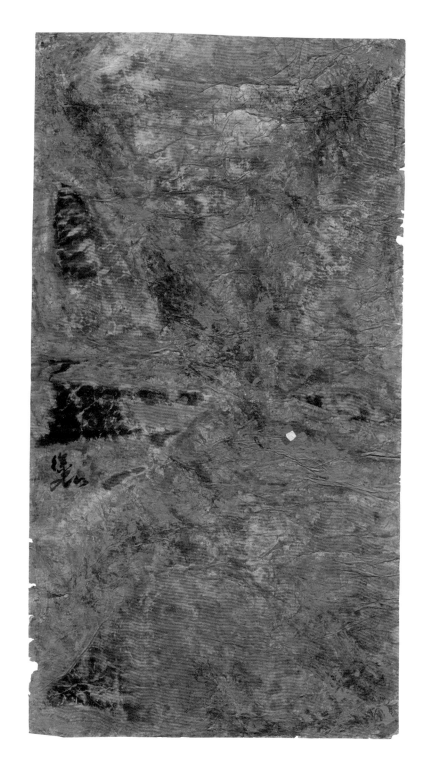

丁酉年九月十五

丙烯纸本 176cm×97cm，2017

霜降三候蛰虫咸俯

秋天，
隐没在最绚丽的色彩

随着三候"蛰虫咸俯"的结束，霜降节气结束了，整个秋天也画上了句号。

"蛰虫咸俯"是什么意思呢？

《月令七十二候集解》解释得很形象："咸，皆也；俯，垂头也。此时寒气肃凛，虫皆垂头而不食矣。"

你看，秋之阴气浓重到了凛冽的程度，虫子们都把头低垂着，不再吃东西，准备开始蛰伏过冬了。

这意味着阴气的强大已经到了一个关键的转折点——秋去冬来，又到季节转换时。回想春夏秋三季阴阳之气演变的轨迹，从冬去春来直至盛夏，春夏之阳气从立春二候"蛰虫始振"开始钻出地面，一路上升，到达了高高的天空，连雄鹰都不得不避其酷热，是为小暑三候"鹰始鸷"。阳气到夏天盛极之时便开始衰减，一路朝下，从高高的空中，降落到树梢，再下沉到地面，使得蛰虫重归地下洞穴，完成了一个回归。

此时，环望四周，仍是秋色撩人，似乎冬天也不忍打破这浓艳美绝的秋景图，有意放缓了寒冷的脚步。

枫叶红得醉人，秋菊开得正艳。"冲天香阵透长安，满城尽带黄金甲"，看那菊花特有的金黄色，恰如此诗，俏丽之中，霸气不言而喻。

这时的秋色艳丽之极，不禁会让人产生错觉：秋天哪里就走了呢？秋色分明正浓啊！

但是，当"蛰虫咸俯"重归地穴时，秋天已然逝去，冬天已然到来！这是不容人们回避的自然规律。

秋天好像对自己造就的秋色图毫不留恋，说走就走，宛如一曲壮丽的交响乐，在高潮时戛然而止，观众还没反应过来，幕已落下。

套用那首著名的《再别康桥》："轻轻的我走了，正如我轻轻的来；我轻轻的招手，作别西天的云彩。"

秋天头也不回地走了，留下漫山遍野的秋红绚烂，留下遍地流金的菊色耀眼，留下秋色最美最浓的画面。

细细回味秋景图在整个秋天的变化，会惊叹于秋色异常绵长强大的生命力。

回想欣赏春天百花盛开的情景，回想赞叹夏花绚烂的那些日子，就会发现，秋色灿烂所持续的时间是最长的，从初秋一路走到深秋，秋色之美，从来没有让人失望过。看秋叶从完全的绿色一点点变化出黄色、红色，色彩慢慢地增多加重，焕发出一片一片的秋红秋黄，直至染遍街头巷尾、平原山川，使天地间久久萦绕着秋色的美丽、美妙、美好。

这样的美丽、美妙、美好，让人油然而生感叹感悟：即使秋叶终将飘落大地，又有什么可悲可伤的呢？它已经把它最美的容颜、最好的状态，以最绵长也是最强大的方式全部展现出来了，这样的开始，这样的存在，这样的结束，难道不值得敬畏、敬重、敬仰吗？

作别秋天，以最绚丽的色彩——用那燃烧着情感的笔墨，为秋天定格。

乙未年九月廿五（局部）

丙烯纸本 97cm×176cm，2015

霜降三候蛰虫咸俯

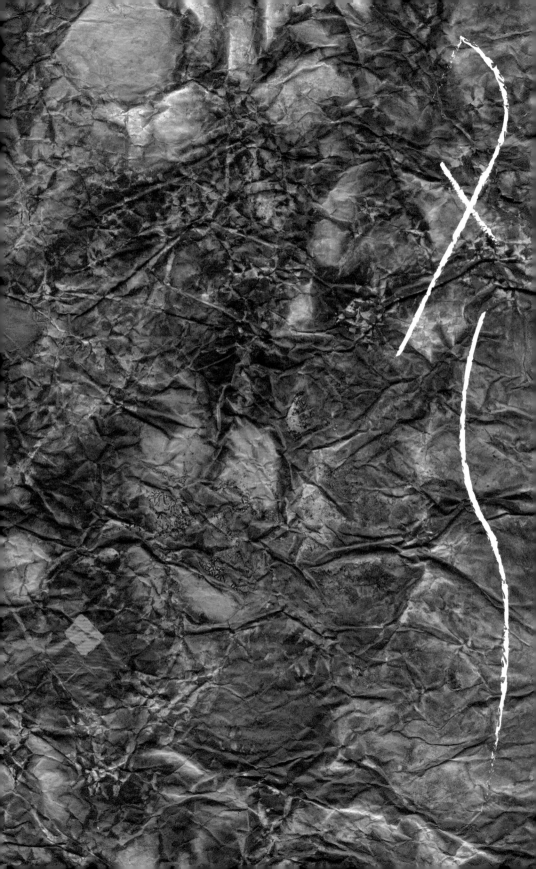

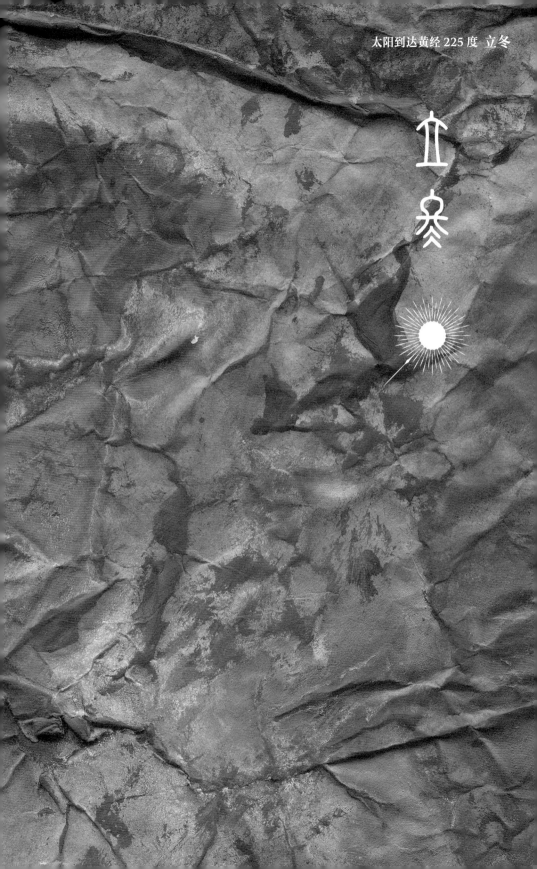

丙申年十月十二

丙烯纸本

97cm×176cm，2016

立冬初候水始冰

满空凝淡
狂歌中

如果说有一幅画能浓缩立冬之时的中国，我觉得就是眼前这幅画了。

淡淡的雪意，仿佛裹挟着冰的气息，这是黄河以北的初冬风景。青黄夹杂，霜叶缤纷，这是长江流域一带的美景，虽是立冬之时，入目还是深秋的风光。再看那画作中流露出来的温馨温和，正是岭南十月的"小阳春"。

立冬之始东西南北中不同的景致与气韵，尽在此画矣。

当太阳到达黄经 225 度，公历每年 11 月 7 日至 8 日之间，即为立冬。《月令七十二候集解》曰："立冬，十月节。"和立春、立夏、立秋一样，立冬之"立"也意味着"自此开始"。四时的开始，季节的交替，在此而"立"，"四立"在二十四节气里就具有了格外重要的地位。

立冬尤受重视。古时，它不仅是节气，还是节日；不仅是节日，还是特别的节日。此日，天子有出郊迎冬之礼，并有赐群臣冬衣、矜恤孤寡之制。后世大体相同。民间则有"十月朔""秦岁首""寒衣节""丰收节"等庆祝立冬的习俗。即便到了今天，不少地方的人们也会以隆重的仪式来过"立冬节"，给家人亲朋端上只有春节才有的丰盛的菜肴和饺子。

为什么立冬备受"礼遇"呢？仔细想来，也许因为它涵盖了"一始一终"。

始，自然是冬季之始。终，又是什么之"终"呢？

"冬，终也，万物收藏也。"在古代的文字里，"冬"是终了的意思。冬，是万物之终，四季之终。人类赖以生存的农作物收割后要藏纳起来了，天地生养的万物要安静地休息了，一年走到最后一个季节就要终了了……

立冬时节蕴含着这样的"始"和"终"，是不是让人油然而生肃穆之感、哀悯之情呢？汉代大儒董仲舒在《春秋繁露》中写道："冬，哀气也，故藏。""哀气以丧终，天之志也。"

明了了冬天这样的本质，再来看《四季》系列之《立冬·初候水始冰》，也许一时间会有些奇怪和不解。画家笔下的立冬图，没有天地静穆万物肃杀之感，反而充满了色彩，充满了温暖，似乎还在深秋之中。

画家的感觉是准确的。立冬之时，绝大部分地方依然被绚丽的色彩点染得美不胜收。北国，街头堆积的银杏落叶黄得耀眼，人们有心不去清扫它们，想留住这一片片美丽的金黄。江南，红叶初挂霜，红得灿烂，红得鲜艳。最是那盛开的木芙蓉，在初冬的冷雨霏霏中，开得既大又艳，唐宋八大家之一的欧阳修赞其"鲜鲜弄霜晓，袅袅含风态"。苏轼诗曰："千林扫作一番黄，只有芙蓉独自芳。"而司马光那句"盛时已过浑如我，醉舞狂歌插满头"不仅写尽了木芙蓉傲霜怒放的芳容英姿，也生动描画出了浓墨重彩的初冬风景图。

艺术家所画的，正是如"醉舞狂歌插满头"一般的初冬之气。这样的天地之气中，饱含着天地对万物的呵护。

天地之气，一阴一阳。冬之气，自然是阴气愈盛，阳气愈衰。由秋之白露、寒露、露凝为霜一路演变而来，孟冬时节的阴气盛极而为寒，由霜而结为冰，这便是立冬初候"水始冰"。

董仲舒云："水者冬，藏至阴也。"当阴气因寒而化为水，由水而始成冰，这便是冬的开始。整个冬天，人们会感受到水化为冰的种种形态，"冰"贯穿着冬季三个月里种种物候的变化，在冬之物候中有着特殊的意义。

孟冬为寒之始。在立冬初候"水始冰"的时节，冬之寒气才刚刚到来，天地用那斑斓的景致，努力为生命留住色彩，又用"水始冰"的变化，提醒人们要顺应四时之变，为严冬的来临做好准备。

在我看来，冬天不是蓦然把生命甩进冰天雪地、万物枯零之中。冬天的到来，是温和的，缓缓的，情意绵绵的。在《立冬·初候水始冰》的色彩之中，感受天地对生命万物的悉心护佑，在满空凝淡与醉舞狂歌的交织间，这里，是冬天有爱的地方。

丙申年十月十四

丙烯纸本 176cm×97cm，2016

立冬二候地始冻

触摸
大地的质感

五年前的初冬，画家徐冬冬偶然到京郊的汉石桥湿地漫步，但见芦苇枯白，残荷满塘，发干的树叶从高高的白杨树上飘落，虽然四周仍有青绿在眼，秋去冬来的气息已经浓了。一阵风来，瑟瑟的寒意愈加明显，忽然，他停住了脚步，他分明记得春夏时节走在这里时脚下那松软的感觉，此时，土地却变得有些发硬了。

这就是"地始冻"的感觉吗？

回到家，他闭门潜心画出了《四季》系列之《立冬·二候地始冻》。

要体会冬天里最本质的变化，就要去感受脚下这片土地。

此前，感受初冬的天地之气，我和许多人一样，都是从草木的变化来着眼的。这是自然的视角，也是传统文化的经典视角。不管是乡村还是城市，即便高楼耸立入云，先进技术带来的室内恒温模糊了季节的变换，路边那一棵树的叶落、一丛草的凋零，也会在瞬间带来不可阻挡的冬的气息。

千百年来，无数文人墨客在草木变化中描画出了一个又一个属于他们的秋去冬来。"秋风吹尽旧庭柯，黄叶丹枫客里过。一点禅灯半轮月，今宵寒较昨宵多。"这是明代王稚登吟咏《立冬》之作。诗人客居他乡，看庭前风吹叶落，唯有半轮明月和一盏禅灯相伴，不禁感叹今晚比昨晚又冷了不少。"败荷倒尽芙蓉老，寒光黯淡迷衰草。行客易销魂，笛飞何处村。"这是宋代词人赵长卿在《菩萨蛮·初冬》里的描绘。秋天的残荷到初冬都已败尽，天际的衰草分外萧瑟，伴着傍晚时分不知何处传来的笛声，游子心中倍增忧愁。

落叶，败荷，疏枝，这些体现初冬草木变化的传统意象，也隐含在画家的笔墨之中。他以抽象的思维和手法，将这些自然意象的元素剥离出来，提炼为"色之变"、"形之变"和"气之变"，用这三个重要的变化来表现秋冬转换间天地之气的演变。

四时颜色各不同，冬天的颜色自然会偏向凝重、质朴。但"色之变"不单单是这样简单的用色选择，而是创造性地把秋冬色彩的过渡与包容呈现在画纸上。《四季》里的初冬，含着深秋的色彩，又带着将要变得更加严酷的冬的气息，一种动态的立体的感觉表现得甚为充分。这种创新蕴含着哲学的思考，即季节之间也是相似相续、互为一体的，秋尽而冬始，逝去的秋天仍隐藏在初临的冬天之中。

当树叶从润泽变得干枯，芦苇从青碧变为黄白，树冠从茂密变得舒朗，生命的线条变得瘦削了，生硬了，甚至尖利了。看这时画面上色块、色线的"形之变"，不再像春天那样柔和、圆润，不再像夏天那样饱满、奔涌，不再像秋天那样斑斓、从容，它的形态开始变得瘦挺，变得粗粝，像河滩裸露的卵石，抑或柴门堆放的枯枝。

用"风之变"来表现"气之变"，是《四季》系列创作中使用最多的一个手法，也是形象而准确的一种表现方式。立冬二候的"冬之风"，在日甚一日的寒凉中还包裹着犹未褪尽的温热，这温热时而浓一点，时而淡一些，终究是渐行渐远，变得模模糊糊，犹如对秋日美好的残存的记忆。

当感知到"地之变"的那一刻，我们对四季的感悟就迎来了一次超越。

《月令七十二候集解》讲道：立冬二候"地始冻，土气凝寒，未至于拆"。此时土地已开始冻结。随着节气推演，冬之阴气不断加重，土地会变得越来越冷硬，而等到阴气盛极而衰、阳气开始逐步回振之时，土地又将重回温软。

"地之变"不仅是横贯整个冬季的最为典型的变化，而且是最本质的变化。大地是生命的母体，"地之变"决定了生命的有无和存在的状态。

走进《立冬·二候地始冻》，感知土地的硬度与温度，体会土地的触感和质感。从这里开始，人们将在冬日的"地之变"中，开启领悟生命本质的又一段奇妙旅程。

丙申年十月十八

丙烯纸本

97cm×176cm，2016

立冬三候雉入大水为蜃

丙申年十月廿二

丙烯纸本

97cm×176cm，2016

立冬三候雉人大水为蜃

冬日的浪漫

"雉入大水为蜃"。这是立冬三候，一个浪漫的想象。

何为雉？何为蜃？

其实"雉入大水为蜃"表述的就是这么一个现象：天气的寒凉一日甚于一日，到了立冬三候，愈发冷了，已看不到野鸡一类大鸟的出没，海里的大蛤却多了起来。那蛤壳上的线条和色彩多像野鸡啊，是不是野鸡钻进海里变成了五颜六色的大蛤呢？古人经过严肃的论证，给出的答案是：是的。

这是不是一个很可爱的答案？如同寒露二候"雀入大水为蛤"。只不过，立冬时节更冷，冷得大鸟都不出来活动了，何况雀鸟？海鲜却变得更加肥美，小蛤变成了大蛤。古人观察到了这样的情形，非常细致地把握住了这个时节的物候变化特征。

准确的观察，不准确的结论，其间充满了浪漫的想象和天真的意趣。这样的想象和意趣，在天地快速走向萧瑟冷肃的日子里，如同一抹暖阳，忽然就让暗淡的世界明亮了起来。

冬日的浪漫，需要特别的情怀。发现四时之趣，发现每一个季节每一个物候里存在的美与生命的活力，是画家描画《四季》的初衷。在发掘冬日浪漫的过程中，我们又一次和古人相知相遇。

回到古人物质匮乏、衣食不丰的社会，那时的冬季是格外艰苦的。备寒衣，藏冬食，冬天对于人们而言，意味着严峻的考验。宋代陆游的《立冬日作》描写了冬日生活之艰："室小才容膝，墙低仅及肩。方过授衣月，又遇始裘天。寸积篝炉炭，铢称布被绵。平生师陋巷，随处一欣然。"这种小屋简陋、衣被单薄的生活条件，想来应是当时社会大多数人的常态，而诗人面对困苦的生活，持"随处欣然"的态度，这种豁达、淡然历来是中国文人崇尚的品德。

发现冬日之美，是另一种文人情趣。同是宋代的释文珦在《立冬日野外行吟》的诗作里充分表现了这样的雅兴："吟行不惮遥，风景尽堪妙。天水清相入，秋冬气始交。饮虹消海曲，宿雁下塘坳。归去须乘月，松门许夜敲。"冬日里远行郊外，清冷的天色与水色相融合，秋季与冬季的气息相交替，诗人一路赏景一路吟诵，竟不觉得路途遥远，等回来时已是夜里，伴着明月，敲击松门而归。这幅冬日行吟图是多么清雅而充满了生活的乐趣！

当然，"诗仙"李白就愈加狂放了。他在《立冬》一诗里写道："冻笔新诗懒写，寒炉美酒时温。醉看墨花月白，恍凝雪满前村。"冻笔、寒炉、月白，寥寥几笔，初冬的冷清、萧索就跃然纸上了，诗人温酒醉卧，使冬天的日子里洋溢着舒适惬意和慵懒自得。这种醉看冷月冬风的兴致里蕴含着生活的大智慧，以及中国哲学最为推崇的应天之道：顺时而为，天人合一。

画家的骨子里浸透着这样的文化传统，他喜欢和古人在画里、诗里"雅集"，常有隔空对话、欣逢知己之感。他以为，中国文化传统中的优雅与从容，在当下不是多了，而是少了；不是浓了，而是淡了。他以创新的抽象绘画的笔墨，把古画中仙人般的雅致淡泊融入当代中国人的生活，使这种优雅与从容更具厚重的立体的生命感。

《四季》系列之《立冬·三候雉入大水为蜃》，通过色彩之"形"与"气"的新颖表达，呈现了"浓"与"淡"、"硬"与"软"的结合：浓的是生命之力，淡的是冬日之趣，硬的是冬气之寒，软的是人心之暖。画家希望，今天的人们能在丰盛物质的包裹中重拾昔日精神的雅趣。

丙申年十月廿二（局部）
丙烯纸本 97cm×176cm，2016
立冬三候雉入大水为蜃

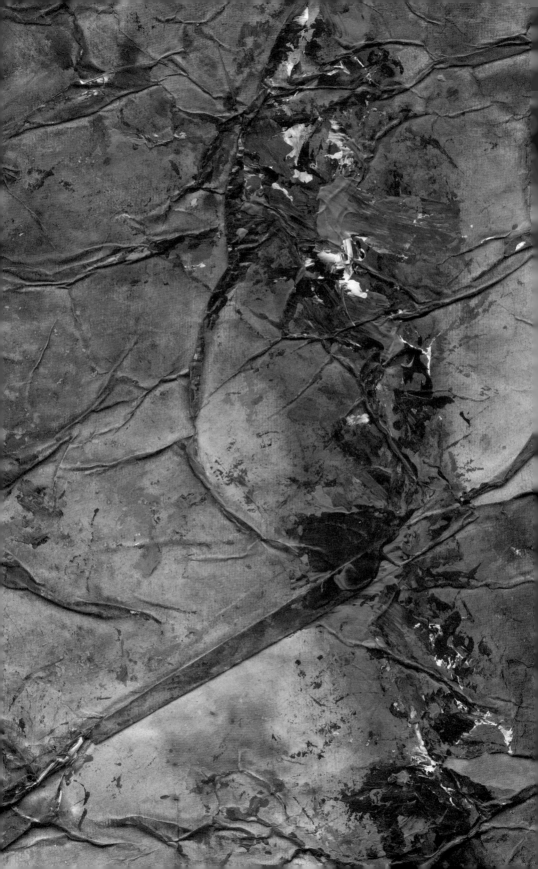

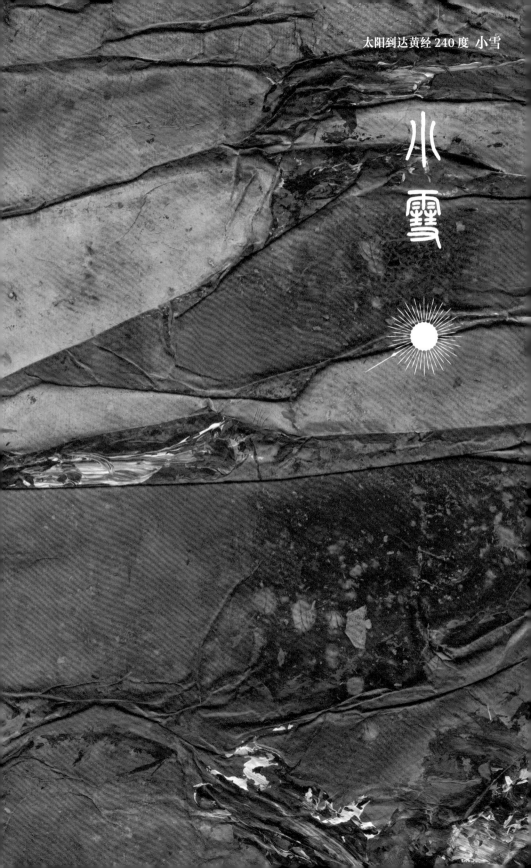

小雪

丙申年十月廿三
丙烯纸本
97cm×176cm，2016
小雪初候虹藏不见

开启
冬之美好

雪意，似有似无，若隐若现。

这是《四季》系列之《小雪·初候虹藏不见》。从这时起，在画家的笔下，"雪"将得到异常丰富的表现。

冬天怎可无雪？无雪的冬天又怎能叫作冬天呢？

雪蕴，雪飞，雪凝，雪融。雪的不同形态，夹杂着人们情感的起起落落，伴随着整个冬天的脚步。

当雪意初现，最美的冬天开始展露容颜。

太阳到达黄经240度时，谓之小雪节气。这时，太阳已到了赤道以南很远的地方，北方一些地区距离太阳的温暖渐行渐远，以至于白昼时间已不到10个小时，下午四五点钟天就黑了，气温降到零度以下。朔风时起，吹来越来越浓的寒意。

雪花飘落，却使清冷的天地具有了神奇的美，即使再平常的事物，有了雪的点化，似乎瞬间就变得超凡脱俗。

雪花落在地面凋零的枯叶上，枯叶便玲珑滋润了起来；雪花落在叶片落尽的疏枝上，疏枝便如花朵满枝般生气勃勃；雪花落在池塘衰败的残荷上，残荷便精神抖擞、晶莹剔透……世间万物在雪的点染中，尽显美好。

这样的美好，是不是天地给生命最好的礼物呢？当然是的。

何为"雪"？何为"小雪"？《月令七十二候集解》曰："小雪，十月中。雨下而为寒气所薄，故凝而为雪。小者，未盛之辞。"

寒气凝而为雪。在冬天的日子里，天地之气阴盛而至寒，天寒地冻让生命经历困苦、忍受严苛，本来是不舒服不愉快甚至痛苦的事情，寒气却在这样的日子里化作"雪"的姿态，翩然出现在眼前，蓦然冲淡冬寒的悲苦，甚至带来了冬的欢欣。这是怎样的美好与奇妙？这，难道不是宇宙天地对生命的又一种呵护吗？

"小雪"，顾名思义是指这个时节的雪量还不太大。为何？气寒而地未寒。阴气下沉而凝为雪，大地却还有储集的热量护佑，未到最严寒的时候。此时，也许有雪，也许无雪，雪是或然的，雪是轻柔的。不管来与不来，雪总是带给人们别样的心情：不来，给了人们盼望；来了，给了人们欢喜。"小雪雪满天，来年必丰年。"这是农人对雪在小雪节气应时而至的朴实的赞美。

从寒气凝而为雪的这个时节起，天上便不再下雨，自然也就没有了彩虹，这就是小雪初候"虹藏不见"。这一物候现象的总结，生动地道出了天地之气存在状态的本质变化。冬天不会绝对无雨，但雨不是冬天的本质，只有雪才是属于冬天的，才代表了冬天。

因而，也只有在冬天，一年四季温暖得近乎完美的南国才会显现出它的"缺陷"：无雪。这样的遗憾难以弥补，连"骨头最硬"的鲁迅先生也不禁唏嘘："暖国的雨，向来没有变过冰冷的坚硬的灿烂的雪花。"

我以为，冰冷的、坚硬的、灿烂的雪花，赋予了冬天独有的生命底色和魅力，北国之冬的艰苦，正因为雪意纷飞而升华为美的存在。画家用涌动的雪意和色彩所表达的，正是冬天这种独有的生命底色，独有的美。

看《小雪·初候虹藏不见》，我不禁想到了鲁迅先生写雪的文字。不同的艺术形式，同样的美和力道，谁能说这两位艺术家不是隔世的知音呢？

江南的雪，可是滋润美艳之至了；那是还在隐约着的青春的消息，是极健壮的处子的皮肤。雪野中有血红的宝珠山茶，白中隐青的单瓣梅花，深黄的磬口的腊梅花；雪下面还有冷绿的杂草。

朔方的雪花在纷飞之后，却永远如粉，如沙，他们决不粘连，撒在屋上，地上，枯草上，就是这样。屋上的雪是早已就有消化了的，因为屋里居人的火的温热。别的，在晴天之下，旋风忽来，便蓬勃地奋飞，在日光中灿灿地生光，如包藏火焰的大雾，旋转而且升腾，弥漫太空，使太空旋转而且升腾地闪烁。

在无边的旷野上，在凛冽的天宇下，闪闪地旋转升腾着的是雨的精魂……是的，那是孤独的雪，是死掉的雨，是雨的精魂。

丁酉年十月十二

丙烯纸本　176cm×97cm，2017

小雪二候天气上升，地气下降

静寂的剧烈

天气上升，地气下降。

这是古人对小雪二候的物候总结。这个直接以抽象的"气"来切入的总结是极为特别的。

其实，贯穿二十四节气七十二候的，就是一个"气"字，时节物候变化的本质就是天地之气的变化，但在古人的经验与总结中，各时节的物候特征多是具象的，有植物的幼芽萌动、开花、结果，有动物的始振、始鸣、交配、迁徙，有大地的始冻、解冻，有天空的始电、雷始发声等，但像小雪二候这样抽象的概括，而且直奔"气"这个核心和主题，是非常罕见的。

"天气"即是阳气，布行于天；"地气"则是阴气，厚积于地。天地交合，阴阳交会，便滋生万物；反之，当天地不通，阴阳不交，万物便失去了生机。可见，在中国古人的宇宙观中，"气"是宇宙的本质，是天地的本质，也是生命的本质。

小雪二候，就是这样一个天地不通、阴阳不交、万物失去生机的时节。

从春到夏，由秋入冬，四季的大部分时间，我们都是在阴阳交会中度过的，阴阳二气此消彼长，各有盛衰，但阳气、阴气，亦即"天气""地气"，总是会通的、交合的、相伴的，互相寻找、互相抵消又互相支撑、牵扯着，由此带来了生命的孕育，生命的成长，生命的成熟，生命的衰微。但到了小雪二候的时节，大变化发生了："天气"即阳气向上走了，奔着高高的天空越升越远；"地气"即阴气向下走了，深深地沉降到了地里面。"天气"与"地气"相隔，阳气与阴气分离，生命的状态发生了根本的变化。

这是天地间一个何其巨大的剧烈的变化！但这样的变化却是在一

片静寂之中发生的。

走进小雪二候时节的山川田野，北国的风清冷地吹着，或许有点阳光，不使人感到特别寒冷，但这阳光也是淡淡的。眼前的山野已经完全被深浅不一的褐色与土黄色所覆盖了，偶尔有一点残存的绿色、红色，也显得那么苍老和苍凉。落叶满地，树枝裸露在空中，间或几片枯叶顽强地停留在枝杈上，你也能感觉到这棵树想要留住它们却终归留不住的无力之感。湖水还没有结冻，芦花已然枯白得垂下了头，风儿轻轻一吹，便四处飘落，也许就落在了水面枯败的浮萍上，这样的相遇无奈而落寞。

灰白，枯黄，寂寥，苍茫，是此时天地间的色彩与状态。

天地正于无声中，发生着阴阳相离的大变化。变化太过剧烈而根本，以至于老祖宗觉得用什么样的具象事物都无法加以体现，便以一句"天气上升，地气下降"抽象之、概括之。

只一句，已经道出了天地剧变的本质，夫复何言？

这样的天地剧变，即或不让人心生悲凉，却一定令人顿感肃穆。一种让世间万物莫不遵从的威严之势，就从这肃穆中滋生开来。

过往的物候特征，那些具象的总结，如同我们熟悉的一幅幅传统意象绘画，可以是生动形象的，可以是富有情趣的，可以是丰富美丽的，却绝不会有"天气上升，地气下降"这种直接揭示本质的抽象思维所具有的气势与气魄、威严与力量。

这种直接揭示本质的抽象思维，正是画家所欣赏的，所追求的，也是他认为抽象绘画重要的价值所在。不能不说，要在画纸上表达出"天气上升，地气下降"的抽象总结，是一个难题，一个挑战，但这样的挑战却是让他兴奋甚至得心应手的。以抽象的笔墨，呈现四季里天地阴阳之气的变化，并在这种变化中感悟宇宙本身所具有的仁爱以及生命的真善美，这就是徐冬冬数年来夜以继日、废寝忘食坚持《四季》创作的初衷。因而，当他要用画笔来展现小雪二候"天气上升，地气下降"时，他感到一种格外的激动和酣畅。

从《四季》系列之《小雪·二候天气上升，地气下降》，感知天地之剧变，其气势与气魄、威严与力量，是自然的，是艺术的，也是灵魂的。

丙烯纸本

97cm×176cm，2015

小雪三候闭塞而成冬

丁酉年十月十七

丙烯纸本 176cm×97cm，2017

小雪三候闭塞而成冬

以飞翔的姿态
凝固

看这幅画，忽然生出一种特别的感觉：画面似乎凝固了，又似乎很活跃。

这是《四季》系列之《小雪·三候闭塞而成冬》。

画中凝固的是气，活跃的是心。描绘的，是天地之气变化中生命的状态与灵魂的轨迹。

到了小雪三候的时节，冬天的寒气日渐浓了，万物凋零之态尽显，古人谓之"闭塞而成冬"。

是什么"闭塞"了？是天地！随着阳气上升、阴气下降这样天地之气大变化的继续，天地不通、阴阳不交的状况加剧，终致天地为之闭塞，不仅万物失去生机，连万物气息的飘游也似乎停止了。

这是怎样的一种凝滞，怎样的一种苍茫？极目远眺，或是闭目遐想，便觉无边无尽，无从逃离，无处躲避。

很快，初冬就将过渡到仲冬，迎来大雪节气，真正的严冬将随之开始。

天地何其大！当天地都已闭塞，更遑论其间一个个小小的生命呢？

参透了天人合一之道的中华民族的先人，对此时生命存在的状态给出了最精辟的一字之道："藏"。

在天地闭塞的大势之下，生命呈现出谦卑肃穆之态。水将愈冰而坚，地将愈冻而硬，飞鸟离开了天空而难觅影踪，游鱼潜入水下而不见其形。落叶躺在地面上，安然接受与树的离别，裸露的树枝升向天空，留下繁华落尽的身影伫立在风中。富有生命之灵的人们，自然更懂得收敛藏纳、养护生命之阳、应时而居的道理。

天地开始迎来一年四时里最为沉寂的时节，生命的气息似乎静止了。这却并非生命气息的消失。

生命相似相续，四季的转换是生命的轮回。冬之生命的沉寂，是生命的状态发生了变化。生命的状态可以是静寂的，灵魂却依然活跃着，跳跃着。

发现沉寂之下的活跃，是对小雪时节的悟道。而把天地之气的沉寂与生命灵魂的活跃同时表现在画纸上，则是画四季之冬的创新。

灵魂涌动着，去寻找生命新的力量，而生命新的力量，需要在静寂中得以积累，得以蜕变。

涌动的灵魂，永远不缺少色彩，不缺少温度。风吹叶落尽，寒积而成雪，生命的气息即使处于天地闭塞之中而终将凝结，灵魂的翅膀也总会在那风雪飘过的天空中凝固成飞翔的姿态。

奇特的，美好的，"闭塞而成冬"，带给人们非同寻常的美感与震撼。

丁酉年十月十二（局部）

丙烯纸本 176cm×97cm，2017

小雪二候天气上升，地气下降

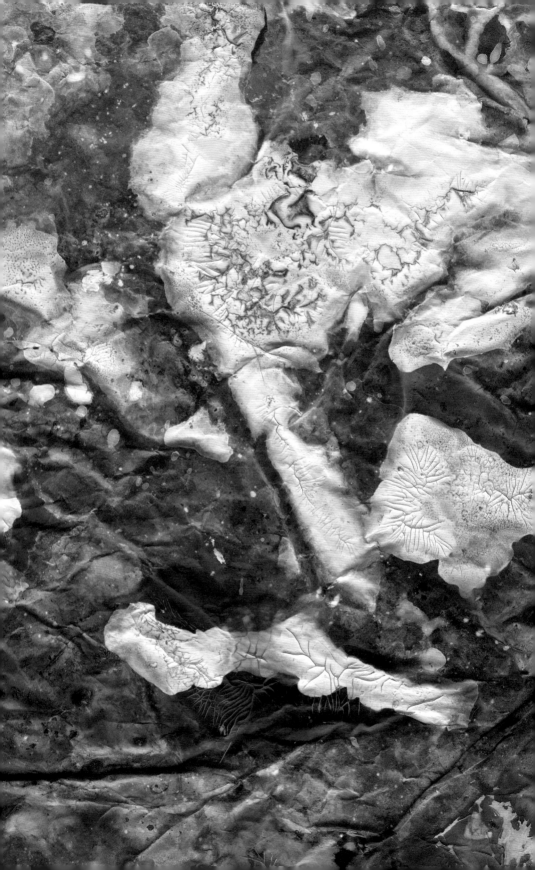

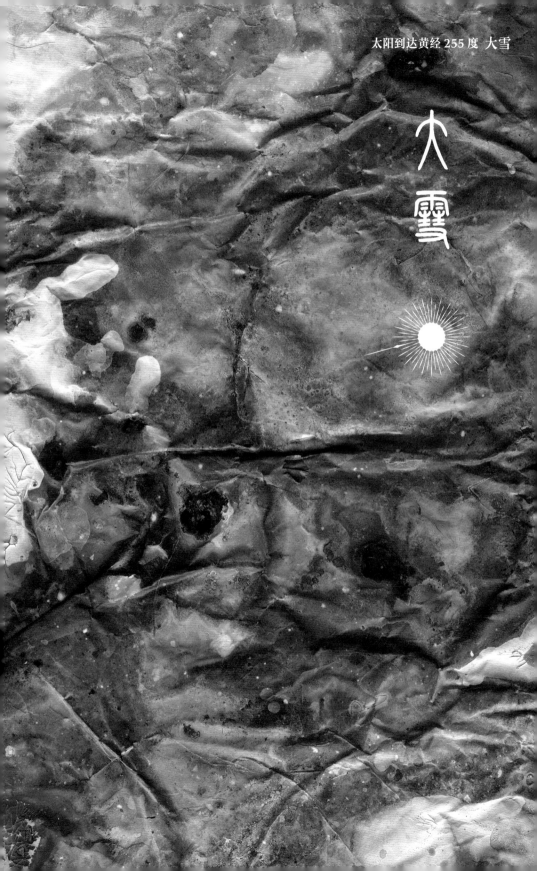

丙申年十一月初十
丙烯纸本
97cm×176cm，2016
大雪初候鹖鴠不鸣

每一片雪意纷飞，
都是内心波澜起伏

"千山鸟飞绝，万径人踪灭。孤舟蓑笠翁，独钓寒江雪。"

风雪江边那个孤寂的背影，是大雪节气的经典画面。

每年公历 12 月 6 日至 8 日之间，太阳运行到黄经 255 度时，即为大雪节气。《月令七十二候集解》曰："大雪，十一月节，至此而雪盛矣。"这个节气的到来，意味着仲冬的来临。

这是真正严寒的开始。"小雪封山，大雪封河"，自此，零度以下的气温成为北国的常态，雪多了起来，大了起来，生活的场景每每进入雪花纷飞、雾凇满枝、银装素裹的冰雪世界，即便在温暖如春的岭南，间或映入眼帘的红叶疏枝，尤其是倏忽而至的北风阴雨，也会让人的体感蓦然沉入冬的气息之中。

它会冷得让人哆嗦，让人颤抖，却又隐含着脉脉的温情，没有"透心凉"的霸道，不是那么无情的彻骨。

它的冷又是浓郁的，重重地把世界包裹起来，连喜欢在冬日里啼鸣的寒号鸟也闭上了嘴，没有力气没有心思再叽叽喳喳了。

是谓大雪初候"鹖鴠不鸣"。

《礼记·月令·仲冬月》记载："冰益壮，地始坼，鹖鴠不鸣。"古人的一种说法是，鹖鴠是一种"夜鸣求旦之鸟"，夏月毛盛，其鸣唱仿佛在炫耀自己的美丽，到冬日毛羽脱落，冻得瑟瑟发抖，也还是鸣唱甚欢，故在《本草纲目·禽部二》中，将其记作"寒号鸟"。这样不畏寒冷的鸟儿，到了大雪初候，也被至极的阴寒所迫，不再鸣叫了。

大雪初候，是天地之阴气最为浓盛、到达极点的时节。

如此的至阴之寒，没有让生命萎靡，反而成就了最富诗意的冬天。因为有雪，有大雪。漫天飞雪，带来丰盈的诗意。

塞北雪，江南雪，雪意豪放，亦有婉约。

林间，花影，江海，雪花飘落处，诗意陡生。古今中外，雪花飘飘总勾起无尽情怀与遐思。

苍茫，萧瑟，天地皆雪意，唯有蓑笠翁，独钓寒江。在中国传统绘画里，冬雪图充满静穆之美，尽显"冬藏"之文化内蕴。西画则呈现色彩与动感之美。日暮，晨光，小镇，村庄，印象派大师的画笔展现了他们眼中的雪，冬雪因为有了画家的感受与情感的投入而呈现出丰富变化。

《四季》的冬雪，格外别样。中国意象绘画之静美与西方印象绘画之动感，东方的意境、气韵与西方的色彩、光影，中国千年的毛笔宣纸与西画传承的丙烯颜料，在画家的画纸上融合会通，自成一体。

画冬雪，其实是画生命。经历了春夏秋而入冬，如人生经历少年、青年、中年而进入老年。然而，这并非生命的静止，而是生命的蕴藏。画面凝结的雪意，如同对生命从无至有、由有归无的不断轮回的反思。

画家体悟到，冬之静即生命之心静，乃灵魂轮回往复之能量的聚集与等待勃发，静中有动，静极而动。这是宇宙伟大的造化。

于是，每一片雪意纷飞，都是内心的波澜起伏，是生命涌动之热流的欲放还收。一如那独钓寒江的背影。

多少伤痛，多少无奈，多少沉重，多少欢欣，多少希望，都沉蕴在一颗充实超然的心灵中，化作那一个沉静的背影，把悲欣交集的生命活出永恒的诗意。

丙申年十一月十七

丙烯纸本　176cm×97cm，2016

大雪二候虎始交

激荡的鼓点

如一阵风暴，在大雪中奔卷而来，让人心跳加速，血液似要沸腾起来。

这是严冬里生命迸发的热力，天寒地冻中挡不住的阳刚之气。

到了大雪二候，别看才过去短短几天，比起大雪初候已是大不相同。气温下降非常之快，风雪席卷北方，频频到来的寒流使得南方也进入了最难受的阴冷模式。

严冬的气息愈来愈浓，日甚一日的寒冷逼迫生命躲避、蜷缩、蛰伏在各自的"窝"里，贪恋着那不可或缺的温暖。大自然的山林原野之中，动物的影踪几乎绝迹，人类活动的大街小巷，尽是匆匆赶路的身影，急不可待地奔向那储备着热量的楼宇房间。

在冬寒的困顿中，生命似乎要沉睡了，低迷了，停滞了。

其实不然！你看，你听，在那冰天雪地之中，莽莽群山之间，虎啸阵阵，虎吟声声，如激越的鼓点，奏响了生命在严冬时期的交响。

立秋虎始啸，仲冬虎始交。《月令七十二候集解》如此解释大雪二候"虎始交"："虎，猛兽。故《本草》曰能避恶魅，今感微阳气，益甚也，故相与而交。"在大雪二候，百兽之王的老虎已经率先感受到了阳气的萌生，开始求偶交配了。虎在发情时的叫声异常响亮，其传播距离可达两千米远，在严冬静寂的雪林中，恰似于无声处的惊雷，激荡出生命原始、粗犷而蓬勃的呼喊。

"虎始交"有着特别的多重的意义，涉及天地之间发生的大转换。

第一重意义，是阴盛极而微阳生。

虎是孤独的，凶悍的，却也是极其敏感的。当阴气到达极致时，阳气反倒开始滋生了。天地间那一丝萌动的阳气，微弱得难以察觉，却立刻被虎敏锐地感知。

虎的生命，因了这些许阳气，顿时闪亮了起来，那活跃如火的热力，奔腾似风的气势，撕裂了沉寂冰冷的冬。冲破严冬至阴压迫的虎虎生威、虎虎生气，强悍，威严，充满阳刚之美，这是对生命的礼赞。

第二重意义，是阴阳接而变化起。

还记得小雪三候"闭塞而成冬"吗？那时，阳气上升而阴气下降，阴阳二气不再相互交会，导致天地闭塞，寒冬降临。但是进入大雪节气，寒冬真正来临时，情况又发生了本质的变化，阳气开始生发，阴阳开始交会，天地之气又开始了新的流转，万物交感而生的通道再一次开启。

第三重意义，是生命当顺应自然，应时而行。

阴盛极而微阳生，阴阳接而变化起，这是天之道。天地变化本身便蕴含了事物向相反方向转化的深刻规律。深谙天道的古人将其总结为"反者道之动"，主张天人合一，提醒乃至告诫人们：生命当顺应自然，应时而行。

"虎始交"成为古人的经典总结，正是遵循了这样的生命之道。

踏着自然的节点，虎感微阳起而"始交"，完成了生命的延续，彰显了生命雄浑的力量。但虎历来受到特别的赞美，不仅仅因为它珍稀，代表着勇敢和力量，还因为它是"性交有时"者。东北虎的发情交配期只在雪花飞舞的仲冬、季冬时节，这被古人当作克制的表现，于是虎又因其生命安排的节制而成为静心明德的象征，为君子所重。

这样的天之道、人之道，在一年四时八节二十四节气七十二候中不断地再现。但是，天地的暗示和先贤的警醒，是不是能得到人们广泛而深入的认识，并且使人们做到知行合一、循道而行呢？

未必。有太多的人，其对自然的感悟，对天道的体悟，对古人的智慧，是多么漠然，多么无知，多么自大！

正是有感于此，画家才希望循着《四季》之二十四节气七十二候的抽象笔墨，以崭新而细腻的方式，和人们一起走进对"天之道"

的感悟中，并从中明了生命何所起、何所依。

在《大雪·二候虎始交》的画作中，那时而闪耀时而凝重的色彩，时而腾跃时而沉静的气息，既是至阴微阳中生命应时而起的激情，又是严冬酷寒里生命循天而行的理性。在激情与理性的交会中，生命呈现出仲冬飞雪间特有的美感。

癸巳年十一月十八

丙烯纸本　176cm×97cm，2013

大雪三候荔挺出

生命的能量场里
没有弱者

从技法上说，这是一幅让人惊讶的画！

那晶莹的尖利的冰晶似乎从画面上直扎过来，令人感觉到一种不容分说的刚硬和冰凉，而那雪意弥漫中若隐若现的色彩，又默默地不疾不徐地带来丝丝温柔与温暖。

看画的整体，那种刚与柔并存、冷与暖相济的冲击力扑面而来。而把画的局部放大了看，那些像冰晶像雪花的肌理如此清晰、如此细微、如此逼真、如此美丽。

这种刚柔并存、冷暖相济的感觉，就是画家感知到的大雪三候"荔挺出"时节的天地气息和生命状态。

抽象绘画的语言，本来就存在于天地自然之中！天高地阔，宇宙无边，看似无言，其实，它的语言时时处处存在于万事万物之中，具象的语言，抽象的语言，同时存在于四季的自然。水是具象的，那不断变换的水波却是抽象的；云是具象的，那变幻莫测的云影却是抽象的。自然的神秘、奇特与美妙，就存在于这一眼看不尽一语道不明的抽象语言之中。

因而，画家主张和赞赏的抽象绘画，并不是主观臆造、故弄玄虚的，他的抽象绘画，首先是从对自然的观察与感悟中来的。有时他会笑称他的《四季》之画是"天之画"，即感悟"天之语"而得来的画。这是植根于中国文化和中国绘画"师法自然"传统而加以创新的抽象绘画，这便是中国抽象绘画的"中国"二字的重要含义之一。

循着《四季》系列画作，人们能更多地注意到，或许还能读懂天地自然的一些抽象语言，这是体察"天之语"、问道四季的一种特别的方式。

这个"道"，有天之"道"——宇宙四时变化中蕴含的规律；有人之"道"——人循天而行的规则；更有心之"道"——生命的感悟与灵魂的轨迹。我们所感受的二十四节气七十二候，不是对古人知识性总结的再现，而是作为中国文化的传承者与创新者，在节气物候转换中对宇宙对生命的思考与体悟。画面上、文字间跃动的，是天地之气的舞动，也是悟者的灵魂的跳动。

那么，大雪三候"荔挺出"的时节，带给我们怎样的思绪和触动呢？

《月令七十二候集解》如此解释"荔挺出"："荔，《本草》谓之蠡实即马薤也。郑康成、蔡邕、高诱皆云马薤，况《说文》云：荔似蒲而小，根可为刷，与《本草》同。"

就是说，一种叫荔的兰草，在仲冬之月万物均被雪覆盖的时候，独独长出了新芽，露出了地面。人们把这种野生的兰草叫作马兰。

这是多么让人感动的画面！仲冬雪季，万物凋敝，小小的不起眼的马兰草，却抽出了新芽，以天为被、以雪为枕，在席卷天地的沉寂冷清中昂起高贵的头颅，向上挺拔地生长，蓬勃而生出细微却不可遏制的绿意。这是独与严寒抗衡的生命的绿意。

比之大雪二候"虎始交"，"荔挺出"所蕴积的强大的生命力量更为震撼人心。虎是强悍的，是富有力量的，是勇者的象征；马兰草是弱小的，是纤细的，是柔软的。但对于冰天雪地中微弱的阳气萌动，二者是同样的敏感，同样的争先，同样的勇敢。这样勃发的生命力，有强弱之分吗？有高下之分吗？没有。生命的能量场里，没有弱者！

微阳的萌生，并不能改变事物的本质，此时的天地，仍处于至阴至寒之中，阴气仍然在不断地集聚加重，寒冷的气息将天地紧紧地包裹着。但微阳带来了希望，希望便是生命前行的力量，即便是微光，已足以照亮"心"的世界。

感悟于此，不禁泪眼唏嘘。天地含仁爱博爱之心，以大雪三候"荔挺出"的自然现象，告诫我们宇宙万物都是平等的，万物无所谓大小强弱高下之分，强壮之"虎始交"固然有力，柔小之"荔挺出"也同样顽强。至阴之下必有微阳萌发，阴阳二气将交互变化而达宇宙的平衡。故而，人作为宇宙一分子，当对万物持敬畏之意、恭敬之态。在艰难困顿之中要去发现微阳萌动，让希望的微光照亮生命前行的轨迹。

丙申年十一月初十（局部）
丙申纸本 97cm×476cm，2016
大雪初候鹖鴠不鸣

太阳到达黄经 270 度 冬至

丁酉年十一月初六

丙烯纸本 176cm×97cm，2017

冬至初候蚯蚓结

遥望春天

冬至，是一个在天寒地冻中遥望春天的时节。

当太阳运行至黄经270度，到达冬至点。古人赋予了冬至格外隆重的意义，有"冬至大如年"的讲究。从皇家的祭祖祭天到民间的团圆、拜岁、贺冬，丰盛的食物伴随着特别的礼仪，使得"冬至节"成为一年中为数不多的"大节"。

这样的隆重，当然不仅仅因为冬至是二十四节气中最早测定的一个节气，也因为它具有特殊的自然与人文内涵。

古人讲：阴极之至，阳气始至，日南至，日短之至，日影长之至，故曰"冬至"。"冬至"之"至"，含有五层意思：阴气达到极致，阳气开始增强，太阳到了最南端，白昼的时间到了最短，太阳的影子到了最长的时候。

这"五至"当然是北半球的视角，其中包含了两种自然现象。一种是太阳的运动。在冬至日，太阳直射地球的位置到达一年的最南端——南回归线（又称为冬至线），阳光照射北半球的角度最为倾斜。

另一种自然现象就是阴阳二气的变化。"冬至一阳生"。与阴气盛大到极致一起到来的，是阳气的回升兴起。大雪时节萌生的微阳到了冬至，已经发展生长为"一阳"。这意味着，天地间阴阳二气的转化已经到了一个关键的突破点。冬至以后，太阳将转头一路向北，阳光的照射与白昼的时间将一天天增加，阳气将渐行渐强，生命的活动也将开始缓缓由衰转盛，由静转动。

以冬至为界点，阴阳之气开始了新的轮回！天地之间也开始了新的轮回！

"夏尽秋分日，春生冬至时。"古人云：冬至节，春之先声也。这样的认知，正和英国浪漫主义诗人雪莱的"冬天到了，春天还会远吗"异曲同工。

画家徐冬冬在《我的艺术生活》一文中，回忆起儿时生活以及祖上为救国救民而经历的苦难与奋斗时，写下了这样一段文字：

在《道德经》第四十章中我们注意到有类似"反者道之动"的话，正是这个理论，几千年来对中华民族的发展产生了巨大的影响，它告诫人们要居安思危，又要在极端困难之中也不失望，它大大增加了整个民族的凝聚力，在抗日战争中又一次地成为中国民众的心理武器。在最黑暗的日子里，寓意着光明即将到来，这种信念和意志帮助中国人民战胜了日本侵略者。

在严冬里看到春天，在黑暗中看到光明，在困境中看到希望，中华民族深谙"反者道之动"的大智慧。画家以为，这其中蕴藏着中华民族无穷无尽的力量。

这种智慧的获得来自对天地之道的深刻体察。宇宙本身充满了美，充满了善，充满了仁爱，充满了哲理的力量和生命的力量。

我认为，冬至最深刻的本质和最迷人的地方，正在于它是这样一个富有哲学意义和生命之美的时节。

走入冬至的天地间，枯黄的苇草，残败的荷叶，都被冰雪厚厚地凝固住了，天地进入了"冷冻"模式，寒风会刺痛裸露的皮肤。这不是春天，但春的蓓蕾已在孕育。你看，就在那梅树的枝头，已有点点花蕾在严冬中悄然挺立，只待那绽放的来临！那是冰封之下春的气息的涌动，那是预示否极泰来、生命新的轮回的温暖与欢喜。

然而，笼罩天地的肃杀阴寒之气却依然是剧烈的，甚至是更加浓厚了。别忘了，这是"终藏之气至此而极也"的仲冬时节，聪明的先人用冬至初候"蚯蚓结"的物候现象，提醒人们这时仍处于六阴寒极之时，不要看到已有一阳生发就欣喜若狂、得意忘形。传说蚯蚓是阴曲阳伸的生物，此时阳气虽已生长，但阴气仍然十分强盛，土中的蚯蚓仍然蜷缩着身体，交相结而如绳也。

冬至初候"蚯蚓结"这一物候总结所隐含的辩证思维，带给我们深沉的思考。从这时起，画家开始了一组特别的创作："雾之霾"系列。冬之雾霾是自然的，是现实的，也是象征性的。仅有希望是不够的，当春天的希望在孕育的时候，生命需要具备更强大的消散冬之霾的力量，才能真正迎来春的绽放。

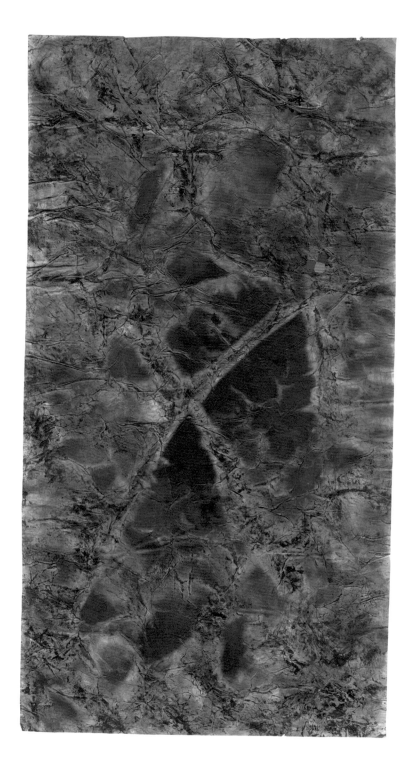

癸巳年十一月十八

丙烯纸本　176cm×97cm，2013

冬至二候麋角解

通达天地心

冬至二候"麋角解"的时节，正是"一九"，最冷时刻的伊始。

麋与鹿同科，却阴阳不同，古人认为麋的角朝后生，所以为阴。属阴的麋感受到阳气的生发，开始掉角。这个物候现象，说明了始于冬至作强的阳气那持续上升的趋势。

还记得夏至初候"鹿角解"吗？那时恰恰相反，是属阳的鹿感受到了阳气始衰、阴气渐发，鹿角便开始脱落。

夏至、冬至，都是阴阳二气转换大轮回的开始：夏至，阳盛之极而一阴生；冬至，阴盛之极而一阳生。新一轮的阴阳相接在这两个关键时点开启。

这样本质性的转换和相接，本应惊天动地，却来得不疾不徐，步履从容。

夏至之后，天气并没有随着阴气的到来而变得凉快起来，反倒是酷热更甚，阳气依然是天地间不容置疑、霸占着绝对"戏份"的主角，地表蓄积的热量远远大于所散发的，自此开始的伏天才让人们领教了什么叫作炎热，什么叫作苦夏。

同样，冬至之后，阳气的来临也并未减少冬日的严寒，反之，正是从此时才开始"数九"，随后渐渐进入最冷的"三九天"。

这时，阴气仍旧笼罩着、压迫着、包裹着天地，虽然太阳在一点点地南归，照射点在一天天地升高，但地面散发的热量远远大于所接收的。什么叫作严冬，什么叫作严寒，只有在这时才能真正地体会。

于是，就出现了这样的现象：阴气的生长伴随着极热的煎熬直至走过小暑、大暑迎来立秋，而阳气的生长则伴随着至寒的考验，需要经过小寒、大寒方能等到立春的来临。

夏去秋来，冬去春来，时光的更迭，阴阳的交替，生命的四季不被最浓厚的"热"蒸烤过，不被最严酷的"寒"刺痛过，似乎就无法迎来新的开始。

这是自然间的法则，也是生命成长之道吗？

是的，我以为，四季之变所蕴含的法则，在无声地告诉人们，种种非常乃至极致的煎熬与考验，是生命注定要经历的安排。

夏之时，必得在空气里似乎要滴下水来的酷暑高温中熏蒸过，浸泡过，让生命的每一个细胞都在极热极湿里浸透到极致，翻腾到极致，煎熬到极致，才会走向成熟而迎来秋之收获。

冬之日，又得在冷到骨头缝里的严寒中颤抖着，剥落着，沉寂着，使那虚弱的柔弱的所有依附随寒风而去，唯留生命的筋骨在极寒的锻造下昂扬起来，坚硬起来，强壮起来，振奋起被冰雪洗礼过的精神，以一种新生之态去迎接春的到来！

你看，盛夏里那一丛一丛蓬蓬勃勃的绿意，不就是生命最丰盈最饱满的孕育吗？而在隆冬时节，地面冻得发白，天空中向上耸立着一树一树光秃秃的枝干，仿佛褪去了一切装点的生命的筋骨，这繁华落尽的形态，正是生命最本真最强大的存在。

因而，在《四季》系列之《冬至·二候麋角解》的画面中，有的色彩在流动，有的色彩却凝滞了，仿佛看到了生长的气息，却又是满纸的冷峻。那是一种凝重之力，是极致的阴气和极致的寒冷所代表的极致考验对生命的锤炼，也是一种凝练厚重的本真之美。

或许，只有在严苛的寒冷中，在这生命去掉了浮华与装饰、裸露出本真的时候，在一切归于静、归于简的时候，我们的思考才会到达最为严肃严谨的境界，我们的智慧才会化繁为简、去伪存真而通达天地心。这样的参悟，当是冬至之寒带给我们的福分啊！

癸巳年十二月初三

丙烯纸本

97cm×176cm，2014

冬至三候水泉动

灵动的
温热心

　　画面上，神秘的蓝色跳跃在一片片一块块的灰黑之下，斑驳而沧桑的肌理中，一种温热的气息隐隐传来，微弱，却不容忽视。

　　雨雪冰冻席卷南北，这个时节的天地，仿佛进入了"冷冻模式"，描画出"寒起一阳生"的冬至图景。

　　当极寒极阴把人们纷纷驱赶到室内"蜗居"，让人贪念着那不可或缺的温暖之时，智慧的先人用一个美丽的物候现象，给我们带来了寒冬里的喜悦：冬至三候"水泉动"。

　　听！那山泉流动的声音，叮叮咚咚，在漫天的飞雪和满眼的萧瑟里，是多么美妙的音乐，天地似乎顿时就生动了起来。

　　其实，山泉流动的乐曲在此时此景中并不能声声入耳，还只是存于心中的一个想象，冬至三候"水泉动"讲的是深埋于地底的水泉，因为阳气的萌发而温热地流动。我们眼里所见到的，仍然是严冬冰封图，耳里听到的，仍然是呼呼吹过的北风。

　　但这样温热的泉流，已足以让生命欣喜，足以让天地灵动！

　　《月令七十二候集解》曰："水者，天一之阳所生，阳生而动，今一阳初生故云耳。"

　　水是生命之源，因阳气生发而动。泉是水中之灵，最早感知阳气初生而涌流。这流动着的泉水，不正是天地阳气的升腾，不正是生命之灵的舞蹈吗？

　　想想看，在坚硬而辽阔的冰层之下，在冷峻的层层叠叠的山石之下，一泓温热的泉水在涌动着，这是多么奇妙而美好。

　　这种冷与热、硬与柔的并存与对比，本身就带着巨大的美感。很多艺术创作的奇思妙想，正得益于对独特美感的捕捉。画家徐冬冬对此也颇有心得。他用大幅画面、大幅色块和宣纸特别处理所带来的个性化肌理，大胆而细腻地表现出一种坚硬、粗粝、高冷，同时又以灵动的点染，寥寥几笔，勾画出缕缕温暖、柔和的气息。

这种被冷包裹的热，被硬覆盖的柔，独具人文魅力。

想象茫茫林海、莽莽雪原中的一间小屋，屋里一团温暖的炉火，还有那亲爱的母亲、温柔的妻子，在等待着风雪夜归人，这是古今中外人们都歌之咏之的严冬图。再想象艺术作品中那身处乱世风云、壮怀激烈的一个个传奇的男主角，高冷的外表之下饱含着一颗火热的心，这是一种不分种族民族和地域而广受推崇的性格特质。这样的严冬图，这样的性格特质，可以说是跨越时空的经典"IP"。

但我最欣赏的，是冬至三候"水泉动"所具有的哲学内涵。

泉是有灵性的，是天地之精华，它感一阳生发而涌动，却潜埋在冰层山岩之下。这便是冬之"藏"。

冬至气之始。在阴气至极的冬至时节，阳气重生，好像一个伸着脖子、蹬着腿，想不断向上仰望的小孩子，难免有蠢蠢欲动之势。这时的天地却不会让阳气长得太快，而要沉沉稳稳地把弱小保护好，呵护其稳健地生长。

生命自然要从天地法则中悟得"冬藏以蓄生长之势"的道理，怀着"水泉动"所带来的温热之喜，以顺应天地阳气的潜藏趋势为根本。故古人云，冬至前后，君子当安身静体。

冬至三候"水泉动"的时节有着多重的美感，自然的，人文的，哲学的。我们不妨释放出自身本应具有的创造性和感知力，闭目凝神去想象泉水灵动的声音，穿过厚厚的冰层、雪原、山石，在数九严冬里去感知那跳动着的温热心，那是生命存在的依归。

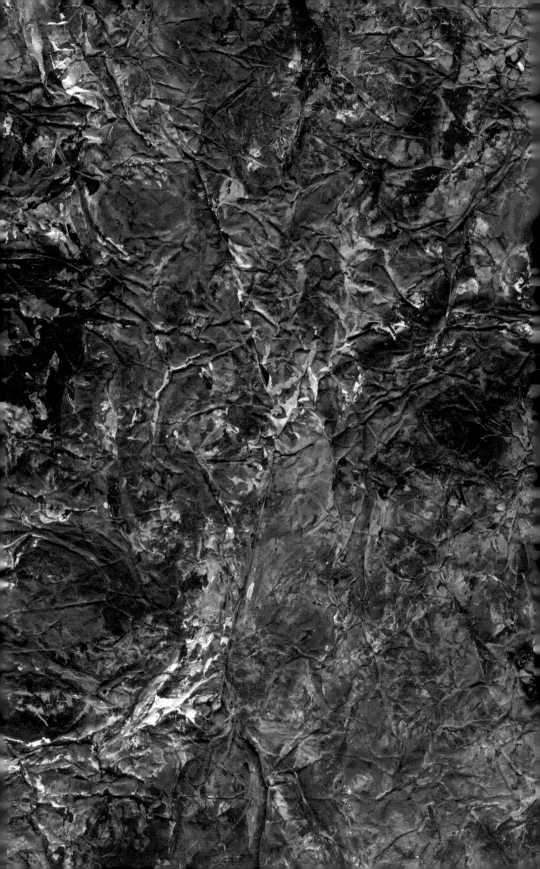

癸巳年十二月初三（局部）
丙烯纸本 97cm×176cm，2014
冬至三候水泉动

甲午年十一月十八
丙烯纸本
97cm×176cm，2015
小寒初候雁北乡

奇异的
隆冬之美

当太阳到达黄经 285 度时，小寒节气到来，这时往往在 1 月 4 日至 6 日之间，日历已经走入新的一元，又尚未进入农历新年，对于神州大地而言，这是春节在望却又最为严寒的一段时间。

小寒不小。

小寒之寒，尤甚大寒。《月令七十二候集解》曰："小寒，十二月节。月初寒尚小，故云。月半则大矣。"这个"月初寒尚小，月半则大"的说法其实已无据可考，湮没在极其久远的史尘之中。根据中国的气象资料，小寒是气温最低的节气，只有少数年份的大寒气温是低于小寒的。

这时正是"三九"严寒天。宋代大诗人陆游写道："晡后气殊浊，黄昏月尚明。忽吹微雨过，便觉小寒生。"生在南方的人，最能体会这小寒阴雨的苦处。隆冬时节的飘雨，不似同属冬天的雪花，带着梦幻般的美丽和童趣，也不似潇潇的春雨、烈烈的夏雨、绵绵的秋雨，带着生命活泼泼的气息，而是充满了阴寒之气，在灰沉沉的天空下，让人生出愁苦之心，感喟这阴冷天地的惨淡。

在北方，这惨淡之境又是另一番表现。走进郊野山间，山是土色的，林是土色的，山石、土层、疏枝、枯叶，都是一样的土褐色，或者说，都是一样的没有色彩，静默地绵延在天空之下。风里的寒气侵蚀得行人的脸庞隐隐作痛，手露在外面稍微久一点就会有发僵的感觉。脚下的土地冻得发白，偶尔从冰层中破裂出一泓水波，却被那厚厚的冰块衬得发黑，确乎是白山黑水的景象。

这便是小寒初候"雁北乡"时节的天地之气了。虽有阳气渐生，大雁已感天地气息变化之先，开始了飞往北方家乡的旅程，但天地间仍然阴寒盛极，浓厚的阴气压制着阳气的生发。画家用满幅的褐色、土色及蓝灰色，淋漓尽致地把这样的天地气息呈现出来。

这没有色彩的色彩，没有活泼泼气息的静默，却另有一种奇异的美。

这种美，在古人的画意里，是寒山之美、寒林之美，其萧瑟、散淡，带着君子遗世独立之气，是古人所追求的一种境界。

从中国传统意象绘画走来的徐冬冬，自然懂得欣赏这寒山寒林中蕴藏的意境，更何况他自小崇尚八大、青藤的傲世与不羁。而当他融会东西，以创新的中国抽象绘画来表达小寒初候"雁北乡"的天地之境时，在传统的意境之外，又增添了对宇宙对生命深沉的感悟。

这奇异的美，暗藏了生命的轮回与新生。

站在小寒时节的风中，天冷得格外蓝而清，地冷得格外硬而白，万物冷得静寂而又格外干净。智慧的先人总结出种种气候现象，诸如"小寒不寒，清明泥潭""小寒大寒寒得透，来年春天天暖和""小寒暖，立春雪""小寒无雨，小暑必旱"等等。其间蕴含的道理是：当寒则寒是福，当寒不寒非福。

小寒时节的天地，是至寒至冷的，可这样的至寒至冷并不让人感到压抑，而是充满了清朗之气，是天地给予生命的福分。

在至寒至冷中，生命的一部分，或者一部分的生命，沉寂了，消失了，剥离了，化作了新生的养料，去掉了新生的羁绊，强壮了新生的筋骨，为春天来临、生命开启新的轮回做好了准备。

丁酉年十一月廿五

丙烯纸本 176cm×97cm，2018

小寒二候鹊始巢

生命的依归

黑色，是暗沉的；灰色，是冷暗的；褐色，是暗淡的；蓝色，不暗，却也是冷调的。

为什么这么多冷调的甚至晦暗的色彩涌流在一起，叠加在一起，混合在一起，不仅不沉闷，反而呈现出丰富的变化和多层次的美感，带着难以言说的生动呢?

《四季》系列之《小寒·二候鹊始巢》，刷新了人们对色彩的认识。似乎不管是什么色彩，画家只要信手拈来，就会变幻出一幅幅具有神奇魅力的画作。

神乎技也，非止于技也。画之"道"远比画之"技"重要。如果能走进《小寒·二候鹊始巢》的内在气韵之中，便会对《四季》问道有更深的体会。

"小寒连大吕，欢鹊垒新巢。"唐人元稹的《咏廿四气诗·小寒十二月节》开宗明义便如是吟诵。大吕是农历十二月的别称，《孝经纬》载："律大吕，吕者，拒也，言阳气欲出，阴不许也。"这个解释明确而形象地道出了小寒时节天地之气的特点：阳气生发，但仍受到阴气强烈的压制；阴气盛极，却又阻挡不了阳气的萌动。因而，尽管还是数九严寒，喜鹊已经感受到阳气之动而开始忙着为新年垒新巢啦!

喜鹊是吉祥之鸟，眼见喜鹊叽叽喳喳，飞来飞去，衔泥垒枝，忙忙碌碌地修筑新巢，这是多么喜人的情景啊，怎能不让人心情愉悦而忘了冬寒之苦呢?

事实上，小寒的三个物候都显现着阳气的律动。初候"雁北乡"，顺阳气而迁徙的大雁早早地开始了回乡之旅，已然预见到北方将要迎来的春意；二候"鹊始巢"，灵敏的勤劳的喜鹊欢欢喜喜地为新春的到来修筑巢穴；三候"雉始雊"，雌雄的雉鸟感受到阳气上升而开始一起鸣叫，堪称冬天里的春之声。

"莫怪严凝切，冬春正月交。"是的，春意正是在严冬里发芽的。春正在急速走来，小寒正是冬与春交替、寒冷与温暖重叠的关键时节。

冬的凝重中，萌生着春的明快。天地气息变化所蕴含的春意，已经足以让人兴奋了，但这还不够，聪明的先人又以自己的创造，把这严冬冷郁的日子过得活色生香。

最典型的就是腊八了。小寒非节，先人偏偏生出一个腊八节，把那各式的米、各式的豆、各式的坚果合水而煮，加以甜甜的红枣、葡萄干还有糖，不起眼的五谷杂粮便成了人间美味，普通的日子便温暖了起来，隆冬的阴寒也通通消散。这便是把生活化作了艺术！

但这依然不够。

"寒冬腊月盼新年。"在腊月里，人们开始忙年了。"小寒大寒，杀猪过年""小寒忙买办，大寒贺新年"。办年货，制腊肉，剪窗花，写春联，买年画，大扫除，备新衣……要做的事太多，迎接新春到来的忙碌与喜庆荡涤了冬日的严寒与沉郁。更重要的是，一切都指向那个最温暖的"家"。大雁北归，要飞回远方的家；鹊儿翻飞，要为自己垒一个新家；雉鸟同鸣，是在鸣唱有家的喜悦……而无数的人们都在准备着归乡的行囊，积累着迎接亲人回家的满室温情。

回荡着归家的心曲，这最严寒的时节便成了通向温暖、希望与寄托的时光隧道。浓浓的烟火味与亲情，是生命的依归。

因而，在《小寒·二候鹊始巢》里，那严冬的冷调里跳跃着天地间萌发的阳气与春意，更蕴含着浓浓的生活的气息，文化的创造赋予生命温暖的底色，使每一个严寒的日子都因为希望与爱而亮丽生动起来。

乙未年十二月初七

丙烯纸本

97cm×176cm，2016

小寒三候雉始雊

乙未年十二月初十
丙烯纸本
97cm×176cm, 2016
小寒三候雉始雊

像花儿一样
绽放

　　幽蓝的颜色像花儿一样绽放，满幅的色彩在凝重中透出活泼，整个画面呈现出不可思议的美，让人一眼看不透而心甘情愿地沉迷其中，久久地品味着，不忍把视线移开。

　　小寒三候"雉始雊"的时节，已是小寒节气之末，转眼就是大寒节气了。

　　小寒连大寒，是一年中最为严寒的时候，冬的气息浓郁得无法化开。北国的大地冻得坚硬，远山寒林陷入一片沉寂之中；南方的阴寒日复一日，似乎绵绵无绝期，折磨着人们那盼望暖阳而久久不得的心。忙累了一年的身心在这接天连地的严峻寒冷中得不到纾解，几乎到了承受的极限。

　　就在这令人备受煎熬的寒凉之中，雉鸟开始鸣唱了。

　　《月令七十二候集解》如此解释"雉始雊"："雉，文明之禽，阳鸟也，雊，雌雄之同鸣也，感于阳而后有声。"能当得上"文明"二字，雉鸟应是鸟中的君子了，它感受到阳气的生发而开始快乐地鸣叫。有谁听过雉鸟的歌声呢？现代社会中想必为数不多。即使未闻其声，单是想象那雌雄的雉鸟在枝头一唱一和同鸣的情形，这样的美好足以让人心生欢喜。灰暗的冬日天空似乎也因此生动了起来，多了几许鲜亮的色彩。

　　这样的鸣唱，是在提醒人们，莫畏严寒，勿失耐心，难挨的冬日就快过去了，春天正在悄然来临。

　　寒极一阳生。在阴气盛极的小寒时节，阳气的上升虽是微弱的，却是不可阻挡的；虽是沉缓的，却是持续发生的。天地的阴阳之气，时时刻刻在发生变化，阳气的升发，每一天都在影响着越来越多的生命。小寒初候"雁北乡"，是感阳而动的大雁开始了对春的追寻；二候"鹊始巢"是喜鹊在阳气萌动中筑垒新巢，这是为新春到来时孕育生命而及早进行的准备；到了三候"雉始雊"就更不一般了，雉鸟雌雄同鸣，阴阳和谐，堪称隆冬中的春之声，仿佛春天已然来临！

五天一候，生命的不同情境依次出现。在严冬里，看上去是一个个阴寒日子的重复，其实变化每一天都在发生，阴阳之气的转换以不易察觉却十分惊人的速度在进行着。比较小寒三个物候现象的特点，分明已经看到阳气在阴气包裹中不断向上增强的趋势。

对这样的发展趋势，智慧的古人不仅明察秋毫，总结出节气与物候的演变，而且创造出极富生活情趣的生活方式，享受着每一个哪怕是不堪寒凉冰冻的日子。这便是"二十四番花信风"的产生。

从小寒初候开始，至谷雨三候为结，共八个节气二十四候，每一候有一个"花信"，这二十四个花信次第登场、退场，便走过了从冬末直至整个春天，进入以立夏为起点的夏季。此谓"二十四番花信风"。

"未报春消息，早瘦梅先发。"首个花信便是小寒初候凌寒独开的梅花！接下来是小寒二候山茶花、小寒三候水仙花，到了大寒节气，就是瑞香、兰花、山矾陆续开放了。

都说寒冬里盛开的梅花是报春花，这与"二十四番花信风"的总结是高度一致的。在中华文化悠久的历史中，人们早已把小寒当作充满希望的春之序曲！

如此一来，最苦寒最严酷的日子，便成了与花相伴一步一步走向春天的日子。虽然距离春天的百花争艳、万紫千红还有待时日，但时下的每一个日子，因了智慧，因了希望，已经像花儿一样绽放了。

艺术家是敏感的，杰出的艺术家总是富有创造精神的。徐冬冬敏锐地捕捉到小寒时节在极端含蓄内敛中所隐藏的细微而丰富的本质变化，以创新的艺术形式把天地阴阳之变所蕴含的自然之美、生命之美、人文之美表现出来，画作超乎寻常的震撼力引领着人们走进冬的深处，去触摸那通向生命之春的柔软。

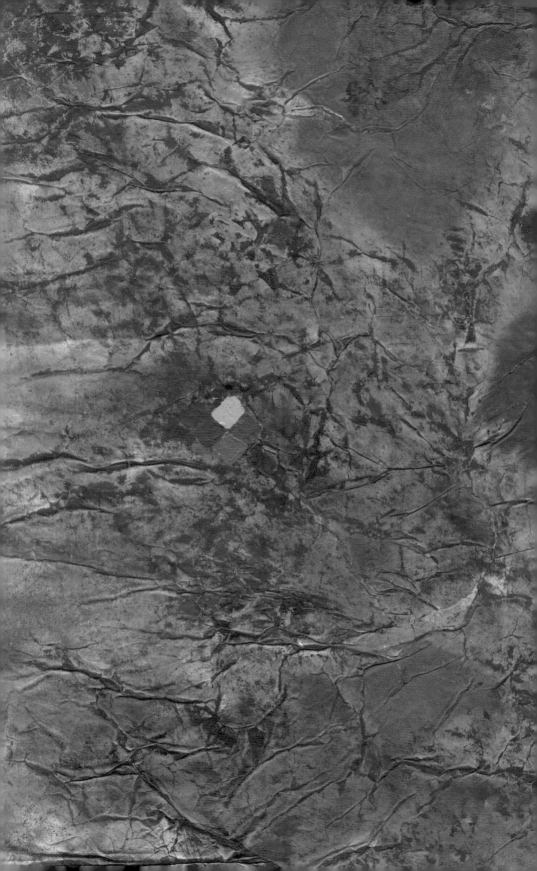

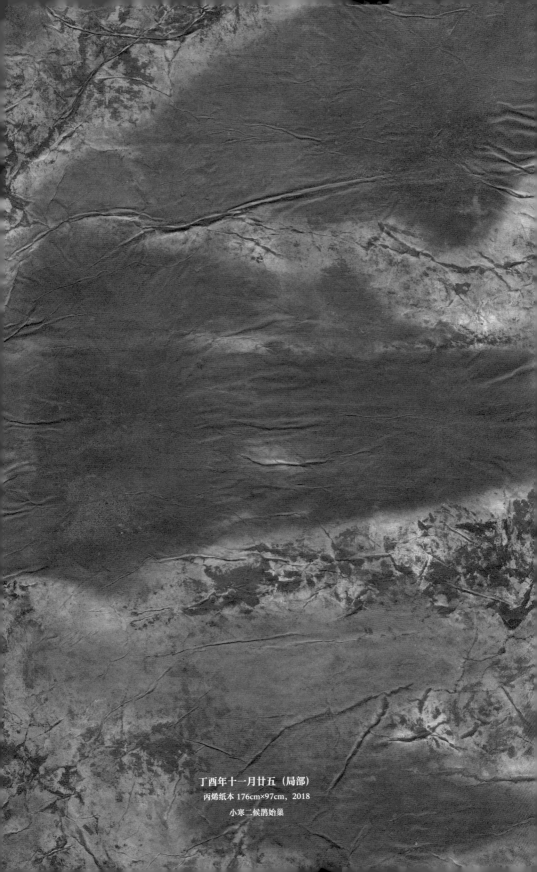

丁酉年十一月廿五（局部）

丙烯纸本 176cm×97cm，2018

小寒二候鹊始巢

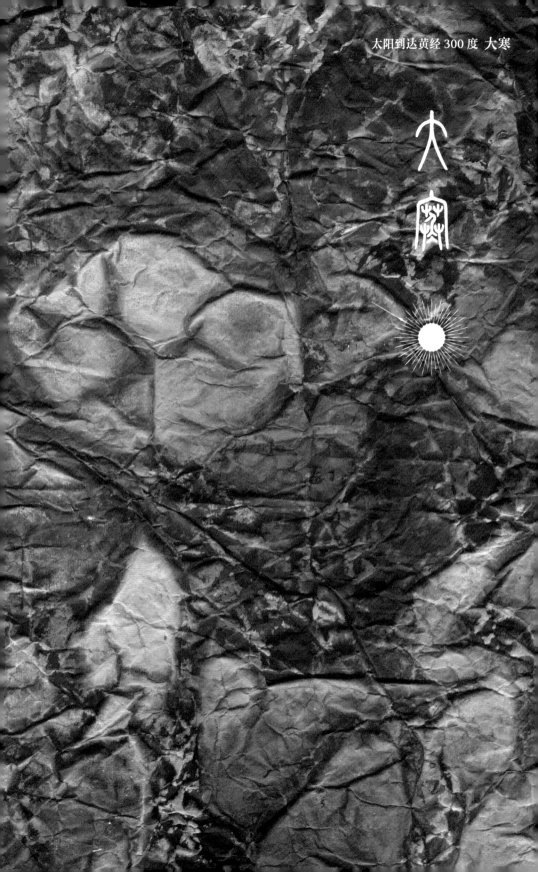

乙未年十二月廿二

丙烯纸本

97cm×176cm，2016

大寒初候鸡始乳

别有一番
壮怀激烈

白，灰，褐，只有这几种色彩，最多再加上一点蓝色，这几种原本在人们印象中缺少变化的色彩，似乎忽然具有了一种魔力，可以容纳无穷无尽的表达，展现出新的魅力。

每年公历 1 月 20 日前后，太阳到达黄经 300 度时，大寒节气到来。走进此时的北国，茫茫天地之间，除了白灰褐蓝，几乎见不到别的色彩。白的是冰，是雪，是冻得发硬的土地上那一层冰冻的风霜；灰褐的是光秃秃的树干，是裸露的岩石，是目之所及接天连地没有一点生机的衰草，那种覆盖一切的苍茫寂寥，非身临其境便不可能真正感受到。

蓝的是什么？是天空。北方冬日的天空常是灰的，一旦蓝的时候，便美极了，特别是在大寒的日子，似乎冻得越透，天空就越是蓝得干净，蓝得像要把人的灵魂都收了去，顺着冬天的风在空中晃晃悠悠，自由地游荡，除却了一切依附，落得清静透明。

徐冬冬说，这是冬的色彩，是眼之"所见"的色彩，这样的色彩看似沉闷、单调，却蕴藏着十分丰富的变化。变化从哪里来？从天地阴阳之气的转换上来。他所做的，便是以"所见"之色彩来描画"未见"之阴阳。

《授时通考·天时》引《三礼义宗》："大寒为中者，上形于小，故谓之大……寒气之逆极，故谓大寒。"这时寒潮频仍，风大，低温，地面积雪不化，呈现出天寒地冻的景象。

注意这句话：寒气逆极。极，顾名思义，是指到达极点、极致、极限。那么，何为"逆"呢？从冬至到小寒一路走来，人们已经认识到阳气在初发、萌动、向上生长，到了大寒，便想当然地认为，此时阳气的萌发一定可以在很大程度上抵消阴气之寒，其实不然。

没错，阳气确实在大寒时节得到了进一步的壮大。大寒初候"鸡始乳"，意思是到了这时，母鸡便开始孵育小鸡了。在大自然中，小鸡的孵化，一般就从大寒开始。生命在寒冬腊月已经有了孵育，这是多么重要的物候现象！比起小寒三候"雉始雊"的雉鸟雌雄同鸣，阳气自然是更加浑厚了。

但阳气的生长并不意味着阴气的消退，相反，阴气在大寒时节仍然极为强盛，乃至超越小寒而达极点。这便是"寒气逆极"的"逆"之所指。

事实上，此时的太阳相比冬至时节，已经北移了很多，北半球接受的太阳辐射在逐日增加。然而，由于大地散发的热量依旧大于所接收的热量，人们感觉到的严寒依旧一天天持续下去，并由于冬日的漫长而令人感到苦寒愈加不可忍耐。

其实，在看上去几乎是不变的萧瑟与静寂中，在几乎是同样单调的白灰褐蓝中，在好像是重复上演着的日复一日的极寒中，天地的变化是每分每秒都在发生的，阴阳之气瞬息万变而又同样剧烈。阳气在坚定不移地生长，寻找着一切可能的缝隙，向上，向上；阴气在千方百计地维护着自己笼天罩地的强势，使自身的盛大不断达到新的极致。这时的阴阳之气，不是此消彼长的关系，而是互相促发的态势，阴气理所当然、气焰嚣张的蓬勃，交织着阳气以隐忍和耐心默默生发的壮大，形成了大寒时节独有的壮怀激烈，看似波澜不惊，实则惊天动地。

于是，那白灰褐蓝便在凝重之中飞扬了起来，在单调之中丰富了起来，在冷寂之中明亮了起来。天地阴阳之气的转换有多么博大，这些色彩的表现就可以有多么博大；天地阴阳之气的转换有多么生动，这些色彩的表现就可以有多么生动。而那颗悟到了天地变化本质的心，也便博大生动如天地，艺术创造因之而无穷无尽。

画悟四季，问道天地。大寒的冰冻酷寒，可以让天空之蓝更加透亮，也让智者对时光、对自然、对生命的感悟更加透亮。画家深味此中的幸福。在大寒初候"鸡始乳"那年终岁尾生命开始孵育的生动气息中，一切的色彩、一切的画面、一切的艺术表达，都翘首以待新的"四季"的到来！

乙未年十二月十七

丙烯纸本　176cm×97cm，2016

大寒二候征鸟厉疾

望不透的苍劲

一种奇异的感觉溢出心底，似乎许多美丽的花儿在山间绽放，温软的气息像山泉一样从岩石的缝隙间汩汩而出，而山岩的冷峻却不为所动，坚硬地耸立在苍茫大地之上。

这种融瑰丽与苍凉、柔软与冷硬于一体的奇妙美感，是画作所带来的，表达了这个时节的天地本质。

大寒二候是兰花开始绽放的时节。从小寒初候梅花始放，以五天一候为时序，山茶、水仙、瑞香依次开放，"二十四番花信风"的缕缕花香陪伴着人们从隆冬走向春天。到了兰花吐蕊之时，这幽兰香风立即驱散了大寒二候的苦寒之气，暗沉的冬日、萧瑟的山野，因为婀娜的兰影、淡雅的花香，而变得清雅、灵动起来。

大寒二候也是苍鹰大显身手的时节。《月令七十二候集解》如此描述："征，伐也，杀伐之鸟，乃鹰隼之属。至此而猛厉迅疾也。" "征鸟"，是指像鹰隼这样具有很强的远行高飞和猎杀能力的猛禽，"厉疾"是形容迅猛的样子。大寒时节，天寒地冻，草木凋零，生活在田野、荒原的小动物，像野兔、田鼠之类，失去了浓荫茂草的庇护，很容易被空中的猛禽发现，所以在这个时节，人们经常看到鹰隼像箭一样扑向地面的猎物。

空谷幽兰，柔弱之极，雅致之极；苍鹰捕食，雄烈之极，凶猛之极。这一柔一刚，一雅一凶，看似反差极大，在天地之气的变化里，却是相通的。

其一，通在生命力的活跃。

太阳北移的步子一步没有停歇，阳气生发的步子也一天没有停歇，大寒二候的阳气比起初候时节又上升了不少，只要没有寒流的突袭，许多地方的寒气已经明显缓和了一些，生命的活跃度因此增强了。植物如柔美之兰草，动物如阳刚之鹰隼，率先展开了生命的花瓣，张开了生命的翅膀，在高天厚土之间盛开、飞翔。

其二，通在生命力的强盛。

虽然阳气持续生发，这时依然是阴气盛极的日子。现代供暖设备减少了今人悲大寒之苦的叹息，古时的文人则在困苦之中留下了许多悲咏之作，魏晋傅玄的《大寒赋》写道："日月会于析木兮，重阴凄而增肃。"从文字中不难体会到悲风骤起、飞雪山积、萧条万里的寒凉之境。在这覆盖天地的极致阴寒中，百花依然沉睡而兰花已然吐香，百鸟依然潜藏而苍鹰已经高飞，这样强盛的生命力，怎能不让人动容、振奋？

其三，通在人文品格的慎独乐独。

孔子称赞兰香是"王者之香"，中国传统文化将兰与梅、竹、菊合称"四君子"，是看重其俏立寒冬而盛放的柔中有刚、临寒不惧的品质，更是看重其独立空谷幽然开放的如君子一般独守高洁的品格。鹰也一样，总是独来独往，如空中的独行侠，在最酷热的夏季，它能飞得更高更远去触摸最高处的清凉；在最严寒的冬天，它能飞得更早更快去猎捕荒寂中的能量。它在孤独中所抵达的高度和自由，有哪一种飞鸟能与之相比呢？鹰，是飞翔的王者！

兰之柔、鹰之刚，带给艺术家表现大寒二候天地阴阳之气变化的无穷灵感。艺术家笔下的色彩流动，有着兰花一样的柔美、清丽，也有着苍鹰一般的雄浑、刚劲，而力透纸背的，是一种苍劲之美。兰之美，离不开独幽于冬日山谷的苍凉；鹰之美，离不开独翔于凛冽天地的苍茫。二者所具有的苍劲之美，正是大寒时节天地之气的本质。

更重要的是，兰与鹰相通的慎独乐独的品格，是中华文化所崇尚的君子的品格，也是我所顿悟的冬天最宝贵的品格！大寒隆冬，正是君子修省的时节，经不起独立寒冬的考验，君子怎能获得圆满的境界？不能享受孤独之境，又怎能获得探索的自由？在艺术探索艰苦得可谓寒极之盛的日子里，同时享有"心若兰兮终不移"的雅洁与"鹰击长空"的自由，又何尝不是生命的大美呢？

乙未年十二月二十二

丙烯纸本

97cm×176cm，2016

大寒三候水泽腹坚

乙未年十二月廿三

丙烯纸本 176cm×97cm，2016

大寒三候水泽腹坚

以磅礴之力
为四季落幕

过了大寒，又是一年。

大寒是冬季六个节气的最后一个节气，也是全年二十四节气的最后一个节气。走完大寒三候"水泽腹坚"这最后五天，冬季结束，四季的一个轮回也将结束。立春到来，新一轮的二十四节气将会周而复始地开启。那么，大寒三候这个冬的终点、四季的终点，具有怎样特别的内涵？

回眸冬至一阳生之时，时光自那时起便在日日加重的寒冷中开始了冬春交替的序曲，天地间的阳气一天天唱着生发的歌，一路向上，雁北飞、鹊垒巢、雉同鸣、鸡孵育……这些活跃着生命力的温暖场景依次出现，到了大寒三候，阳气的勃发之态早已是"寒山遮不住"。

梅花报春，山茶秀艳，水仙送芳，兰草吐香……阳气的增长催开了花的芳香，使大自然充盈着越来越多的春意，而人间迎春的氛围也越来越浓郁：扫除，祭灶，杀猪熏鸭备年货，挥春纳福待归家，家家户户忙着迎接春节这个一年之中最为重要的节日，那翘首以盼的热切的心，早已把隆冬的严寒抛在脑后了，大寒三候的日子已然充满了春的活色生香。

耐人寻味的是，就在这浓厚的温暖中，大寒三候的物候总结却并非我们想当然以为的，会是一个阳气比初候"鸡始乳"更强盛的现象。恰恰相反，是"水泽腹坚"，一个带着强烈冰冷气息的物候现象，似乎天地之间，人心之中，那暖乎乎的气息瞬间又被冰冻住了。大寒三候冷峻的一面，极其高调地彰显出来。

《月令七十二候集解》如此描述"水泽腹坚"："阳气未达，东风未至，故水泽正结而坚。陈氏曰，冰之初凝，水面而已，至此则彻上下皆凝，故云腹坚，腹犹内也。"意思是说，这时江河湖泊的水面结冰已经达到了全年最厚的程度，水深处犹如人的腹腔都冻得紧实了。为什么？因为阴气盛极，萌生的阳气尚不能抵达呢！俗语所说"冻破石头"，形容的就是大寒三候冰冻之冷硬。

"水泽腹坚"的物候现象提醒正在为新春将至而急不可耐的人们，沉下心，沉住气，这还是"冬藏"之时，不可轻举妄动：莫谓春弦动，冬阴犹盛值；天地存冰封，春来尚待时。

这是天地给予我们的一个极富深意的物候现象：冬之阳气的萌生始终伴随着冬之阴气的强盛，冬天是在阴气盛极的高潮中戛然而止、骤然落幕的。

我以为，认识到大寒三候"水泽腹坚"这一特别的内涵，对于理解四季之冬的本质是十分重要的。冬天的终结，不是在阳气升、阴气降的一起一伏中完成的，而是在阴气盛极不衰与阳气蒸蒸日上并存的高潮中画上句号的，如同两条主线、两个声部的合奏与共鸣，形成了不同于其他任何季节的宏大交响，以极其坚硬的磅礴力量为冬落幕，为四季落幕，又以十分美好的温暖气韵为春启幕，为新的一年启幕。

而徐冬冬沉浸在《四季》里的中国抽象绘画探索之旅，也在冬天里达到了一个高潮。在此之前，他不知道冬天有如此之多的细微变化，不知道冬天有如此之多的丰富与柔软，不知道冬天的力量是如此之强大、隐忍又温暖的。如今，他感受四季的灵性，他感知生命的情感，他感悟天地的慧心，他以画载道的表达，都在冬的高潮中达到了新的高度，并启迪他对春夏秋冬、对生命、对宇宙开启了更高层面上的新一轮的问道，他与冬天、与《四季》真正融为了一体……

乙未年十二月十二 （局部）

丙烯纸本 97cm×176cm，2016

大寒初候鸡始乳

大思维
大科学　/丁一汇

二十四节气七十二候是一种科学体系

徐立京：　　在今天的生活中，人们还是非常熟悉和关注二十四节气
　　　　　　的，但是很少再把它作为历法来使用了，几乎是将其视
　　　　　　为一种文化记忆。作为气象学家，您认为二十四节气
　　　　　　七十二候最核心的要义是什么呢？

丁一汇[1]：　　二十四节气七十二候据传起源于山西临汾地区的一个县
　　　　　　城，最早产生于夏朝，历经夏商周，在山西、陕西、河南、山
　　　　　　东这一带逐渐发展。这是黄河文明的一个反映。当年古人也知
　　　　　　道气候是在变的，他们根据天象物象、天文的变化、天时的变
　　　　　　化，来判断这个节气大概是什么样子，是如何变化的。古人对
　　　　　　节气的描述，夏朝就有，但是夏朝并没有文字记载。几年前我
　　　　　　去黄河沿岸的这个县城参观过，看到了日晷以及古人最早用来
　　　　　　确定二十四节气时间的那些东西。那里的历山被认为是二十四
　　　　　　节气七十二候的诞生地，这是非常有根据的。

徐立京：　　二十四节气和七十二候的诞生地不一样，是吧？

丁一汇：　　不完全一样，但都是在山西、陕西、河南这些黄河文明
　　　　　　诞生的地方。二十四节气七十二候基本上是中原农业文明的产
　　　　　　物。北方人用得比较好，用在南方是有差距的，热带地区还不
　　　　　　一定适合。

　　　　　　我们的祖先观察气候变化的时候，看的是什么呢？第一个

1 丁一汇，中国工程院院士，当代著名天气与气候学家，中国气象局气候变化特别顾问。

是天时，就是我们所谓的"天文"，这是他们最注重的。第二个是物候。七十二候所反映的那些物象，我们叫作物候。物候是很重要的，开花、结果、树木发芽、河水结冰等，看的是这些大自然的现象。第三个是农业和天时物候的配合，天时物候和农业要连在一起，和农耕文明要连在一起。古人的耕种，日出而作，日落而息，每天首先要看太阳，看太阳的变化。所以，我觉得二十四节气七十二候实际上是一种大思维、大科学，并且和农业密切相关，并不是对一个个现象简单的描述与记载。这种大科学是和大自然完全融在一起的，包含了天文、地理、农业等知识，是将各种知识融合在一起的综合观测结果，也是长期历史总结的结果。

如果比较一下中原文化和历史上同期的欧洲文明，可以发现他们的思维跟我们是不一样的。欧洲人研究历法比我们要晚得多，他们研究什么呢？他们在研究物象天象的变化时，主要是寻求物理学上的解释，他们常常追问的是这个现象是怎么发生的，譬如为什么会有雨水？雨是怎么变得越来越大的？水滴怎么会变成水蒸气？水又怎么会结冰？他们研究这些现象的角度和我们是不一样的，他们侧重于从物理学上对现象做出解释，后来这就成为现代科学的基础。

徐立京：　您概括说二十四节气七十二候是大科学，是对整个宇宙世界变化的观察，是当年黄河文明的老祖宗在农耕时代观察自然变化、气候变化而总结出的一种科学体系。您也讲到了东西方文化的不同，在观察气候、物候现象时，欧洲人寻求的是物理学上的解释，比如雨水是怎么形成的，雨量怎么会增加；而二十四节气里面有雨水节气，我们表达的是在这个时节，老祖宗发觉天地间发生了什么大的变化，然后概括它，总结它，进行描述，这是东西方文化很大的一个不同。在农耕时代，我们总结出的二十四节气的科学规律发挥了很重要的作用。那到了今天，您觉得二十四节气七十二候还具有什么样的价值，还能发挥什么样的作用？

丁一汇：　　这个诞生于农耕时代的文明成果，其影响一直延续到现在，它所包含的科学的基本要素仍然是正确的，节气和物候的描述即使在今天看来也是完全准确的。

在今天的气候变化之下，节气和物候当然会有一些改变，我们可以不断地丰富二十四节气七十二候。这个节气和物候的体系，我觉得要传下去，同时可以根据气候变化的情况来加以具体的修正。不少专家已经在做这个事情了。其实 3000 年前根据物候观察总结出来的结果也未必就是现在这个样子，我们的祖先在一代一代传承的过程中也在不断修正和完善。

徐立京：　　在今天我们对它的修正中，其实能看到漫长时间过程中的演变。

丁一汇：　　对，演变！这个演变集中了我们祖先对气候、天文还有物象等现象的观测总结与认识的升华。

二十四节气七十二候的变与不变

徐立京：　　在这种传承与发展之中，哪些东西是变化的，哪些东西是不变的呢？

丁一汇：　　天文的要素变得很少，因为宇宙本身是以 1 万年、10 万年、几十万年为尺度变化的。变的主要是物候。物候随着气候而变，譬如在冷期和暖期是不一样的。冷期和暖期要经过几百年、几十年的演变，在这个时段里面，有些物候是在变的，如开花结果与收获季节的时间在变化，当地农民都会根据农时的情况修正的。但基本框架是不动的，我认为没有真正的大的改变。在变，又不变，这是咱们老祖宗的聪明之处，并且每个地方对历书都有不同的用法。

从目前的研究来看，我们的总结就是天文变得很少，物象有变化，但也还是相对稳定的，只需做一定程度的修正。所以，二十四节气七十二候的科学价值到今天还是比较高的，这也是它能得到长期使用和传承的重要原因。我们的前辈竺可桢先生，曾经担任中国科学院副院长，他最早的论文就是研究这个问题，他写的关于历法的论文，到现在大家都还在读。他提出要把中国的二十四节气七十二候很好地传承下去。

徐立京：　我也觉得这种传承非常重要。国际气象学界把二十四节气认定为中国的"第五大发明"，这个评价是非常之高的。2016 年，联合国教科文组织把中国的二十四节气列入人类非物质文化遗产名录，不仅从科学上肯定，也从文化的意义上来肯定二十四节气。您觉得二十四节气七十二候对世界的气候学及其他科学还有文化上的影响，体现在哪些方面呢？

丁一汇：　二十四节气七十二候是大科学，涵盖了天文、地理、人文、农事等方面，将上述因素融合在一起，是人类对大自然变化的观察和农耕时代需求相结合的一个产物，也是天人合一思想的具体体现。农耕活动与节气是永远密不可分的，虽然现在依赖度不像过去那么高了，但大自然变化对农业的影响始终存在。从这个角度来看，历法和节气必然会长期存在下去。当然，修正是必要的，因为气候在不断变化，气候会影响物候，影响开花的时间，影响季节的早晚，影响河冰的解冻时间，降水情况和温度也都会发生变化。在这种情况下，二十四节气七十二候的本质不会变，我们的祖先创造的这个节气物候的框架不会变，但根据不同的时间和地点，可以进行适当的修正，区域性的差别是必然存在的。

举个例子，譬如北京地区，现在的夏季就延长了。原来一过 9 月 23 号，就慢慢进入秋天，现在呢，有不少年份的 9 月从温度来看还是在夏天，很热。有些年份甚至是过了"十一"以后，仍和 20 世纪后期夏天的温度差不多，因为气候变暖了。所以，在运用二十四节气七十二候的时候，就要灵活处理。

但是二十四节气七十二候所划分的自然周期，并没有变。五天一候，对不对？五天一候非常符合气象变化的自然周期。在世界气象史中，自然周期是俄罗斯气象学家提出并总结的。自然周期就是五天一变。他们相信天气也会相应地五天一变，大自然就有这么一个周期，和我们的"候"的思想很相似。

徐立京： 所以我就觉得咱们老祖宗特别聪明。大家普遍对二十四节气了解得多一些，对七十二候的了解相对少一点，但这几年我对七十二候进行了一些学习、思考和观察之后，觉得特别精妙，每个节气分三候，五天一候，五天一变，对变化的概括非常精细。

丁一汇： 七十二候对黄河流域物象天象变化的描述非常准确，就是你所感觉到的，随着季节的更替，大自然的变化是该来的都会来。

徐立京： 二十四节气和七十二候的关系是什么？

丁一汇： 两者密切相关。二十四节气基本上考虑天文的因素更多一些，七十二候更多的是考虑物象，以一些更具体的、更微小的物象，来反映整个自然界更大的变化，而这些物象又是最有代表性的。

徐立京： 在二十四节气里面，哪些节气您觉得是最重要的？

丁一汇： 四个"立"是最关键的，因为它们代表了季节的更替，春夏秋冬的更替。然后在春夏秋冬更替的大背景之下，我们才有五天或者六天这种候的变化，在这里面看花，看树，看河冰，看飞禽，看大雁。它的框架是春夏秋冬四个"立"。

徐立京：　　有没有哪些"候"相对更重要一些？

丁一汇：　　有啊。你看"东风解冻"是很重要的，就是立春的初候，你会发现它真正解冻了，是不是啊？另外呢，立秋初候"凉风至"，什么时候凉风出来了，就意味着秋天来了，我们开始进入冷季，这个也是非常关键的。还有立冬初候"水始冰"，水开始结冰了，真正的冬天、地冻天寒就来了。每个关键点就是在七十二候里更显著的物候，它们是不同季节中变化最明显的地方。

徐立京：　　您是用什么思维方式来判断这些节气和物候的重要性呢？

丁一汇：　　我是学大气、学气象的，学的主要是西方科学。我们祖先提出来的这些物候的描述，虽然是物象和文字，是描述性的东西，但是它反映了大自然的规律。做天气预报要看大气环流，要看北极的海冰变化，大气环流又是由热带气流推动的。二十四节气七十二候描述的这些节点都反映了科学的含义，在气象上都能找到科学根据，这就是它了不起的地方。它提出这些变化，是很形象的描述，实际上都可以从科学上去解释它。这就是我开始讲的，我们研究的是大科学，西洋人研究的是具体的解释、物理学上的解释。今天可以看到，物理学上的解释和二十四节气七十二候描述的天文、物象、地理、农时这些大科学实际上是完全吻合的。

为全球气候变化研究提供一种精准坐标

徐立京：　　您谈得特别好，这就是东西方文化和思维方式的差异。我觉得东方文明、中国文化很有智慧，就像您说的，我们思考的是一个大的问题，同时也会看到一些细小的东西，然后从细小的事物去看大的变化，看宇宙世界的变化，我们的文化是有整体的宇宙观的，这其实是一种很先进的思维方式。在历史上，这种思维方式为我们带来了很多的科学发明，也使得我们曾经引领世界。西方人有他们的逻辑思考，有这种抽象的研究，但也有他们的局限。为什么我们社会发展到一二百年前，就落后了呢？而且落后到了处处挨打的程度。是什么样的局限导致了我们历史上这种科技发展水平的落后？

丁一汇： 我们的前辈科学家从清朝末年到民国，一直到现在，都在向西方学习先进科学。我曾和美国、日本以及其他一些国家的学者有过交流，就我的感受而言，他们最重要的成果，或是大部分的理论和事实，都建筑在科学实验的基础上，这是我们在历史发展过程中做得不够的地方。这里面涉及仪器、设备、观测手段，他们是整体来利用这些资源，而我们在这方面是落后的，尤其是在工业革命之后。我们没有先进的仪器，只有浑天仪、地动仪，是吧？西方工业文明发展之后，各种各样的观天、观地仪器都设计出来了，这些仪器走在我们前面，它们观测得更准确、更精确，更能揭示各种现象的内在成因，这就比我们要先进得多。他们的微观观测很精准，对吧？因为他们有显微镜，我们没有发明过显微镜，我们看不出细菌，他们能看出细菌来，所以我们得向他们学习。也不是说我们生病都不知道原因，我们也知道可能是由于吃了不干净的东西，但不知道是什么"不干净"的东西。"不干净不卫生"的含义是什么？西方人能给你找出来机理与生理的解释。就像看天象，他们是用望远镜实际观测得到准确的观测结果，从中找出事物的原理、定律，逐渐发展出科学体系和工业文明。

工业文明给他们提供了大规模的现代化的观测设备、观测仪器，使得他们有更为精确的数据，推动了他们的科学研究的发展，这就是工业文明兴起以后，我们就落后了的重要原因。这是我们要学的。但是前辈科学家并不认为西方的科学就是唯一的，也没有忘记老祖宗给我们留下的东西依然是有用的，所以当年就提出来西学中用的思想。

徐立京： 二十四节气七十二候的科学和文化，产生于农耕时代，现在我们不仅跨越了工业文明，而且进入信息文明的时代了，但是您也说二十四节气七十二候是一种大科学的思维方式，这种思维方式是非常有价值的。那我们要克服以前的一些局限，再去挖掘它的当代意义和世界意义的时候，您觉得要做一种什么样的结合？

丁一汇： 我们现在走的就是东西方思维方式结合的路子。譬如研究气候变化，气候变化在有些人看来就是一个大科学，是全球变化的科学。我们研究气候变化的方法论，与观察节气和物候并没有什么根本的区别，也是用综合的方法。比如现在看气候变化，从哪个角度看呢？第一，要看冰有没有变化，海冰、雪有没有变化，这是冰冻圈；第二，要看大气圈有没有变化，即大气环流运行有没有变化；第三，还要看生物圈，生物圈就和我们老祖宗讲的历法中的内容是完全一样的。气候变化以后，开花季、生长季都在变，可是我们判断生长季、开花季变化的依据是什么呢？就是老祖宗给我们定下来的时间。如果现有的时间偏离了老祖宗给我们定下来的那个时间，早了或者晚了，那就表明气候在变化，这样你对气候变化就有深刻的了解，你就能够说服很多人。

举个例子，比如现在春天来早了，花开早了，花开季节长了。日本人每年春天看樱花，东京与京都的樱花开花季提前了两周或者三周，日本人很相信二十四节气，他们就认为气候变了。所以二十四节气仍然是判断气候变化的一个依据。

再举个例子。法国葡萄收获的季节现在可以延得很长。以前秋天一来葡萄马上都得收，现在夏天延长了，秋天来得很晚，因为气候变暖了，因而摘葡萄的时间可以变得很长。判断时间长短和早晚的标准，就是咱们老祖宗定下来的那个日期，所谓"早晚"，就是相对于老祖宗给出的那个标准的偏离程度。

徐立京：　　现在全球变暖是大家非常关注的问题，也是各国研究的重点，影响到社会生活方方面面，影响到每个人。我们老祖宗提出的非常科学的二十四节气，相当于为我们研究全球气候变暖、气候变化提供了一个很精准的坐标。

丁一汇：　　对，就是一个坐标。这个坐标是几千年积累下来的，并不是一朝一夕完成的，它是通过对多种历史大数据的分析而总结出的非常精细的坐标。

我们现在说气候异常不异常，就是根据二十四节气七十二候树立的这个坐标、这个标准来判定的。这个坐标和标准对世界的贡献非常大。现有的气候和这个标准偏离了，我们就认为气候变冷了或者变暖了。所以我说二十四节气七十二候是大科学。

节气和物候的变化是一个平均的变化，在什么时间该发生什么现象，是很精准的，如果现在的情况和它发生偏移了，就说明在这个很长的时间段内，气候在显著地变化，偏离了平均气候。

用科学的语言来讲，所谓"历法"应该叫"平均气候"。平均气候就是非常长的时段内气候的平均情况。咱们的古人没有精准的观测仪器，但是他们通过对天文和气候现象的目测，总结出的物候表现，是很准确的。"七九河开"，那河就开了；"八九雁来"，那雁就来了，很准的。这就是平均气候在物候、天象上的反映。

我们今天所说的平均气候，通常是指 30 年或 50 年内的平均气候状态。别的国家还真没有类似我们的二十四节气七十二候这样的科学体系，没有这么完整的经过 3000 多年一代一代积累的对平均气候的观察总结。这是我们独一无二的宝贵财富。

二十四节气要和现代科学接轨

徐立京：　　当代人在做二十四节气七十二候科学文化传播的时候，还是比较狭隘或者说比较肤浅的，有点类似于养生知识，是一些表面信息的传播。

丁一汇：　　中医在很多方面是向这个科学体系靠近的，中医会提出什么季节应该怎么养生，什么季节多发什么病。我觉得必然要有这个联系。其实今天我们也是可以看到的，什么流行病在什么季节最容易发生，我们都要警惕。古人已经告诉我们，在什么节气里面，要注意哪一方面的养生，要注意预防什么样的疾病。这个思想和西方基本上是一致的。

徐立京：　　在挖掘老祖宗留下的这么好的科学体系的时候，您认为应该做哪些工作？

丁一汇：　　我们不应该忘记历法和节气的大贡献。现在大部分人的做法是把历法和节气印在日历上面，懂的人就懂了，不懂的人尤其是年轻人也不愿意学，是不是这样？所以我觉得要做的第一项工作，就是要让年轻人能够接受这一套历法和节气，要把它和现代科学知识融合在一起，使得年轻人认识到你说的不仅是对表象的观测，而是与实际仪器测量结果相吻合的。竺可桢先生也是这个意思，他提出了物候学，把它和现代气象学的发展、大气科学的认识联系在一起，给它一个解释，给它一个说明和支撑。它要和现代科学接轨。这样做，就能让年轻人认识到我们这个历法，我们的老祖宗3000年前就知道的这些事，是非常了不起的，这对他们而言会是很大的一个鼓舞。

第二，历法和二十四节气七十二候的研究，要和现代的气候变化联系在一起。因为二十四节气七十二候反映的是平均气候，平均气候取决于长时间内气候的平均情况，我们的二十四节气七十二候是3000年来不断更新的结果，这说明平均气候在不断地演变。其中有天文因素，有地球千年轨道变化的影响。另外，人类排放的二氧化碳增加了，也会影响我们的气候。我们要根据现在气候变化的理论，包括先进的物理、化学理论等，来不断补充二十四节气七十二候，来解释现代气候的变化。其中大数据的积累是非常重要的，要以科学的观点来解释节气和物候。

比如我们的历法，大家现在还是照用，但在用的过程中，我们要注意季节提前了，春天来得早了。"春天来得早"这句话就包含了老祖宗给我们的平均态，所谓"来得早"，就是相对于老祖宗给的那个日子提前了。我们要根据现代气候学的知识来解释它是提前了还是异常了，标杆就是老祖宗总结出的平均气候，这是我们判断气候现象的一个基础。

年轻人一是要学习科学原理，研究气候现象产生的原因；二是要和全球气候变化连在一起，气候在变，但万变不离其宗，它一定是相对于平均状况而言的。

徐立京：　　我来总结一下，不知道我理解得对不对。您的意思，就是当代人研究二十四节气七十二候，一要有新的角度、新的视野，要站在全球气候变化的角度来研究；二要有新的工具、新的方法，用现代气象学的科学工具和方法来进一步完善它，让它和现代科学表述能结合在一起。

丁一汇：　对。因为二十四节气七十二候基本是一个平均的状态，可是现在人们更关心异常的状态，也就是所谓极端天气和极端气候。极端天气和极端气候，二十四节气七十二候是不能反映的，这是它的缺陷。比如突然有一次大暴风雪，或者突然有一两个星期的高温热浪，这个它不能反映，它主要是给你一个上千年时间内的平均气候的描述，其中的物象变化非常清楚。但是一旦气候发生了异常，我们就必须运用现代的科学知识，把异常和偏离的情况说清楚。极端气候、极端天气是相对于平均气候而言的，二十四节气七十二候这个标尺的意义太重要了。

即使今天气候变化了也一样，我们这个标尺还可以更丰富，可以再加 20 年、30 年乃至更多年，这个标尺越来越清楚地体现出我们地球气候的变化，通过它就能知道地球气候变化的平均状态或历史轨迹是什么样的。

建立大众的科学认知

徐立京：　您觉得对于大众文化与社会生活而言，二十四节气七十二候还有哪些值得关注的地方，能给我们带来什么样的启发？

丁一汇：　对于二十四节气七十二候，应该说现在的年轻人不是很懂，对吧？所以要普及。我觉得应该在中小学课程里安排相应的教学内容。我们以前在中学是学过的，地理课里有，但对节气这些东西都讲得很浅。应该有一批科学家把二十四节气的精髓和它的科学性，以现代的观点表述出来，纳入教科书。以新的气候变化的观点来讨论二十四节气七十二候，再增加一些极端事件的描述，这样我们对整个地球的气候变化、环境演变就清楚了。

要加强教育的意识。现在年轻人不大喜欢这个历法，以为这是老古董，甚至认为其中存在迷信。这个观点是不对的。

徐立京： 没错，观念的改变非常重要，现在大家都觉得二十四节气七十二候是过去时代文明的结晶，好像跟我们关系不大。

丁一汇： 这就是一个误解了。这是大科学，所以我们在中小学的教科书里要不断讲到二十四节气七十二候，它是我们祖先从"天地人"的不同层面进行物象观测而得出的一个总结，反映了我们所生活的地球气候平均变化的情况，以及和农业文明相联系的情况。当然我们现在已经进入信息文明的时代，但还是离不开这个科学体系。

徐立京： 现在的青少年们，通过学习二十四节气七十二候，可以正确地认识地球的变化、人的行为的变化，它是超越时代的。

丁一汇： 我是地球物理系毕业的，我很相信二十四节气七十二候。它是科学，代表了平均气候，其中提到的种种物候现象，到该来的时候都会来。你放心，该来的都会来，不会缺席。可能是早几天晚几天，这就是异常，就是现代科学家研究的问题。如果没有平均的概念，何谈异常呢？

徐立京： 所以一定要把二十四节气七十二候首先作为一门科学让大众来认知。有些人觉得它已经是一个过去了的传统，甚至认为是迷信的东西，这种认知是应当改变的。

丁一汇： 对。如果你对二十四节气七十二候有充分的了解，知道什么是平均气候的话，你对现在的异常气候会有更深刻的了解，明白它怎样偏离了平均气候，这个思想是非常重要的。二十四节气七十二候是一种对大自然长期观测而得出的科学结果。

人们生活在这个时代，大部分时间都生活在平均气候里，但是不时就会有异常的天气出现，出现以后你也不必感到奇怪，它就是偏离了平均气候，偏离以后它还会回到平均气候。而且平均气候也在变，我们现在的平均气候和2000年前的平均气候也有差别，它也在变化，我们一定要有这样的思想。这是现代气象变化研究的重大问题。

顺应天地
运行的节律　　／陈来

"气"和"阴阳"是中国哲学宇宙观的最基本的范畴

徐立京：　二十四节气七十二候里有两个贯穿始终的哲学概
　　　　　念——"天地之气"和"阴阳之气"。中国传统哲学中
　　　　　的"气"和"阴阳"该怎么理解？

陈　来[1]：　"气"和"阴阳"可以说是中国哲学的宇宙观或者宇宙
　　　　　论的最基本的范畴，在西周时期就有这种概念了。气的思想，
　　　　　我们在哲学上叫作"气论"，是一个以气为核心的体系。气论
　　　　　是古代存在论的一个主要形态。

　　　　　　西方的物理学也好，自然哲学也好，没有气论，它有的是
　　　　　原子论，原子论是西方讨论宇宙世界构成的一个基本理论。

　　　　　　中国哲学讨论宇宙的结构、构成，用的基本元素跟西方不
　　　　　同，不是用原子这类概念，而是用气。气跟原子一样，都是一
　　　　　个哲学体系里关于存在、关于运动、关于宇宙观的最基础最核
　　　　　心的概念。

　　　　　　与各个文明的哲学本源相比较，气是本源意义上的概念，
　　　　　是最根本、最基础的，并且是物质性的。因为有的文明的哲学
　　　　　本源不是物质性的，而是精神性的，或者是其他的。而"气"
　　　　　是中国哲学体系在本源意义上的一个概念，是物质性的。同时，
　　　　　它是构成整个宇宙体系的最基本的元素。这里的元素，不能完
　　　　　全按照西方科学的角度比如化学元素去理解，其中"元"是最

---

1 陈来，当代著名哲学家、哲学史家，清华大学国学研究院院长，中国哲学史学会会长。

根本的意思，表示它是最根本的一个要素。在这个意义上，我们说"气"是一个根源性的物质性的元素。

"气"怎么翻译成英文？一般要译为"有生命力的物质力量"，就是 vital material force。为什么？因为要强调它是有生命力的，不是单纯的、被动的、惰性的物质，而是有活力的、有生命力的。这个译法主要着眼在气的不同使用场合。比如说中医里讲"气"，往往就是指精气神，这里的"气"是有生命力的。

但是，当我们单讲自然哲学，讲古代的存在论，讲宇宙的构成，就不用涉及这个 vital，直接说气是根源性的物质性的元素就可以了。在古代中国人的宇宙观里，早就有一种倾向，即从物质性的角度、用物质性的范畴来解释世界的构成。因此，气是中国古代宇宙观里讲构成论的基本概念，解决的是整个宇宙的构成问题。古代印度讲地、火、水、风，也是从物质性的角度来看待宇宙，包括古希腊早期也有类似的说法，叫"混沌"。

徐立京：　　古希腊也有"混沌"这个概念啊？

陈　来：　　对，比较早，大约在苏格拉底诞生之前一百年的时候。所以古典文明用一种或者几种物质性的元素来说明宇宙的构成，这类现象在世界文明史上是普遍存在的。

一般我们讲的"物"是具体的事物，具体的事物往往都有特定的形体。而中国哲学的"气"，跟特定形体比如"质"是不同的，气是没有定形的，而有固定形体的"质"是由气构成的。构成的方式就是"聚"或者"散"，"聚"了就成为一个有形的东西，但这个有形的东西还可以消散，又回到气的状态。所以，气是中国人宇宙观里最细微却又能够流动的存在论的一个最基本要素，不是固定不变的。

西方哲学的原子论也是从微小的要素去寻求事物构成的基础，但它认为每个事物都由一个个微小的固体构成，而且这种固体不能流动，是宇宙里最小的最后的不可分割的物质微粒。中国古人就认为没有不可分割的东西，一切都是可以分割的，是可以无限分割的。无限分割到最后，并不是"无"，它可以非常非常细微，但还是可以分，这就是庄子讲的"一尺之棰"。原子论还讲在原子以外，一定要有虚空。因为如果没有虚空，原子就没有运动的空间，没有运动的可能性了。所以它一定要在原子以外设定一个空间，一个虚空，这个虚空里是没有原子的。但在中国哲学里，不承认气以外还有一个虚空的、没有气的存在，它认为任何虚空都充满了气，虚空就是气的一种存在形式。虚空和气是统一的。

"气"的概念是怎么形成的？《说文解字》里讲气是云气，古人认为云是一种气团。这是说气来源于对云气的观察。当然，不只是云气，包括烟气、蒸汽、雾气，我们可以直观地看到自然界这种气态物质的存在，古人把这些物质进一步抽象化、一般化，就得出"气"的概念。

虽然气的概念是抽象得出的，但我们仍然可以借助空气、云气等具象物，来了解气的某些特点。以前我的老师张岱年先生讲过，如果对比气论和原子论，可以得出一个最明显的结论，就是原子论表达的其实是物质的不连续的性质，因为原子以外必须有虚空；而气论反映的是物质连续的性质。气作为一个连续性的存在，在中国哲学里有很多表达，最主要的说法是说气是没有间隙的，是充塞一切的，它充塞四方，充塞天地，充塞宇宙，无一息之间断，无一毫之空缺，在空间和时间上都是连续不断的。这是气的基本概念。

再来看"阴阳"。阴阳的概念在西周时期已经出现了，最初是一个直观的概念，就是指山向阳的面和背阳的面，向阳的面是阳，背阳的面是阴。我们今天也是这样讲的。这是最早的用阳光的照射和它背面的遮蔽来讲阴阳。但在《周易》里，阴阳的概念已抽象为一种哲学层面的宇宙观。阴阳不仅仅是山被太阳照射的一面和照射不到的背面，阴阳是整个世界，是贯穿整个世界的两种基本势力。任何事物都有对立的两个方面，整个世界也有两个对立的基本势力，一个叫阴，一个叫阳。一般来讲，阳是比较主动的，阴是比较被动的，阴阳之间有这样一种关系。中国哲学认为每个事物都有阴和阳，每个事物都有对立的两个方面，整个世界也是由阴和阳这两种基本势力提供存在和运动的根据。"一阴一阳之谓道"，语出《易经·系辞上》。这个表述出现在战国后期，不算很早，但其思想的产生是很早的，可能在西周时代已经有了。

什么叫"一阴一阳之谓道"？在我们后人的理解中，"一阴一阳"就是指阴和阳的对立和交互作用，"之谓道"是说这种阴阳的对立和交互作用便是宇宙存在发展的根本法则。照《易传·说卦传》的讲法，阴和阳的对立统一和相互作用，不是指某个具体事物的，而是普遍化的，是整个宇宙共同拥有的一个根本法则。

《易传·说卦传》说："立天之道，曰阴与阳；立地之道，曰柔与刚；立人之道，曰仁与义。"以阴阳表达天道，即是说阴和阳的对立互补、相互作用，就是天道。天道其实是最普遍的法则，"人道"和"地道"是天道支配下的局部的表现，宇宙最根本的原理，就是阴阳的对立和互补。

因此，阴阳就是整个宇宙的两种最基本的势力，这两种势力是对立统一、相互作用的。这其实是讲生成论。刚才我们讲气论是一种构成论，讲世界是由什么要素构成的，而生成论是说它的生成过程是怎样的。到了庄子时代，就已经有阴阳生成论了。《庄子》讲："至阴肃肃，至阳赫赫，肃肃出乎天，赫赫发乎地，两者交通成和，而物生焉。"至阴和至阳，一个是从天发出来的，一个是从地发出来的。阴气和阳气二者"交通成和"，互相发生联系，互相发生作用，万物才产生。这个观点就比《周易》更进一步提供了对生成论的阐释。《周易》只是讲宇宙中普遍存在着阴阳这两种对立的基本势力，《庄子》已经把阴阳跟气的观念结合，产生了"阴气"和"阳气"的概念。

《庄子》说："阴阳者，气之大者也。"这阴阳就是气，而且是最大的气。云气、雾气都不是最普遍的，阴阳才是最有普遍性的气。我们此前讲的"气"没有分阴阳，到了这里，阴就是阴气，阳就是阳气，阴阳的概念发展为阴阳二气的概念。

前面的"气"是从"一气"角度来讲，是讲整体，是不断运行变化的。而"阴阳二气"更加强调两者的交互关系与互动，"交通成和"，相交，有沟通，而且能够"和"。这样一来，阴阳二气不仅是宇宙的构成性要素，而且是二者的相互作用、相互配合，才导致万物的生成，才能带来变化的可能。阴阳的这种对立互补，就变成世界存在与变化的根源。这就把气的概念，表达得更加具体了。

"天地之气"与气候物候

徐立京：　　"天地之气"又是什么概念呢？

陈　来：　　"天地之气"，是气的概念的进一步的具体化。中国古代经典像《礼记》里的《月令》篇，还有其他一些篇章，都有天地之气的概念。

徐立京：　　这个概念能等同于"阴阳之气"吗？

陈　来：　　不能完全等同，因为阴阳之气更普遍，天地之气是从这个基本的概念引申出来的。刚才讲"气"是构成一切事物的要素，那么，天也是气构成的，地也是气构成的，构成天的气就叫"天气"，构成地的气就叫"地气"。在古人的理解中，天本身就是一团气，是有形可见的，比如我们看到的云。地虽然像是固态之物，但古人认为地也是气构成的。《礼记·月令》讲"地气"要上升上腾，"天气"要下降下沉。当然也有"地气"不上升的时候。和"天气"一样，"地气"也是不断在发散，在流动，可能向上流动，向上发散，也可能向下发散，向下流动。这种发散流动的不同状态，就构成了不同时段的气候情况，就是二十四节气七十二候。

徐立京：　　就是说，天地之气的概念主要是用于气候和物候的。

陈　来：　　更多的是这样。古人认为，"天气"下降，"地气"上腾，两者"交通成和"，有一种和谐共存的状态，这是最理想的。因为在这样的状态下，气候才能调和。六气调和，四时有节。若不是这样，就不调不和了。古人当然也会面对气候的变化，不总是那么调和的状况，上下流动有时没有达到"和"的状态。

徐立京：　　"天气"下降，"地气"上升，而且"交通成和"，这是一种和谐。

陈　来：　　对。你可以看出，古人很注重"天气"和"地气"之间的这种相通。如果"天气"往上走，"地气"往下走，永远不相交在一起，这不理想。"天气"和"地气"之间一定要相通，气候节气才能调和，草木也好，动物也好，万物才能够繁盛地生长，才能有活力。

徐立京：　　"天气"的本质全是阳气吗？还是它也包含着阴气？

陈　来：　　中医讲"地气"是阴气，"天气"是阳气，总体上可以这么说。但从《周易》的角度来看，是阴中有阳，阳中有阴，不是绝对的，而且阴阳之间是调和的。

二十四节气七十二候正是天道的展开

徐立京： 中国传统哲学主张"道法自然""顺应天道""天人合
一"，这一点在二十四节气七十二候的知识体系里表现
得也很充分。您能为我们阐释一下"道法自然""顺应
天道""天人合一"的准确含义吗？其蕴含的对天地、
对自然、对宇宙、对生命的哲学思考具有怎样的当代价
值？

陈　来： "道法自然"里有三个概念：道、法、自然。一般我们
认为"法"是个动词，效法的意思；"道"是宇宙里最终极的
原理；"自然"跟我们今天讲的自然界是不一样的，古代道家
讲的"自然"，就是"自己而然"，意思是自己就是那个样子，
或者说自己如此，本来如此。这个概念强调的是没有其他的外
力来干涉，不会被强迫改变原有的状态。所以这里的"自然"，
实际上是针对那种被外力改变了本来状态的情况所提出来的，
这就是为什么"自然"和"无为"会联系在一起。实际上，讲
"自然无为"，就是不要有外力强迫，我自己是怎么样就怎么样
最好。

人法地，地法天，天法道，道法自然。最根本的大道，所
效法的，所强调的，所崇尚的，就是顺应自己那个自然的状态，
顺其自然。所以"道"最根本的作用，就是要人能够顺应自己
的"自然"，而不是强调"有为"，道家认为这种"有为"改变
了事物的本来状态，是不好的，因而要保持、顺应、顺从事物
自己那个自然而然、自己本来如此的状态，这就是道法自然，

就是大道的根本作用。

　　"道法自然"当然和"顺应天道"是有关的。天道是整个宇宙运行的根本法则，人必须顺应这个法则，而顺应的方式，至少可以分为两种：一种是顺应自然规律来改变世界、改造世界，取得我们所要的东西；另一种就是顺应天道，按照天道所展示给我们的生活方式、生活节律来生活。

　　因此，顺应天道不仅仅是要改造世界，而且要顺应天道来生活。天道包含具体的内容，比如二十四节气七十二候正是天道的展开，也体现了它的规律。二十四节气七十二候说明天道的变化是有节次的，是周而复始的。在这个周而复始的过程中，有具体的节次，这个节次是天道规定了的，人的生活便要依照、要适应整个宇宙之道所给予你的这种节次。如果违背了这个节次，那你就跟不上它的节奏，就可能陷入混乱，你的健康可能就会出问题。

徐立京：　　很多人把二十四节气看作一种养生知识。

陈　来：　　它的养生的基本观念，就是主张人的生命跟整个宇宙的生命，在本质上是一体的、一致的，所以你要能够顺应、跟随这个节次来不断地调整变化。一年里有二十四个节气，不是一成不变的，它不断变化，你如果不跟着它变化，一年到头都穿棉袄，行吗？当然不行了。所以人一定要跟着节气走，节气就是天地运行的节律、节次。

　　这就是古代的一种哲学观念，天地的变化是周期的循环，这个周期循环不是一条直线，而是有节律节奏的，这些节律节奏都是有意义的。人不能忽视这个节律，天人应该是合一的。如果你脱离了它的节奏，就脱离了整体的生命的节奏、节次、规律，在生活中、在健康上就会出现自己不想要的状态。

徐立京：　　那"道法自然"和"天人合一"这两个理论，它们之间的逻辑关系是什么？

陈　来：　　"道法自然"和"天人合一"没有逻辑关系。道法自然主要是讲人要顺应自己的自然状态、本来状态，强调自然而然，

　　而天人合一主要是讲天和人的统一性，特别是强调人怎么自觉地理解这种统一性，并且能够顺应这种统一性。

　　天道的运行是周而复始的，而这周而复始又展开为具体的不同节次。所谓天人合一就是人必须跟上这个天的节奏，为什么要跟上呢？古人的信念就是，整个宇宙本身便是天人一体的，不是分开的，人是天的一部分。宇宙和你，天和你，自然和你，构成了一个整体的存在。同时，人已经变成一种自觉的存在，如果有意识地要跟天拉开距离，要反对它的节奏，不服从它的节奏，就破坏了这种一体性，脱离了整体的属性、整体的要求。天人合一是针对天人相分而言的，其实从辩证法的角度来讲是有分有合，也不能说"天人"总是合一的，"天人"也有分的那一面，但天人合一强调的正是天道和人道是统一的，甚至说人道就是天道的一部分。所以，人应该自觉地了解天道，顺应天道，服从天道，把自己融合到整体的统一中去。天人合一主要解决天人一体、天道人道一致的问题，如果引申来讲，也包含一点道法自然的问题，因为后来有些思想家，把"天"理解为自然，把"人"理解为人为，那"天人"的关系就变成了自然和人为的关系，就变成了道法自然。如果仅仅是讲自然和人为的关系，天人合一就跟道法自然相通了。但这是狭义的理解，不能说整个"天人合一"的概念都跟"道法自然"有关系。

徐立京：　天人合一的思想是从什么时候开始走向成熟的？

陈　来：　"天人合一"这个概念与命题的提出，是在北宋时期，但其思想在汉代应该已经很成熟了。

天地大美是不依赖于言语而用心感受的

徐立京： 追随着四季的变化、节气的变化，我对"天地有大美而不言"这句话感触特别深，我觉得春夏秋冬的任何变化，其实都是很有意义的，每一个时节都有独特的美，自然中蕴藏着无穷无尽的美，让人感动。但这些美，大自然并不会直接告诉你，或者说也很难用语言来表达，是需要你自己用心去感受的。能说说您对此的感受与思考吗？

陈　来： 庄子讲天地的大美，是对于宏大场景的直观概括，并不是刻意强调不同的季节。你更关注每个季节每个物候独特的美，是吧？所以你的感受是更具体的、更特殊的，跟庄子的讲法有所不同，但是没关系，每个人都可以有自己的体会。庄子的本意是强调天地具有伟大的美，这个美是不依赖语言来表现的。

　　道家有一种态度，轻视语言的作用，认为最高深的东西是不需要通过语言来表达的，也是语言所不能完全表达的，语言是一种限制。《庄子》里的原话有好几句呢："天地有大美而不言，四时有明法而不议，万物有成理而不说。"意思是四时运行具有显明的规律而无法加以评议，万物变化具有既定的规律而无须加以谈论。道家是放在这个框架里来讲的，针对的本来是"言"的问题，天地大美是不依赖于言语而能够表现的。但我们后人看这句话，也不必拘泥于原来的意思，就看这句话给你的印象是什么，给你的体会是什么。就好像读一首诗、看一幅画一样，不同的人有不同的感受。像你的感受就是，天地到处都有美，天地时时都有美，而每个季节、每个地方的美都不同，"大美"里还包含着多种多样的具体的美。

徐立京： 我的感受正是如此，而且我觉得其间的美是需要自己去感悟的。

陈　来： 对这种美的领悟不是依赖语言的，别人跟你说美呀美呀，你不一定能体会到，而是要通过自己审美的直观，去把握，去感受，去了解。庄子的这个观点，主要是表达他对语言的一种态度，他甚至是排斥语言的。但是你可以把它转化为对美的感受，语言不是审美感受的唯一方式，甚至不是主要的方式。

道德境界和功利境界可以调和

徐立京： 对于冯友兰先生提出的自然境界、功利境界、道德境界和天地境界，当代的年轻人应该怎样理解？这一理论对今天的人们追求幸福与快乐，有什么启示？

陈　来： 冯友兰先生讲，自然境界是一个最低的境界，这里的最低不是最坏，而是没有任何自觉。用冯先生的话说，就如同傻子的境界，傻子的生活是最自然的，他对任何事情都没有自觉。比如一两岁的小孩，没什么自我意识。自然境界是这个体系里的起点。一般人生活的境界是功利境界。他有自觉，知道自己的利益在什么地方，他去追求自己的利益，这就是功利境界。一般人不用学，就在这个境界里。道德境界是对功利境界的一个否定，因为功利是以个人利益为基础的，所有的追求都指向个人的需求、个人的欲望，而道德的本质是对个人的欲望进行一种控制和调控，不能说这是否定欲望，完全否定欲望是不对的，但道德的本质就是对欲望要有所控制。道德境界是对功利境界的进一步提高。天地境界有点像我们刚才讲的道法自然、天人合一，就是与天地万物合为一体，达到这样的境界，便是天地境界。所以冯先生说这是超道德的境界，比其他的境界要更高。更高，是因为它更不容易达到。对人类来讲，道德境界也很好了。但是冯先生说中国文化里还有一个更高的境界，就是人不仅仅能做一个正人君子，还能跟整个宇宙合为一体，这当然也是一种天人合一了。

徐立京：　　他为什么主张这种境界？

陈　来：　　因为中国古代哲学里面就有这种境界。像宋代的哲学，程颢讲"仁者，以天地万物为一体"，一直到明代、清代，都有不少人追求这样的境界。所以古代的中国人不是仅仅有了道德境界就够了，他还有更高的追求，追求"仁者浑然与物同体""仁者，以天地万物为一体"的境界，这种仁者境界在广义上也是天人合一的一种表现，但强调的是人的境界。

徐立京：　　那可不可以说天地境界也是一种仁者境界？

陈　来：　　可以。天地境界如果放在古代儒学中来讲，就叫仁者境界。

徐立京：　　年轻人该怎么理解冯先生说的四种境界呢？

陈　来：　　冯友兰先生认为，人的道德境界和功利境界可以有一个调和的方式，不必那么对立。古代社会的伦理生活是倾向于对立的，一定要用道德境界压制、克服功利境界。冯先生写了新理学的六本书——《新理学》《新世训》《新事论》《新原人》《新原道》《新知言》，其中《新世训》是讲怎么把功利境界和道德境界结合起来。比如古人讲忠恕之道，是从道德律令的角度而言，冯先生告诉你应该行忠恕，不仅是因为这是孔子讲的一个普遍的道德律令，而是因为这样做才会对你好，不这样做对你自己不好，所以我们要把它和为人处世之道结合起来，把行忠恕作为一种待人接物的方法。我们据此专门出了一本《新世训：生活方法新论》，作为清华的德育读本，书中第一条是遵理性，第二条就是行忠恕。

徐立京：　　冯先生试图从功利的角度让大家能自然地进入道德境界。

陈　来：　　冯先生的伦理思想里，确实包含这个意思。

徐立京：　　现在的年轻人似乎更注重个人的幸福与快乐。

陈　来：　　那就是功利境界，是比较低的境界。从四个境界来讲，好像对功利境界是完全排斥的，要求人达到更高的道德境界，甚至达到超道德的天地境界。但实际上也不是绝对排斥功利境界，而是尽量把功利境界和道德境界结合起来。青年人追求成功，就告诉他们一种成功之道，这种成功之道是不违背道德境界的，也不是生硬地命令式地把道德的东西强加给你，而是说现代人追求成功，应该把这两个境界结合起来，这样可以更有助于你成功。这是冯先生真正的伦理思想。

徐立京：　我觉得很受启发，但其中一些内容还是容易让人产生误解，比如说在中国传统哲学观念里，其实是把"自然"这两个字看得比较重的，而冯先生把它放到最低的一个层面。

陈　来：　是的。我写过一篇文章，就是说这还是不太合理的，道家讲的自然境界也是脱离了功利境界的一种。道德境界是对功利境界的否定，道家的自然境界也是对功利境界的一种否定，而且是更高一级的。

重新了解中国古老的哲学思维，
对今天的文明对话是有积极意义的

徐立京：　那么，讲到中国传统哲学的当代意义和世界意义，您有什么看法？

陈　来：　现在比较流行的"现代性"的概念，所依据的主要是一种西方的宇宙观。近代以来的西方哲学，是重视静止的、孤立的、实体的、主客二分的、自我中心的这样一种哲学，这跟中国哲学的宇宙观是不一样的。古代中国哲学的宇宙观，是以"气"的概念为基础，强调连续的、动态的、关联的、整体的观点。所以对中国哲学，西方学者包括李约瑟有一个概括叫"有机整体主义"。中国哲学不是强调连续、动态、关系、整体吗？就是说宇宙的一切是相互依存、相互联系的，每个事物一定是在跟他者的这种关系中，才能找到、才能显现自己的存在和价值。所以，人和自然，人和其他人，以及不同的文明之间，应该建立一种共生和谐的关系。西方的宇宙观是原子论，追求一个原子式的独立个体，这是两千年以前就有的思想，而现在成为对他们的个人主义的一种支持，因为他们的思维就是追求这种原子式的独立的个体。他们在认识世界时也要将其还原为一种原子式的个体，而不是从一个整体的存在、互相关联的存在的角度来看问题。中国文化强调那种原始的天人的统一性，个人不是原子，而是社会关系连续性存在的一个环节。这跟气论的哲学背景是关联在一起的，包括阴阳的关系也是一样。阴阳互补的观念，跟西方处理二元关系的角度也是不同的。西方总是追求二元的割裂、对立、斗争，而中国哲学最终讲的是二元之间的和谐，化对立为和谐。有机整体主义强调在这种相互依存中找到自己的价值，这就是不同的宇宙观。目前我们这个世界出现了许多问题，所以重新了解中国古老的哲学思维，对今天的文明对话、文明交流是有积极意义的。

徐立京：　　　从您的工作实践中来看，您认为这种哲学的对话交流，现在西方感兴趣吗？他们能理解吗？他们能听到吗？

陈　来：　　　西方有一些哲学家、自然科学家、汉学家是了解的，只是他们的声音太微弱。李约瑟就讲中国人的思维是有机整体主义的，他注意到了这种相互关联性。比如，他们比较东西方思维，西方思维讲线性的因果关系，甲产生了乙，乙产生了丙，这是线性的思维；而中国人的思维是网状的，一个点连接着四面八方各种各样的作用点，不是单一线性的因果关系。但西方主流的思想认为这种思维是前现代的。所以这个观念需要慢慢改变。

徐立京： 我认为中国哲学整体、系统、"天人合一"的宇宙观，还有中国文化"海纳百川""和而不同"的价值观，对当今世界很有意义，应该成为这个世界的文化认同中很重要的内容。

陈　来： 这不是一句话两句话能说清楚的，也不是一种力量两种力量能解决的，得慢慢地来，得有很多人有这种反思意识。现在西方世界即使经历了新冠肺炎疫情这么大的冲击和变化，他们的反思还是不够的。

徐立京： 站在哲学家的角度，对中国文化的未来，您持一种什么态度？

陈　来： 未来不是任何人的任何一个理想能够决定的。从现实来讲，任何一个事物的存在，都是多种力量互相作用、互相博弈后达到的结果。从理论上来讲，中国文化有很多优点，应该跟西方近现代几百年的思维实现相互理解、相互学习的状态，使这两种文化能共同支撑世界未来的发展。世界未来发展不能只有西方的一种力量，现实已经表明了这一点。

对中华民族
智慧的考验 / 薛其坤

二十四节气七十二候和量子科技
都是科学的认识观

徐立京： 我看科学特别是物理学发展的历史，总觉得物理学到了
一定的阶段就哲学化了。您提到量子科学对我们认识微
观世界是一个革命性的发现，那您觉得它对人类认识宏
观世界和微观世界的思维方式的改变体现在什么方面？

薛其坤[1]： 这是一个非常深刻的问题。宏观世界和微观世界遵循的
规律完全不一样，实际上这就是人类认识世界过程中一种思维
方式的跳跃。在人类认识宏观世界的历程中，早期"地心说"
占绝对主导地位，人们普遍认为所有的天体都是围绕着地球、
以地球为核心运动的。后来到了伽利略时代，科学家经过观测，
确立了"日心说"，指出太阳是恒星，地球是行星，地球围绕
着太阳转。从宏观世界牛顿力学到微观世界量子力学的发展过
程，就有点类似于从"地心说"到"日心说"的进步，所以人
类对客观世界认识的发展，是一种螺旋式上升的过程。

徐立京： 最近几年我在研究二十四节气七十二候，这是我们祖先
认识宇宙世界的一个科学体系。现代人认为里面有一些
不科学的成分，比如立冬三候"雉入大水为蜃"，雉是
野鸡，五颜六色的，蜃是蛤蜊，颜色也很丰富，古人认
为立冬三候的时候，野鸡到了大海里就变成蛤蜊了。现

1 薛其坤，当代著名量子物理学家，中国科学院院士，南方科技大学校长。

代人说它是不科学的，可能是一种想象。但从量子力学的角度来思考这个问题，古人认识宇宙世界的这种思维方式、这种哲学，和现代量子力学有没有相通之处呢？我总觉得还是有的。从表面上看这两个物体是完全不一样的，但到了微观世界的粒子层面，其本质还是一样的。

薛其坤：　　二十四节气七十二候是我们祖先观察气候变化得出的规律，它在一定程度上是非常科学的。量子力学也是认识宇宙世界的一个体系，和二十四节气七十二候一样，都是对自然界在不同方面、不同对象、不同层次上的认识。古时是靠眼睛观察，靠人们的感觉，现代量子力学则在技术水平上有了很大的不同。以前的理论相对来讲，是对自然规律的一个总结，比较粗浅，而现代科学技术的探测能力以及其他各种各样的能力大大提高了，对微观世界的认识就深入到了看不见摸不着的东西。从科学的认识观上，我想二十四节气七十二候和量子科技没有任何区别，只是认识的层次或认识的水平发生了大的变化。

我们自己的文化体系要和科学体系融合起来发展

徐立京：　　因为量子力学首先是国外的科学家提出的，所以大家谈起量子力学时，还是觉得它是西方文化中的一种科学体系。您是世界著名的量子物理科学家，又是从中国文化里成长起来的科学家，您觉得中国传统科学和传统文化与当代前沿科学的结合，会为量子力学的发展提供一些特别的支持吗？对这个问题，我再展开一点。我们讲文化自信，文化自信其实也包含对我们以往的科学体系的一种自信。但是在科学层面呢，我们总觉得自己在这一二百年里都是很落后的，然后我们不断向西方学习，不断跟着走。那么现在到了量子力学这个领域，正如您所说，我们站上了一个可以同步、有些方面甚至可以领跑的平台，没有代际的落后。我进到清华大学物理系大楼时，看到了张衡的画像，在世界物理科学的发展史上，我们有这样杰出贡献的科学家还是很少的。我总觉得在挖掘我们的文化自信方面，现在也到了一个突破的历史时期了，就是怎么把西方的先进文化和我们中国几千年历史所形成的先进文明相结合，让我们的科技研究、科学体系的发展能跑在前面。在这方面，您的思考是什么？

薛其坤：　　对这个问题，我想谈两点。第一，我们中国的一些传统哲学思想是可以用在现代科学技术研究上的。第二，我们的祖先和前辈也有很多创新的实践和思想，但是没有形成一个相对完善的科学体系。

由于历史的原因，我们尽管发明了很多的技术，古人通过认识自然界，也研究出了怎么造纸、怎么生产火药，发明了指南针，包括东汉张衡的浑天仪、地动仪，还有明代的《天工开物》，等等，这种实验性的科学相对多一些，但是没有从科学上认识我们的思维体系，在思维体系上没有把两部分融合起来。就是说中国的哲学也好，中国的传统文化也好，可能发展得相对比较完善，但是因为忽视了对技术的体系化，或者科学的体系化，过去几百年来我们没有建立起现代科学体系。

我们中国的传统哲学认识论，包括阴阳的统一、辩证法思维等，有很多的哲学思想，我研究得不是很深刻，但我认为这些哲学思想实际上可以用到科学体系的建立上，可是历史上我们没有这么去做。我觉得中国传统文化在治理国家的思想上，在人与人、人与社会的关系上，运用得更强一些，时间也比较悠久，但和科学是相对独立的两个体系，实际上古人没有把它和科学技术交融起来。

这个问题挺大。我们也有炸药，也有造纸，但是没有把它变成一个科学的体系、一个技术的体系去发展。中国传统文化博大精深，对于教育人、治理社会，起了很关键的作用，但是它没有建立起西方的科学体系。

你可以看到改革开放是一个非常重要的节点，我们开始了历史上从未有过的深入和广泛的中西交流。我们要坚持文化自信，同时也要中西交融，既弘扬自己的长处，也学习别人的长处，弥补自己的短处，我想这就是改革开放的基本含义。习近平总书记和党中央反复强调要坚持改革开放。东西方两种文化、两种文明如果结合好了，我想会是几百年以来我们中国发展的重大机遇。同时，我们自己的文化体系也要和科学体系融合发展。

徐立京：　　您是说科学的发展需要建立一个现代科学体系，而且科学体系和技术体系还不一样，它是需要贯通的。

薛其坤：　　对。我们既要注意引进西方现代科学体系，也要利用我们几千年积累的智慧和文化，从而更好地去发展好这些科学技术，为这个科学体系做出自己的贡献。现代科学体系的发展是我们传统文化所没有的，它会成为当代中国文化的一部分，包括西方国家的一些优秀文化也会被吸收到当代中国文化的体系中，我想就是这样。

徐立京：　　您讲了一个特别重要的问题，就是西方现代科学体系背后的文化支撑，如果我们要在科学技术上保持先进，在未来的时代里，我们的文化支撑是非常重要的。

薛其坤：　　国家要强大，经济要发展，我们就必须发展高科技，而发展高科技离不开科学家。我们不能按功利性的标准去衡量科学家。有很多科学家，你给他很好的生活，给他很高的工资，可能他干 20 年还是一无所获，但这不是说他这个东西就不能做了，可能这个东西是有不确定性的，不像我们平常做饭，只要有原料，做半个小时肯定能做出东西来，但是科学研究不一定能做出结果来，这是科学发展的一些规律。所以希望大家理解科学发展的规律，要尊重科学家。总之，要发展好科学技术，要有好的人文氛围，要建立好的科学文化，要让文化与科学技术共融发展。

静心《四季》里，/徐冬冬
冥想天地间

——建立中国抽象绘画流派与中国新型文化的思考

2013 年中秋，新的生活又舒展在那浓郁的秋韵里。我独步于京郊隐逸之所"云归处"，条鱼隐约闪动在枫影波光中。《四季》组画中的《二十四节气·七十二候》系列走入创作日程，新作随之诞生，中国抽象绘画又有了新气象。它使我对天、地、人有了崭新的感悟，它不同以往，不再是人们感觉到的四季景色之嬗替，而是画者灵魂在宇宙间跳动的轨迹，它表现得如此自在。

春采甘露，夏携新雨，秋含风沙，冬化晴雪。融色之水，多取于自然之物。百色入洗挥毫而泼之，水色交融如瀑而泄之，遇古老之宣纸，顿时肌理万般浮现，层层叠染，一层一变，气象万千，整个画面气韵非常，脱尽前人笔意。

残雪思春，夏悟秋禅，随意所至，无不应节。坐忘开悟，无我而化之。它早已超越了作品本身，具有了生命之概念：春为生命之初始，自混沌中走来，从无到有，善恶自生；夏为生命之孕育，其博爱来自乾坤；秋又为生命之初度，七识顿开，八识见真，独立于天地外，知善识恶，扬善去恶，善之灵飘落在气韵之中；冬则为生命之静心，乃灵魂轮回往复的聚积与勃发。这是宇宙间伟大的造化。

四季往复不殆，万物因气相连，气绕物而生气韵，物在气韵中而具神韵，人类之灵魂在这气韵之中神采非常，人与万物的神韵在浩瀚宇宙间交融，此神韵之和谐才是宇宙的最高境界。

一

在过去几十年的笔墨里，我一直追寻着中国哲学思想，感悟着宇宙四季之变。行于山水间，从意象至印象再进入抽象绘画各个时期的创作，充满了对宇宙世界的探索。我从古今中外的名家名作中获得启发，并有计划地对中外名山进行了系统写生。这里的山、那里的水在日月光影中显得那般灵动，在与日月对话的"意象"情怀中，不时闪动着范宽、李成、倪瓒、担当、青藤、八大、弘仁、梅清、石涛等画仙的影子，飞瀑下、古溪边、苍松怪石旁，又在月落日出的天边，我之灵魂与他们神交，融入虚实有无的笔墨中。笔下的近水远山、青黛点点、江舟自横，都化于那让人感动落泪的画韵里。

蓝天、碧海、帆影，东西方文化的会通，如波涛拍岸、潮水自来。明暗奇妙、变化无穷的阳光把我带进了对生命的渴望，也把凡·高、莫奈、米罗、毕加索、马蒂斯、克利等西方大师的画迹带进了我的生活，让我感受物质世界在不同时光作用下所呈现出的不同状态。这与"意象"不同，它打开了了解物质生命本质的可能，又为当代东西方艺术家提供了互相学习的通路。在这一点上，西方绘画大师凡·高、马蒂斯和前辈画家林风眠、赵无极的作品皆做出了榜样，给予我启发。

二十多年前我以士人的精神，高举中国文化的大旗，在全球实施"阳光与和谐的梦想"（1997—2003）行为艺术，宣扬"和而不同"的中国文化思想，西方主流社会上千家文化机构参与其中，我对 21世纪中国文化进入世界的时代命题有了深刻的感受与认识。在全美各地众多名校演讲时，我阐述了如下观点：21世纪中国进入世界是人类文明的进程，也是文化演变的规律。这并非要得到西方发达国家的许可才会发生，同时对中国文化也是一种考验。世界上许多问题表面看是意识形态和经济贸易产生的冲突，其实最后还是落在文化的认同上。我提出了中国新型文化的概念，其核心就是建立中国式抽象逻辑思维……那时我的思维已进入"抽象"领域，并对东西方文化千年演变加以比较与反思。当这一历时数年的行为艺术在欧美各国实施完毕后，我便回到出生的地方，静心探索建立中国抽象绘画流派，为中国新型文化建设做出努力。

这十几年来，我的抽象笔墨一直沉浸在儒、释、道各家浩瀚的经典哲思中，以《太极》组画来讨论人类幸福与快乐的自然观，从《围与不围》组画来描述人类文化演变与国家形成及解体的关系。十几组多领域组画创作的完成，使得中国抽象绘画逐渐见其真貌。这些作品在思想、艺术形式及审美上都十分独特，但新近完成的《二十四节气·七十二候》组画与之相比，还是有着本质的不同。

《二十四节气·七十二候》组画是《四季》系列的第一套作品。"春雨惊春清谷天，夏满芒夏暑相连。秋处露秋寒霜降，冬雪雪冬小大寒。"二十四节气历史悠久，可追溯至上古时代，蕴含着对宇宙间深奥的星象密码的解读。从古老的二十四节气七十二候切入，问道春夏秋冬四季变化，是我独立面对宇宙万物探求生命本质的创作，也是对四季生命问答的一种手段。我从中体会中国先民们的智慧，了解中国文化对宇宙世界包括生命诞生、天地变化等诸多问题的认识，并赋予新思想以抽象表达。

这套作品的创作历时八年之久，是我所有作品中倾注心血最多的。它承载着我对中国抽象绘画思想与路径的追问，更寄托着对中国新型文化的期望。在中国哲学里寻找抽象的概念，使之成为绘画语言，建立中国式的抽象逻辑思维，这是中国抽象绘画的要旨。将自己的灵魂置于大自然中，面对宇宙独立思考，感悟生命的真谛，这是以往所没有悟得的。

《二十四节气·七十二候》组画与众不同，它不是时尚和技术性传承之作。它的创新思想和技法是在中国改革开放的大潮和中国新型文化的建立中逐步完善的。它总结了我在意象、印象、抽象绘画三阶段对"象"的认识和几十年创作问道的经验，特别是近十几年中国抽象绘画求索过程的思考。它立足于人类文化进程和东西方文化比较，感悟中国文化进入世界的智慧，并对人类社会与宇宙自然的关系提出问答。

二

　　欲知《四季》组画的特点与不同，首先我们要对绘画的产生、东西方文化的演变作一浅谈。

　　绘画先于文字而产生，先是描绘部落血缘图腾的建立，再到宗教故事以及世俗社会种种状态，是人类记录历史、表达情感、追求美的享受、提高精神境界的一种手段，它伴随并映射着人类文明的进程。

　　当我们思想混沌、用文字难以表达时，听觉、视觉却会给人类带来意想不到的大脑分泌物质，带来丰富的创造原动力，这也是音乐和绘画存在的意义。绘画不但带来视觉效应，同时也使人类的生理、心理、精神等各方面产生了变化，可以说是文化创造的原动力。绘画给人类和文化带来了基础性贡献。

　　中国绘画的历史尤显精深，受到大自然和传统哲学思想影响，在中古时已建构起高屋建瓴、宏大而又深邃的画理。我常讲，如果没有魏晋南北朝士人文雅的风骨，便不会产生书法的高峰，没有这书法的成就也不会带来唐朝诗歌的巅峰，而没有唐诗的昌盛则不会有宋代中国绘画的顶峰。在海纳百川、有容乃大的哲学思想引导下，博采众长而形成的渊源深厚的以儒、释、道为主要基础的中华文化体系，产生了富有中国特色的耕读文化和以诗、书、画为艺术形式的文人画体系，完善了"意象"的概念。

　　古老的东方文化博大精深，有完整的思想体系，是人类精神宝藏，成就早于西方。在中国五千年文明历史的漫长岁月里，中华民族也经历了强盛和衰落的交替。从唐、五代、宋至元各朝（618—1368）七百五十年间，唐诗、宋词、元曲成为经典，宋画也是中华文化的瑰宝，更达到中国绘画的最高峰。这比西方文艺复兴时期的绘画成就要早约四百年。

　　隋唐五代三百多年，汉胡通婚，血缘相融，这并不影响唐朝成为当时世上最为繁华、开放的国度。从北宋到明朝初始，中国思想界产生的大家，从邵雍、周敦颐、张载、二程兄弟（程颢、程颐）至南宋朱熹而集大成，提出"理"先于天地而存在，主张"即物而穷理"，形成程朱理学体系。陆九渊则提出"宇宙便是吾心"的辩题，讲"心即是理"。直至明代大儒王守仁提出"心外无物""心外无理""明体心""致良知"，形成完整的心学体系。上述所言表明虽国家社会动荡，但不同文化间的会通，带来新思想的活跃，造就了宋词、元曲和宋元两代绘画的成就，陈寅恪语"华夏民族文化历数千载之演进，造极于赵宋之世"，就是此理。

东方谈文化，西方讲文明。欧洲古老的爱琴海文明，古希腊、古罗马的中世纪基督教文明，意大利亚平宁山麓新资产阶级的启蒙运动和文艺复兴运动，以及现代西方文化所产生的哲学、科学、法学、文学、艺术、建筑等，成为西方文化的支柱。文化的勃发源于新思想的产生，科学随之发展，带来了伟大的变革，教育系统的建立惠及人类的生活。哲学、科学、工业、教育体系的发展，使西方进入现代社会，由此带来了三百年的强盛，成功引领了蒸汽、电气、信息技术三次工业革命。西方绘画的艺术形式也因此生发了一系列巨变。从二维到三维的具象古典绘画，到光影下物体表现的印象绘画，再到探求生命本质的抽象绘画，以及各类现代绘画流派的产生，都受到了西方抽象逻辑思维体系的影响。西方取得的文化科技成就来自西方抽象逻辑思维和可重复性物理实验。如果没有西方哲学基础性的抽象逻辑思维理论，是不可能诞生其科学和工业体系的，更不会有西方的抽象绘画。

随着西方科学和工业文化的崛起，大航海时代到来，西方用坚船利炮打开了东方的大门。一波接一波不同文化间的冲突，如惊涛骇浪一般，对旧的文化带来巨大冲击，又在冲突与会通中产生新的文化。

观明清两朝和同期欧洲文化的衰落与崛起，要从文化基础是否能产生新思想来做分析。宋、元两朝受到外来侵略，朱元璋所建立的明代实施缩紧北疆大门、南方封海的闭关自守的国策。这是中国文化从昌盛走向低潮的分水岭，此时西方文化正在文艺复兴中兴起。明朝（1368—1644）的历史与欧洲文艺复兴（14世纪中叶—16世纪）几乎同时，一个守关自保，锁国思维充斥朝野，倡导小农经济；另一个新思想不断，抗击旧宗教体制，提倡人的个性发挥，建立起初期工业化，生产效率大幅度提高。虽然明朝中后期经济总量超越印度居世界首位，但大都来自农耕产品和作坊式的手工业。而一个国家的强大，不仅要看经济实力，更要看其有没有新思想和创新科技不断产生的土壤。明朝经济上的成就是对传统思想继承的结果。永乐帝朱棣派郑和七下西洋，可见当时明朝经济实力和科技水平皆为世界一流，但朱棣并非站在世界发展的高度思考其国策，在思想上缺乏植根和领导世界的眼光，后朝子孙在新思想的追求上无所作为。这对于一个世界性帝国是很遗憾的，因其根本没有明白崛起的欧洲资产阶级革命将对东方国度形成巨大威胁。

清朝版图大于汉唐，人口为4亿，近世界人口一半，是世界第一的庞大帝国。但其思想是尊儒施道、以汉治汉，外交、经济政策较明朝更为封闭，视自己为天朝，却无领导世界的思想，对大洋彼岸欧洲大陆所发生的一切采取短视的鄙视态度，不通口岸，不允许国际民间商贸，将欧洲皇室赠送的先进国礼视为"奇技淫巧"。但此时西方的新思想已经带来工业革命和大航海技术的成熟，其先进思想、科学技术、文化教育和工商业产品开始传播各地，东方大国印度、东南亚各国和非洲、美洲、大洋洲，皆沦为工业革命受益者英国、荷兰、葡萄牙、法国、西班牙等国的殖民地。直至1840年鸦片战争爆发，清廷满朝大臣还在梦里。清八旗军被打得不堪一击，只能割地赔款，中土租界林立。清王朝这条千疮百孔的巨轮日渐沉没，这大大打击了中国人的自信心。清王朝的经济总量一度占全球经济总量近三分之一，但并不能摆脱失败的命运。其背后种种原因中最关键的，就是没有引领世界的新思想。一个国家的强盛在于其新思想的强大，而不只是经济上的强盛。清王朝的衰败是惨痛实例，也给其后的中国永远的警示。

近代中国在苦难中挣扎。战败之后，清皇室和中国的有识之士虽也认识到西方的强大，派学生远渡欧美日各国留学，1905 年仅在日留学生便多达万人。留学生以救国为宗旨，学习军事、教育、医学、工程、艺术等各类学科，成为日后中国现代科学、工业、教育等领域的奠基人。但许多人只对西方的"技"有兴趣，对新思想却采取了拒绝和排斥的态度。比如艺术方面，徐悲鸿先生只将素描这一技术带回，成为改造中国绘画教育的手段。没有新思想，中国现代艺术体系是建不起来的。

清帝国被推翻，中华民国建立，但七年后的巴黎和会上，中国作为战胜国却在外交上遭遇失败，中国知识分子才发起"五四运动"，强调西方科学、民主的精神。民众感受到了时代的呼唤，中国太需要产生新思想，才能治愈其深重的苦痛。马列主义学说被引入中国，就是这方面的具体体现。抗日战争胜利后，中国广大民众支持中国共产党取得政权，正是全民渴望、期盼、迎接新思想新气象来到这古老大地的心境的反映。也正是新思想的引领，使得中国共产党在革命、建设、改革开放和新时代等各个历史时期都取得了前所未有的成功与成就，使中国大地焕发生机。

三

人是会沉思的，而每个人的想法的确不同。我时常思考人生的意义和境界，当然这个问题也见仁见智，我总把它集中在两个字上，便是"创造"。人生的意义在于创造，而创造体现在人类文化史的演变之中。

伴随着中国走向世界舞台中央的历史进程，中国文化自信的重构以及中国新型文化的建立，我以为将是这个时代最伟大的创造。

近二百年来，西方文明呈现出"一枝独大"的强势乃至霸权姿态，其势力充斥在世界的各个角落。我们中国古老的文化经历了极其痛苦甚至是惨烈的冲击，在历史的起伏跌宕中，千百年来安定在农耕文化里的中国人似乎找不到过去那种优雅、从容了。随着社会结构的巨变，中国传统文化赖以生存的土壤不复存在。尤其是面对西方依托其强大物质文明而产生的文化影响，中国文化一度失去了自信，我们的国土上随处可见西方文化的痕迹。

但是，这是一个终将过去的历史阶段。中华文化的优秀基因应该也完全可以成为全人类的基本价值。符合时代要求的中国新型文化，将在当今东西方文化的交融与会通中产生，将在中国文化进入世界的历史性进程里逐步形成并完善。

我们必须看到，西方文化的价值观已经走向了工具性。他们从启蒙运动中找到了以人类为中心的发展道路，创造了人类文明的辉煌。但这种以征服自然为目的、以人类为中心的道路走到今天，其"利己"精神已走向极端，许多负面影响已危及人类的生存，宇宙间的万物也受到了威胁。消费文化、商业文化、物质文化在全球高歌猛进，在很大程度上都是受到了西方文化的影响。西方文化虽然声称其追求自由、民主、平等，在对自然和其他文化的问题上却表现出一种征服欲。森林被过度砍伐，江河海洋被污染，极地冰雪加快融化，大量动植物惨遭灭绝。如果这种状况继续下去，人与自然、人与世界的和谐将不复存在。

这就势必需要另一种强大文化对西方文化加以平衡和制衡，这正是 21 世纪中华文化复兴并进入世界的主要外因。我想，对于全球出现的很多问题，中华文化是一剂良药。

2008 年至 2009 年，我创作了组画《迷失的快乐》和《迷失的幸福》，来表达上述思考。此作品提出了警示，以"迷失"作为整个创作的主题，希望对人类追求的快乐和幸福做出判断。对快乐与幸福，东西方文化有着不同的见解。西方文化以征服、利用自然为代价，将快乐和幸福建立在物质的基础上，"利己"的欲望膨胀无度，难道这真的能给人类带来持久的幸福吗？而中华文化崇尚"利他"的精神，追求人与自然的和谐共生。这一系列画作和随后创作的《思绪的迁移》，统称为"太极"系列，就是想表达中华文化追求快乐与幸福的智慧，人类的快乐与幸福应建立在天、地、人以及宇宙万物的概念上。

我想反复表达这样一个观点：中华文化的优秀基因可以成为全人类的基本价值。"己所不欲，勿施于人"的价值理念，"天人合一"的理论，人与自然的和谐，这些都是全球实现可持续发展所必需的文化理念与价值观。而中华文化"海纳百川"的眼界、"有容乃大"的胸怀，是非常了不起的。比如，传统文化中的佛教就来自古印度。中华文化并不保守，它能尊重其他文化的价值，会吸纳其他文化的先进理念，并且会尊重个体的发展。我们的宇宙观讲究宇宙间万物的平等，强势向着弱势倾斜而达到平衡，从而创造一种和谐的气韵。当然，这不仅涉及人类社会，也包括人与自然的关系。而这种和谐是"和而不同"的。在这一点上，中国文化还有一种传统——包容性。包容的文化也是多样性的，承认他者的价值，有一种利他的精神。这些文化的特征也表现在中国改革开放所取得的各项成就中，这是中国进入世界和产生新型文化思想的内因。

中国新型文化走向世界，对中华民族的复兴将起到重要作用，也将对全球和全人类的和谐与平衡起到重要作用。这是我理想中的中国文化在世界上的位置。这一位置不是我想象出来的，而是经历了百年来多少先贤志士的奋斗，一步步走到今天，才让中华文化复兴的前景越来越清晰。在这片改革开放的热土上，中国新型文化正在生根开花。当新冠病毒（COVID-19）席卷全球，在抗击疫情的过程中，中国民众在中国共产党领导下表现出的自信、团结、仁爱、利他的精神，正是改革开放后全民精神面貌的体现，也是在东西方文化冲突中中国文化优势的充分表现。在这伟大的时代里，在中华文化复兴并进入世界之时，中国人的价值观也因此不断改变，而文化的自信就在中国新型文化的兴起中得到具体表达。

四

我一直坚持以一个画家的身份介入大的文化思考和文化实践，提出了"画画不是目的，问道才是根本"的理念。这是我从事艺术创作几十年所秉承的理念，其间体现着中国文化观天下的家国情怀。这里所指的"道"，是中华民族文化复兴之道，也是辨别自然生命中的真、善、美，进一步完善人格美德之大道。

我常常庆幸和感恩自己身处改革开放所开创的这个伟大时代。始于20世纪70年代的改革开放，使我们这一代人内心明亮，宛如一阵春风使中国文化有了新的气象。我们能够走出国门，以全球的视野来思考文化的创新。

正是在中国文化的智慧、价值观和境界的指引下，"阳光与和谐的梦想"行为艺术创作得以实施。我走向世界宣扬中华文化，告诉外国朋友，中国民众愿意走出国门交朋友，更欢迎他们到中国去看看，那是一片希望的土地，是一个有五千年文化积累并充满改革开放活力的国家。此创作从亚洲进行到欧洲、美洲，我的作品集《徐冬冬画集》（英文版为《徐冬冬的内心世界》）作为艺术创作的载体，进入代表西方主流文化的1700多家文化机构，包括75个国家图书馆、80家国家美术馆、300所大学和320个城市的公共图书馆、美术馆，以及270家博物馆。当联合国图书馆接受此书时，联合国副秘书长说，这一创作与联合国所提出的"文明的对话"相吻合。这一历时六年的艺术创作给我带来了深刻的文化思考。

回顾总结人类文化的进程和东西方文化的演变，建立中国抽象绘画，正是这一思考带来的使命。但创立一个画派不是目的，其目的是建立中国新型文化中的中国抽象主义，这将为中国思想界、科学界和新的工业革命提供创造性的抽象逻辑思维。在这一点上，中国抽象绘画先行一步。

东西方文化体系是不同的。东方文化博大、宏观、综合，讲究合二为一；西方文化的思想模式则是分析型的，重在一分为二。我经常想，近现代二百年来为何西学能引领世界潮流？一个重要的原因，恐怕在于西方的文化里充满抽象逻辑思维，不仅能抽象出各种原理、理论、规律，而且能将其应用到各个领域，不断产生新的应用成果。西方文化的昌盛基于其科学的巨大进步，它的科学基础就在于抽象逻辑思维的完善和可重复性实验系统。正是在这一思维基础产生的科学创造力的指引下，西方文化在全球成功领导了三次工业革命，推进了人类社会现代文明的发展，并正在引领人类社会进入第四次工业革命。

而中国的文化里虽然也有抽象的概念，却缺少抽象的思维，很多思考和实践只停留于技术的层面、具象的总结，不能普遍地通过抽象逻辑的升华而形成理论、原理，这就限制了它在更广泛的领域内的深入与应用。东西方文化经历了近现代以来数百年激烈的碰撞、会通，呈现出你中有我、我中有你的状态，现当代东方文化在很多方面都汲取了西方科技的养分，使西方技术性文化特点得到放大并产生了许多科技应用成果，但仍然没有有意识地建立科技创新的思想基础——抽象逻辑思维，中国文化思维中自有的抽象的规律性概念在现代应用中也依然被忽视。

当代新的工业革命发端于量子物理的出现。量子物理、生物技术和数字技术的融合，将从根本上改变我们今天所知的世界。中国因各种原因与前三次工业革命错失交臂，但这一次的工业革命绝不容错过。21 世纪中国的经济、政治、文化、科学有了长足发展，循着人类文化的演进规律，中华文化将再次复兴，很大程度将代表东方文化立于世界之林，参与、引领第四次工业革命。这场新的工业革命定会产生新的思想来丰富中国文化，而中国文化的新思想也可作用于这场伟大的工业革命。如果我们要加强自身的科技、工业的创造力，就需要建立中国文化中的抽象逻辑思维，这是基础和根本。这就是我提出建立以中国抽象逻辑思维为核心的中国新型文化的缘由。

中国抽象绘画的追求正在于此。我创作时思考的重点，便是在中国哲学里寻找抽象的概念，使之成为我的绘画语言，以此为路径来建立中国抽象逻辑思维。这种抽象逻辑思维的建立与探索，是什么样子？用老子的回答是再好不过。"道可道，非常道。名可名，非常名……"这是一个问道的过程，是认识宇宙世界变化"由外向内""经内向外"规律的过程。它与东方辩证逻辑思维有着必然的联系，不完全等同于西方文化中的抽象逻辑思维概念，而是对中国传统文化思维自有的抽象逻辑的寻找、辨别、归纳及总结。当我们反思中国传统文化的百年得失时，中国式抽象逻辑思维的建立尤显重要，它是认识物质发展及其本质的原动力。同时，它也建立在中国传统文化与西方优秀文化对话的基础上，是在我们的宇宙观、自然观、人生观中得到的感悟与提高，自信地面对这千年未有之大变局中的文化冲突，文明地做到"你中有我、我中有你""和而不同"文化价值观的认同。

这种思考丰富了作品本身，使画者得以站在世界文化演变的高度，来审视人类社会政治、文化、经济的发展变化。这里我想再次强调的是，中国将代表东方文化走向世界舞台中央，这并非中国本身的要求，也不是欧美各国是否愿意让中国参与引导世界发展的问题，它是一个文化的演变规律，是不以个人的意志为转移的。因此，中国新型文化的形成与完善，可以说是正当其时。

所以，我创立中国抽象绘画，不只是为了创造一个画种，而是希望将抽象思维带入中国新型文化的建立之中。将中国传统文化中本已具有的抽象概念挖掘出来，并吸收西方的抽象逻辑思维营养，结合而成为中国式抽象逻辑思维，由此产生的中国新型文化将推动中国参与和引领未来全球的思想变革、技术变革、产业变革、文化变革。这是问道的过程，是智慧的表达。

五

我进入抽象绘画领域之前，经历了二十多年中国传统意象绘画和中西结合的印象绘画的深度探索，创作、展览、出版了大量作品。这样的艺术经历，恰好与中国文化过去、现在与将来的脉动高度契合。

十四五岁到二十多岁大约十年时间，我从事中国传统意象绘画创作，其时是 20 世纪 70 年代中期，正是中国经历了"文革"以后百废待兴、渴望中国传统文化回归的时期。这个时期也是我的艺术思想"心造境"的萌芽期，讲究用心灵去创造意境，用古人观察宇宙世界的角度来认识、追求中国传统文化中的美。二十多岁到三十多岁之间，我的画风转入与西方印象派的结合。在探索印象绘画的十多年中，正值中国改革开放之初，我吸纳西方的各种艺术流派、思想，作品呈现出"你中有我、我中有你"的风格。"心造境"艺术思想也从美学境界进入哲学境界，追求大自然中的真善美。而中国抽象绘画则是从 20 世纪 80 年代末至今三十多年的创作追求。此时，中国已逐步成为世界的经济大国，政治、经济、外交突飞猛进，影响力与日俱增，中国与世界成为"命运共同体"。"心造境"也从哲学境界进入天地境界，追寻万物灵魂在宇宙间运动的轨迹，讲求人和万物的神韵在浩瀚宇宙间交融和谐。

绘画作品从不是只给人挂在墙上供人欣赏之雅玩，或藏家囊中之珍宝，更不是商人钱生钱的发财手段。它可前看、也可回观历史长卷的每一片刻，在推动新思想、科学、工业等进步并与其他各种文化融合发展方面，起到产生想象力的动力源作用，是通过视觉反映内心的特定表达方式。这种表达方式，作为人类文化发展推动力所表现出的现代特征，就是对宇宙世界生命不断的问答。这也是思想、文化、科学、工业等不同领域在抽象逻辑思维这一链条上延伸与应用的互相影响的过程。再看意象、印象、抽象间的哲学演进，是认识万物"由外向内"而探求生命的"真"。

抽象绘画在西方已是有了百年历史的画种，也有中国前辈画家被西方的抽象绘画所吸引，创作了大量作品，可大部分只是在画面上模仿西方大师的笔墨色彩，不能从思想和艺术形式上来反映中国社会生活和中国文化本身。我努力地在中国哲学里寻找抽象的概念，使之成为我的绘画语言，并用国际的视野和思维，融合中国儒、释、道三家的思想，来探讨当今中国、世界和人类广为关切的问题，如文化的演变、人类的精神状态、生命的本质、生与死、善与恶，等等。我的作品在画面上好似受到西方绘画思想的影响，其实述说的都是中国人富有质感的想象力和社会人生。

这些绘画是中国文化关于生命境界的抽象表达，它像血脉流淌在中国抽象逻辑思维探索的长线上，表明了中国抽象绘画努力的方向。

点线相连而成"面"。如果将中国抽象绘画比喻成一棵大树，件件作品似"点"，是这树上所结之果，而贯穿作品之中的生命问答之"线"，则是硕大的树身和伸向天际的树干。那么，根深才能枝繁叶茂，这盘根错节的根系才是中国抽象绘画的"面"。中国抽象绘画的根系就是以中国儒、释、道为主的哲学体系和西方优秀科技文化的会通。

二十多年年复一年、日夜勤奋的抽象笔墨探索，使中国抽象绘画的点、线、面逐步形成，在思想上、技术上都呈现出从未有过的创造。作品手法和风格凸显多样性，特别是对传统宣纸的应用，开辟了新天地。新的艺术形式和审美逐步走向成熟，它们似条条溪流汇成大川，奔向名为"四季"的大海。《四季》组画最大的与众不同之处，就在于它是在经历、总结中国抽象绘画点、线、面基础上的悟道心得，犹如中国抽象绘画这棵大树经施肥、剪枝、嫁接后所结的最新最美最盛大的果实。

六

《二十四节气·七十二候》（2013—2020）组画是《四季》系列的开篇之作。

"春的三境界：一为冬去春回，吐故纳新；二为新生的静雅，生命之初性本善；三为百花争盛之后的凋落之美……"

"夏是生命的孕育。大地母亲的子宫孕育万物，生命从混沌走向成形。大地孕育万物是博爱，它通向仁义，有仁有义方为爱。宇宙本身已经有爱了……"

"想这片孤怜的叶子会飘落在四季的哪个角落？人已过夫子所言的知天命之年了，但从未细细品味过四季的灵魂，人生匆匆一晃而过，只知人情世故，转眼白发上头。只有怀着似一片落叶飘零的心境，才可将灵魂放在旷野、大漠之中，才晓得四季中灵魂跳动之轨迹。"

"冬的表达，表面上看比较单调。但关键在这'藏'字，如何更加'深'与'沉'地表现，在于用来化色墨之物，是取自当时之晴雪，晴雪存阳气，化色后表示'沉'字，很得其意。后来给画盖上了'雪被'，色墨、宣纸间发生了从未有的变化，一遍雪、二遍雪、三遍雪，各不同，后面温度越低，效果更加不一样，干脆抬着画放在室外雪天里，观其变化，这是过去从来没有过的办法。真的将灵魂置于大自然中了……"

再读这些创作笔记，好像一下子又回到创作《二十四节气·七十二候》的那些时日中。禅坐，冥想，读书，品茗，创作和整理画稿，是生活最重要的部分。静心于云归处，晨起喜鹊登窗，牡丹相伴度日。在品茗中悟道"虚实"，在禅坐冥想中见"真"，其"象"如混沌之"气"变幻无穷。"气"在混沌中生万物，万物之"象"生于混沌中。四季万物生于此，笔墨落在"真"象中。笔走"色空"里，墨含"有无"中。在这抽象逻辑思维的生命链里，一幅幅《二十四节气·七十二候》的笔墨如孕妇产子，在这个伟大时代里"顺产"了。这是一个问天问地、使新生命萌发的过程。

《二十四节气·七十二候》组画的创作，是在"无知之知"的状态下离形去知的过程，是顺应"道"的规律，具有"生命"的价值。阴阳气韵的变换，游离于无穷之中。"气"变而生形，形变而生有，有无之中伴生灭，应春夏秋冬四时轮回而行也。顺天道，讲"真"求"实"，无为而无不为，不刻意背离天道而求人为，追求人与人、人与社会、人与自然之间的和谐状态才是理想的"为"。

始于 2003 年的十年隐逸生活磨炼，使我的精神逐步呈现出虚空静寂的"无执"状态。或有疑问：梳理中国抽象逻辑思维、建立中国抽象绘画，皆充满使命感，何言"无执"呢？我想，也许研修东方文化所需进入的一种高深精神状态，便是消除个体内心的杂念、偏见以及"知"所带来的欲望，以取得心灵的自由。而探求中国抽象逻辑思维的建立，正需在"去知"的过程中而达"无我"，达到复归于朴、返璞归真的境界。

当我们探讨中国抽象逻辑思维、建立中国抽象绘画之时，中华文化的智慧得以再次发挥。中华文明起源可追溯到盘古开天地的时代，上古时期天皇氏发明的干支理论，就是中华文化认识宇宙世界的先例，它对中华后世的历法、术数、计算、命名等影响重大、意义深远。我从二十四节气七十二候切入来面对宇宙世界、探索四季，便源自干支。它观天地星辰变化所总结出的物候、气候，对中华思想的产生、变化、升华，以及中华民族社会生活的点滴，都产生了潜移默化的基础性创造作用。要从干支理论这个中国文化原动力所产生的二十四节气七十二候入手，来感悟宇宙世界的真、善、美，深思四季的奥秘，打开中国新型文化的心灵窗口。

《二十四节气·七十二候》组画带来中国文化对宇宙的新感悟、观察的新方法。新思想、新境界、新创造的产生，得益于我从《新唯识论》中体悟到的启示与教导。初次接触"唯识"概念，源于中国哲学大家熊十力老先生。二十世纪七八十年代，我静心于意象的墨海，以文会友，有幸结识许多令人尊敬的文化艺术大家，如诗人艾青、臧克家，书法家、佛学家赵朴初，杂文家聂绀弩，作家萧军、骆宾基，社会学家费孝通，戏剧家曹禺，舞蹈家吴晓邦，翻译家钱锺书、萧乾、杨宪益，书画收藏大家张伯驹，雕塑家刘开渠，书画大家刘海粟、王朝文、李可染、启功、张仃、王森然等，众多前辈大家都给予我谆谆教导。宋、元、明、清历代名家的超凡笔墨，让我得以从古人画作来感悟中国文化观察自然的方法和独特角度。同时，宋明理学、心学大家朱熹、二程、陆象山、王守仁等先贤的思想，给我很大启发。当代思想家和哲学学者马一浮、胡适、钱穆、梁漱溟、冯友兰等人的著作，也是我感兴趣的，其中熊十力老先生是我特别喜爱的一位。他给现代儒家提出了方向，给同辈、后学树立了榜样，令后来者无不心生敬重。对我这个晚辈来说，真没想到三十五年前一本读不懂的《新唯识论》的智慧，今日却不经意地融入了中国抽象绘画的建立过程中。《新唯识论》认识宇宙世界的智慧，是一盏圣贤明灯，照亮了一条大通之路。它的"八识"，为我认识四季、创作《二十四节气·七十二候》组画提供了方法。

　　当我的笔墨直接面对宇宙世界时，我不再是仅从自然现象的外部，用眼、鼻、舌、耳观其变化，或从前人传承的文化中得到经验，而是通过自身的"心"过渡至大脑和身体每一部分的反应。此时，人体如感应器一般，感应着宇宙世界，不断释放出未知的信号，传于心，反应于手脑，落于笔端。正是因为认识到"本识"的意义，《四季》组画才能进一步了解宇宙本性的"真"。以色彩笔墨表达万物间灵魂般的心灵对话，感应天、地、人，认识宇宙的"真"，这是《四季》组画与以往创作最为根本的不同。

《四季》的创作，始终将"气"作为生命之"真"的源头，来观察四季之变。"二十四节气"的阴阳两气之变，归于太阳转动所带来的黄经角度的变化。"七十二候"中，阴阳两气互相转换交变所带来的气韵生动，是宇宙世界和谐之美善的体现，这正是《二十四节气·七十二候》组画表现的生命精神境界。

"气"随太阳的运转而生"物"，阴阳两气变化带来春夏秋冬四季万物的呈现。太阳每转过黄经 5 度为五日一候，每转过黄经 15 度为十五日一节气，每转完黄经 360 度为四季一年；一年含三百六十五天、二十四节气、七十二候。太阳转动带来宇宙间阴阳气韵之变，观北斗七星斗柄位置变化，再现对天体的认识，这种问天的宇宙生命观，始终围绕《四季》的笔墨。创作《二十四节气·七十二候》的八年间，真是时光如梭，却又一分一刻也没有蹉跎，不错过每个节气带来的时光福分，不错过每一候带来的瞬间感动，不错过四季气韵之变带来的对宇宙生命观的哲思，更不错过哲思顿悟中对生命真、善、美的追求。从每时、每日、每候的阴阳两气交合变化，感悟宇宙世界之变，悟道万物生命之"心"，带来《二十四节气·七十二候》组画对灵魂的独白，达于对生命本质的精微表达。我曾说："《四季》组画所追求的真、善、美，不只是画面所呈现的构图、色彩和立意，而是探求万物生命本质的真。"

八年修"心"路，在悟道中只是片刻，但对于凡人的我，却是人生刻骨铭心的历练。"闲眼可观天下事，盘坐漫游乾坤道。"这是一段磨炼人生的岁月，充实而甘苦自知。从未有的快乐相伴而生，在快乐中明了智慧。静中存心，心怀宇宙。象山公有悟："吾心便是宇宙，宇宙便是吾心。"此宇宙观，使佛、道、儒在此找到融会处，"天人合一"就出此理。《二十四节气·七十二候》组画所表达的，也包含这个道理。

这是中国文化中的大道理，由佛、道二家转而成为儒家经典。而不同文化在灵魂深处有相会处，亦是我十几年来的所感所悟所思，从中更体会到东西方文化的不同领域会通所发散的智慧的力量。中国抽象逻辑思维正是在此深耕悟道，《二十四节气·七十二候》组画在此培土、播种、生根、开花、结果。这是不谋而合的智慧，花开在那语默动静的神往中。

随着《二十四节气·七十二候》组画的初步完成，中国抽象绘画从思想、立意、艺术形式和材料的应用上，特别是对宣纸和毛笔等传统工具的应用，都有了新方法，产生了新效果，为《四季》系列下一步的深入探索奠定了基础。

"气从色中过，五蕴本自空。静心四季里，冥想天地间。"在浩瀚中华文化的气韵中，观万物动静之"真"，灵魂在空灵中自在会通。"惚兮恍兮，其中有象。恍兮惚兮，其中有物……"老子所言"道之为物，惟恍惟惚"，正是《四季》组画灵魂般的轨迹。

搁笔于庚子仲冬之时

2020 年 12 月

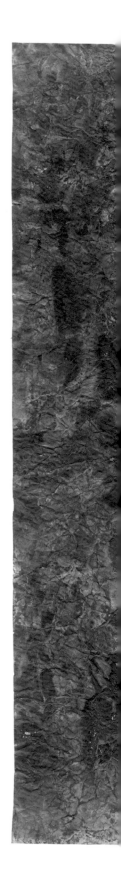

丁酉年十一月十五

丙烯纸本 176cm×388cm，2018

冬至三候水泉动

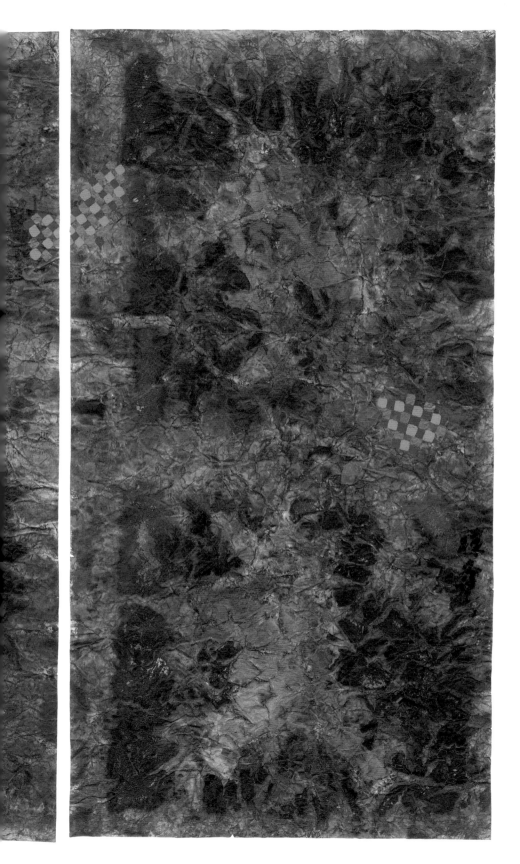

这本书在经历数年的创作、打磨之后终于得以出版，我的内心充满了感恩之情。对四季有所感悟，是人生的必然，但这本书的最终形成，却有着一些偶然。

最要感谢的，是本书合作者画家徐冬冬教授毫无保留的指导与支持，这是本书形成的一个最关键基础。几年前在京郊"云归处"看到他的《二十四节气·七十二候》画作时，那种震撼至今仍记忆犹新。《四季》组画是一个了不起的创造，这是一位中国艺术家用融通中外的绘画语言，展现古老二十四节气七十二候当代价值与世界意义的时代之思、生命之问。它启发我对自然与生命的思考获得了新的维度。十分珍贵的是，这些创新的画作在本书中是第一次集结面世，凝结着艺术家生命的画纸以最本真的状态，和读者首次见面。对这些画作的品读，成为我感悟四季的重要源泉。徐冬冬教授是引领我进入四季新境界的良师益友。

要感谢我的孩子明川。自 2020 年 1 月初他从北京飞往国外继续求学到现在，已有整整一年半的时间我们母子未能见面。他主动选择了一个人在国外面对新冠肺炎疫情，即便在疫情最为肆虐的时候，电话那端的他也从未露出焦虑和慌张，反而劝慰我冷静、理性，显示出一个"00 后"中国青年的自信与担当。在这期间，他完成了从高三到大一学子的跨越，我亦完成了书稿的修改、定稿。亲情的安慰与支撑，永远是我们在四季中前行的力量。

感谢王蒙、单三娅伉俪的忘年友情，给予笔谈对话的信任与鼓励。我特别喜欢他们夫妇俩在一起的氛围，那是一种闪光，爱情的闪耀，才华的活跃，幽默的趣味，人格的魅力，这一切交融在一起，温暖而迷人，真是人世间的至美。

感谢丁一汇院士、薛其坤院士、陈来教授的智慧。他们都是各自所在领域的大师名家，百忙之中参与这本书的对话，是基于对中国文化传播的责任。一席话听下来，大有通透之感，反复品味，更是受益匪浅。

感谢经济日报社的领导和同事们。经济日报社接纳了我，培养了我，大学毕业之后我便在这里工作，一往情深。二十六载职业生涯里的所有写作，都是为《经济日报》而写，唯有这本四季之书，在诞生之初就因为定位的关系没有计划在《经济日报》刊发，却依然得到报社的大力支持，希望本书不会辜负报社同仁的包容与期望。

感谢广西钦州的朋友们。两年挂职行，一生钦州情。位于北部湾畔的钦州市秀外慧中，有古老的坭兴陶、美丽的白海豚、飘香的荔枝和西部陆海新通道的广阔发展空间。这里的人们，朴实、善良而坚忍。在钦州的日子里，我获得了从岭南感受四季之变、感受二十四节气七十二候的不同视野，也获得了生命与乡土的血肉联系。

还有很多人需要感谢。点滴的关心，默默的帮助，不经意的启迪，一个个温暖的瞬间串成了四季里难忘的风景。

最后，要感谢我的父亲徐树才、母亲吴翠蓉以及黄晋凯、王友富两位恩师。就在这几年间，他们相继因病离世，留给我无尽的伤痛和孤独。从生命的至暗时刻走出来，在经历生死诀别之后，生命变得更加坚强，也变得更加柔软。现在的我比以前更容易流泪了，不是因为感伤，而是因为感动，感动于生活中从不缺席的美好，和生命永不放弃的奋斗。走在四季里，我常常想起长眠于山水间的父母和恩师，他们就像天上的星光，照耀着我前行。

感恩四季嬗变的淬炼，感恩悲欣交集的生活。在生命的秋天，我看见内心自内而外的强大。

徐立京
于 2021 年端午节
6 月 14 日

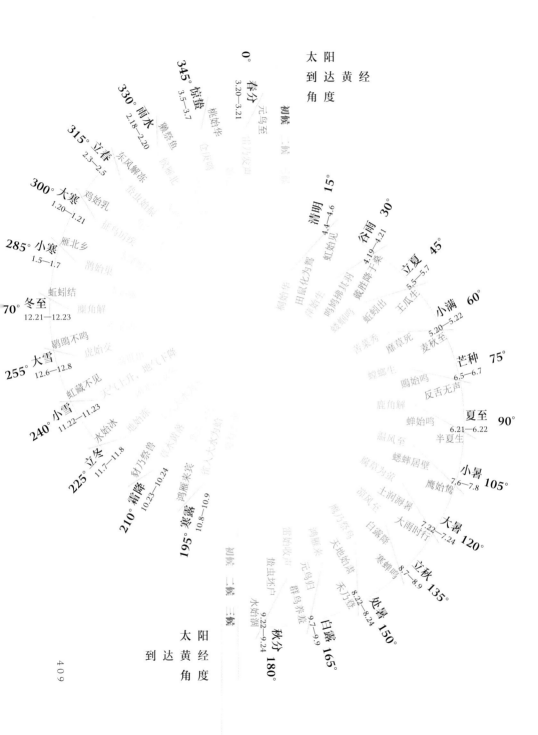

图书在版编目（CIP）数据

二十四节气七十二候 / 徐立京著；徐冬冬绘 . --
北京：中信出版社 , 2022.1（2023.9重印）
　ISBN 978–7–5217–3414–0

　I.①二⋯　II.①徐⋯②徐⋯　III.①二十四节气－
普及读物②物候学－普及读物　IV.① P462–49
② Q142.2–49

　　中国版本图书馆 CIP 数据核字 (2021) 第 155967 号

二十四节气七十二候

著者：　　徐立京
绘者：　　徐冬冬
出版发行：中信出版集团股份有限公司
　（北京市朝阳区东三环北路 27 号嘉铭中心　邮编　100020）
承印者：　北京雅昌艺术印刷有限公司

开本：880mm×1230mm　1/16　　　　印张：26.75　　字数：260 千字
版次：2022 年 1 月第 1 版　　　　　　印次：2023 年 9 月第 7 次印刷
书号：ISBN 978-7-5217-3414-0
定价：168.00 元